参 见 第 1 章 ~ 第 2 章

参 见 第 3 章

参 见 第 4 章

参 见 第 5 章

参见 第 **6** 章

参见 第 **7** 章

参见 第 **8** 章

参见第9章

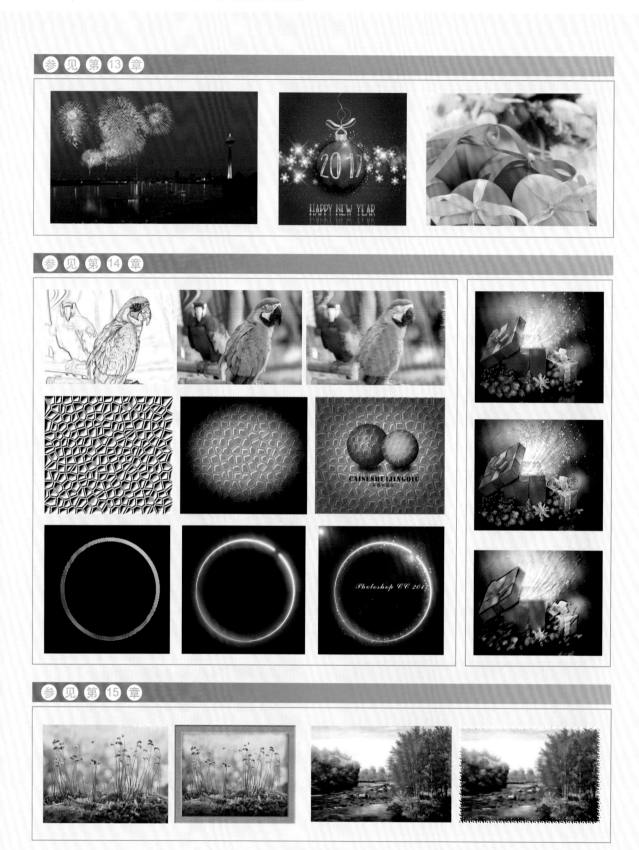

参 见 第 16 章

参 见 第 ⑰ 章

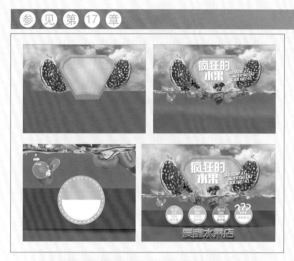

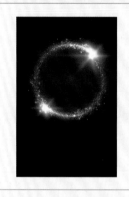

参 见 第 ⑱ 章

中文版
Photoshop CC 2017
图像处理入门到精通

■ 李延光 肖静 编著

清华大学出版社

北 京

内 容 简 介

本书以循序渐进的讲解方式，带领读者快速掌握Photoshop的精髓。全书共分3篇。第1篇是快速入门：主要让读者了解平面设计知识、认识Photoshop CC 2017以及软件的基本操作方法。第2篇是进阶学习：这一部分用了较大篇幅全面、详细、深入地介绍Photoshop的知识和应用技巧。第3篇是商业实战：主要讲解了大量案例，以方便读者通过实践操作从而掌握真正有用的技能。

本书内容全面、结构清晰、图文并茂、语言精练、通俗易懂，适用于初中级读者、Photoshop培训班学员、平面设计爱好者等。

本书配套光盘中包括了超大容量的多媒体教学视频以及书中实例的源文件和相关素材，读者可以借助光盘内容更好、更快地学习Photoshop。

本书的电子课件可以到http://www.tupwk.com.cn网站下载。

图书在版编目(CIP)数据

中文版Photoshop CC 2017图像处理入门到精通 / 李延光，肖静 编著. 一北京：清华大学出版社，2017 (2022.1重印)

ISBN 978-7-302-47992-5

Ⅰ.①中… Ⅱ.①李… ②肖… Ⅲ.①图像处理软件 Ⅳ.①TP391.413

中国版本图书馆CIP数据核字(2017)第207769号

责任编辑：胡辰浩　袁建华
装帧设计：牛艳敏
责任校对：成凤进
责任印制：丛怀宇

出版发行：清华大学出版社
　　　　　　　　　　　　　　　　　　　　　地　　　址：北京清华大学学研大厦
　　　　　http://www.tup.com.cn　　　　　　邮　　　编：100084
　　　社　　总　　机：010-62770175　　　　邮　　　购：010-62786544
　　　投稿与读者服务：010-62776969，c-service@tup.tsinghua.edu.cn
　　　质　量　反　馈：010-62772015，zhiliang@tup.tsinghua.edu.cn

印　装　者：涿州汇美亿浓印刷有限公司
经　　　销：全国新华书店
开　　　本：203mm×260mm　　　印　　张：22.5　　彩　插：4　　字　　数：666千字
版　　　次：2017年9月第1版　　　印　　次：2022年1月第4次印刷
　　　　　　(附光盘1张)
定　　　价：98.00元

产品编号：073982-01

前　言

Photoshop CC 2017是Adobe公司推出的最新版本图形图像处理软件，其功能强大、操作方便，是当今使用范围最广的平面图像处理软件之一。Photoshop CC 2017具有友好的工作界面和强大的图像处理功能，其已经成为摄影师、专业美工人员、平面广告设计者、网页制作者、室内装饰设计者，以及广大电脑爱好者的必备工具。

本书定位于Photoshop的初中级读者，从一个图像处理初学者的角度出发，合理安排知识点，运用简练流畅的语言，结合丰富实用的实例，由浅入深地对Photoshop CC 2017图像处理功能进行全面、系统的讲解，让读者在最短的时间内掌握最有用的知识，迅速成为图像处理高手。

本书共18章，从内容上可以分为3篇，各篇的主要内容如下。

第1篇　快速入门（第1章～第10章）

本篇让读者快速掌握Photoshop CC 2017软件的常用操作。

第1章～第3章主要介绍图像处理基础、Photoshop CC 2017基础知识、文件的基本操作、图像的相关概念、图像的查看方式、图像的变换与还原、设置图像和画布大小，以及填充颜色等。

第4章和第5章主要介绍图像调整和选区的应用，包括调整图像色调和色彩、各种选区创建工具、编辑选区命令的使用。

第6章主要讲解图层的基本操作方法，包括图层的创建、"图层"面板的运用、编辑图层、图层不透明度的操作，以及图层混合模式的设置。

第7章和第8章主要讲解绘制图像、修饰和编辑图像，包括各种绘制工具的应用，修复工具的应用，以及图像的编辑和擦除等。

第9章和第10章主要讲解路径的编辑和文字工具的应用，包括利用钢笔工具、选区和形状创建路径，路径的描边和填充，文字工具和"字符"、"段落"面板的运用等。

第2篇　进阶学习（第11章～第15章）

本篇在第1篇的基础上，带领读者进入更深层次的学习。

第11章和第12章主要介绍图层的高级应用，以及蒙版和通道的应用，包括调整图层的应用、混合选项的设置、图层样式的使用，以及通道和蒙版的创建、编辑方法。

第13章和第14章主要讲解滤镜的初级和高级应用，包括常用滤镜的设置与使用、滤镜库的使用方法、智能滤镜的使用，以及各种滤镜的运用效果。

第15章主要介绍图像自动化编辑，包括动作的作用与"动作"面板的用法、创建自定义动作、进行自动化处理图像的操作方法。

第3篇　商业实战（第16章～第18章）

本篇介绍图像处理相关知识，并对Photoshop涉及的不同领域，通过实际操作的方式，对实例的制作步骤进行详细的讲解；在进行完整实例制作练习的同时，体验使用Photoshop CC 2017进行图像处理的编辑操作流程。

本书内容丰富、结构清晰、图文并茂、通俗易懂，专为初中级读者编写，适合以下读者学习使用：

(1) 从事平面设计、图像处理的工作人员；

(2) 对广告设计、图片处理感兴趣的业余爱好者；

(3) 社会培训班中学习Photoshop的学员；

(4) 大中专院校相关专业的学生。

本书分为18章，其中黑龙江财经学院的李延光编写了第1～12章，肖静编写了第13～18章。另外，参加本书编写工作的人员还有林庆华、王爱群、张甜、张志刚、高嘉阳、付伟、张仁凤、张世全、张德伟、卓超、高惠强、张华曦、董熠君、雷红霞、李从延、瞿代碧、张军、刘明星、刘广周、许春喜、安辉、冯志忠、刘保芳等。我们真切希望读者在阅读本书之后，不仅能开拓视野，而且可以增强实践操作技能，并且从中学习和总结操作的经验和规律，达到灵活运用的水平。鉴于编者水平有限，书中纰漏和考虑不周之处在所难免，热诚欢迎读者予以批评、指正。我们的邮箱是huchenhao@263.net，电话是010-62796045。

本书的电子课件可以到http://www.tupwk.com.cn网站下载。

编　者

2017年6月

第 5 章　建立与应用选区 ………………… **65**

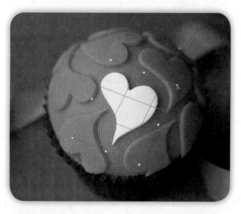

第1章　图像处理基础

本章展现

在计算机中，按照颜色和灰度的多少可以将图像分为二值图像、灰度图像、索引图像和真彩色RGB图像4种基本类型，大多数图像处理软件都支持这4种图像。图像处理一般指数字图像处理，是使用计算机对图像进行分析处理，以达到所需结果的技术。

本章主要内容如下。

- 图像相关概念
- 图像文件格式
- 色彩应用
- 平面设计的基本要素
- 常见广告物品尺寸

1.1　图像相关概念

在学习图像处理之前，应该了解一些基本的图像相关知识，包括图像的分类、像素、分辨率、位宽和通道等知识。

1.1.1　图像的分类

以数字方式记录处理和保存的图像文件简称数字图像，是计算机图像的基本类型。数字图像可根据其不同特性分为两大类：矢量图和位图。

1. 矢量图

矢量图又称向量图，它是以数学的矢量方式来记录图像内容的，其中的图形组成元素被称为对象。这些对象都是独立的，具有不同的颜色和形状等属性，可自由、无限制地重新组合。无论将矢量图放大多少倍，图像都具有同样平滑的边缘和清晰的视觉效果，如图1-1所示。

（a）原图100%效果　　　　　　　　　　　（b）放大后依然清晰

图1-1　矢量图的显示效果

因此，矢量图形在标志设计、插图设计及工程绘图上占有很大的优势。其缺点是所绘制的图像一般色彩简单，不容易绘制出色彩变化丰富的图像，也不便于在各种软件之间进行转换使用。

2. 位图

位图也称为点阵图像，是由许多点组成的。其中每一个点即为一个像素，每一个像素都有自己的颜色、强度和位置。将位图尽量放大后，可以发现图像是由大量的正方形小块构成，不同的小块上显示不同的颜色和亮度。位图图像文件所占的空间较大，对系统硬件要求较高，且与分辨率有关。位图的放大对比效果如图1-2所示。

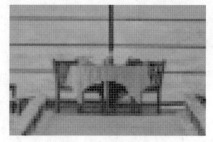

（a）原图100%效果　　　　　　　　　　　（b）放大到600%效果

图1-2　位图的显示效果

1.1.2 像素

像素是Photoshop中所编辑图像的基本单位。可以把像素看成是一个极小的方形的颜色块，每个小方块为一个像素，也可称为栅格。

一个图像通常由许多像素组成，这些像素被排列成横行和竖行，每个像素都是一个方形。用缩放工具将图像放到足够大时，就可以看到类似马赛克的效果，每个小方块就是一个像素。每个像素都有不同的颜色值。文件包含的像素越多，其所包含的信息也就越多，所以文件越大，图像品质也越好。

1.1.3 分辨率

图像分辨率是指单位面积内图像所包含像素的数目，通常用像素/英寸和像素/厘米表示。分辨率的高低直接影响图像的效果，使用太低的分辨率会导致图像粗糙，在排版打印时图片会变得非常模糊，如图1-3所示；而使用较高的分辨率则会增加文件的大小，并降低图像的打印速度。

(a) 分辨率为300　　　　　　　　　　　(b) 分辨率为50

图1-3　不同分辨率的图像效果

1.1.4 位宽

在图像处理中经常遇到几位图像的说法，意思就是说：一个像素使用多少个比特位进行描述。比如，灰度图像经常使用8位进行存储，那么它的每一个像素在内存中对应着8个比特位。

1.1.5 通道

通道又叫颜色通道，表明一个像素对应着多少个像素值。比如，8位灰度图像就是单通道图像，它的每一个像素对应着一个0~255的灰度值；24位真彩图像，就是3通道图像，它的每一个像素需要以（R,G,B）3个颜色值进行描述。

1.2　图像文件格式

Photoshop共支持20多种格式的图像，使用不同的文件格式保存图像，对图像将来的应用起着非常重要的作用。我们可以根据工作环境的不同选用相应的图像文件格式，以便获得最理想的效果。

下面就来介绍一些常用图形文件格式的特点和用途。

1．PSD (*.PSD)

PSD图像文件格式是Photoshop软件生成的格式，是唯一能支持全部图像色彩模式的格式。可以保存图像的层、通道等许多信息，它是在未完成图像处理任务前，一种常用且可以较好地保存图像信息的格式。

2．TIFF (*.TIF)

TIFF格式是一种无损压缩格式，是为色彩通道图像创建的最有用的格式。因此，TIFF格式是应用非常广泛的一种图像格式，可以在许多图像软件之间转换。TIFF格式支持带Alpha通道的CMYK、RGB和灰度文件，支持不带Alpha通道的Lab、索引颜色和位图文件。另外，它还支持LZW压缩。

3．BMP (*.BMP)

BMP格式是Windows操作系统中的标准图像文件格式，也就是常见的位图格式。它支持RGB、索引颜色、灰度和位图颜色模式，但不支持Alpha通道。位图格式产生的文件较大，它是最通用的图像文件格式之一。

4．JPEG (*.JPG)

JPEG是一种有损压缩格式，主要用于图像预览及超文本文档，如HTML文档等。JPEG格式支持CMYK、RGB和灰度的颜色模式，但不支持Alpha通道。在生成JPEG格式的文件时，可以通过设置压缩的类型，产生不同大小和质量的文件。压缩越大，图像文件就越小，相对的图像质量就越差。

5．GIF (*.GIF)

GIF格式的文件是8位图像文件，最多为256色，不支持Alpha通道。GIF格式产生的文件较小，常用于网络传输，在网页上见到的图片大多是GIF和JPEG格式的。GIF格式与JPEG格式相比，其优势在于GIF格式的文件可以保存动画效果。

6．PNG (*.PNG)

PNG格式可以使用无损压缩方式压缩文件，它支持24位图像，产生的透明背景没有锯齿边缘，所以可以产生质量较好的图像效果。

7．EPS (*.EPS)

EPS可以包含矢量和位图图形，几乎被所有的图像、示意图和页面排版程序所支持，是用于图形交换的最常用的格式。其最大的优点在于可以在排版软件中以低分辨率预览，而在打印时以高分辨率输出。它不支持Alpha通道，可以支持裁切路径。

EPS格式支持Photoshop所有的颜色模式，可以用来存储矢量图和位图。在存储位图时，还可以将图像的白色像素设置为透明的效果，它在位图模式下也支持透明。

8．PDF (*.PDF)

PDF格式是Adobe公司开发的用于Windows、MAC OS、UNIX和DOS系统的一种电子出版软件的文档格式，适用于不同平台。PDF文件可以包含矢量和位图图形，还可以包含导航和电子文档查找功能。在Photoshop中将图像文件保存为PDF格式时，系统将弹出"PDF 选项"对话框，在其中用户可选择压缩格式。若选择JPEG格式，可在"品质"选项中设置压缩比例值或拖动滑块来调整压缩比例。

1.3　色彩应用

色彩构成是从人对色彩的知觉和心理效果出发，用科学分析的方法，把复杂的色彩现象还原为基本要素，利用色彩在空间、量与质上的可变换性，按照一定的规律去组合各构成之间的相互关系，再创造出新的色彩效果的过程。色彩构成是艺术设计的基础理论之一，它与平面构成及立体构成有着不可分割的关系，色彩不能脱离形体、空间、位置、面积、肌理等而独立存在。

1.3.1 色彩三要素

色彩是由色相、明度、纯度3个元素组成的，下面介绍一下各元素的特点。

1. 色相

色相是色彩的一种最基本的感觉属性，这种属性可以使人们将光谱上的不同部分区分开来。即按红、橙、黄、绿、青、蓝、紫等色感觉区分色谱段。缺失了这种视觉属性，色彩就像全色盲人的世界那样。根据有无色相属性，可以将外界引起的色感觉分成两大体系：有彩色系与非彩色系。

- 有彩色系：具有色相属性的色觉。有彩色系具有色相、饱和度和明度3个量度。
- 非彩色系：不具备色相属性的色觉。非彩色系只有明度一种量度，其饱和度等于零。

2. 饱和度

饱和度是那种使我们对有色相属性的视觉在色彩鲜艳程度上做出评判的视觉属性。有彩色系的色彩，其鲜艳程度与饱和度成正比，根据人们使用色素物质的经验，色素浓度愈高，颜色愈浓艳，饱和度也愈高。

3. 明度

明度是那种可以使人们区分出明暗层次的非彩色觉的视觉属性。这种明暗层次取决于亮度的强弱即光刺激能量水平的高低。根据明度感觉的强弱，从最明亮到最暗可以分成3段水平：白-高明度端的非彩色觉；黑-低明度端的非彩色宽；灰-介于白与黑之间的中间层次明度感觉。

1.3.2 色彩搭配

颜色绝不会单独存在，一个颜色的效果是由多种因素来决定的：物体的反射光、周边搭配的色彩，或是观看者的欣赏角度等。下面介绍6种常用的配色设计方法，掌握好这几种方法，能够让画面中的色彩搭配显得更具有美感。

- 互补设计：使用色相环上全然相反的颜色，得到强烈的视觉冲击力。
- 单色设计：使用同一个颜色，通过加深或减淡该颜色，来调配出不同深浅的颜色，使画面具有统一性。
- 中性设计：加入一个颜色的补色或黑色使其他色彩消失或中性化。这种颜色设计出来的画面显得更加沉稳、大气。
- 无色设计：不用彩色，只用黑、白、灰3种颜色。
- 类比设计：在色相环上任选3种连续的色彩，或选择任意一种明色和暗色。
- 冲突设计：在色相环中将一种颜色和它左边或右边的色彩搭配起来，形成冲突感。

1.3.3 色彩模式

计算机中存储的图像色彩有许多种模式，大多数计算机图像处理软件都支持的色彩模式有RGB色彩模式、CMYK色彩模式、灰度模式、Lab色彩模式等。不同色彩模式在描述图像时所用的数据位数不同，位数大的色彩模式，占用的存储空间就较大。

1．Bitmap（位图）模式

位图模式的图像只有黑色和白色的像素，通常线条稿采用这种模式。只有双色调模式和灰度模式可以转换为位图模式，如果要将位图图像转换为其他模式，需要先将其转换为灰度模式才可以。

2．Grayscale（灰度）模式

该模式使用多达 256 级灰度。灰度图像中的每个像素都有一个 0（黑色）到 255（白色）之间的亮度值。灰度值也可以用黑色油墨覆盖的百分比来度量（0% 等于白色，100% 等于黑色）。使用黑白或灰度扫描仪生成的图像通常以"灰度"模式显示。

3．RGB模式

Photoshop的RGB模式使用RGB模型，为彩色图像中每个像素的RGB分量指定一个介于 0（黑色）到 255（白色）之间的强度值。当RGB这3个分量的值相等时，结果是中性灰色；当RGB分量的值均为255 时，结果是纯白色；当RGB分量的值均为0时，结果是纯黑色。

RGB图像通过3种颜色或通道，可以在屏幕上重新生成多达 1670 万种颜色。这3个通道转换为每像素24 (8 × 3) 位的颜色信息。在 16 位/通道的图像中，这些通道转换为每像素48位的颜色信息，具有再现更多颜色的能力。

4．CMYK模式

在Photoshop的CMYK模式中，为每个像素的每种印刷油墨指定了一个百分比值。为最亮（高光）颜色指定的印刷油墨颜色百分比较低，而为较暗（暗调）颜色指定的百分比较高。

在准备要用印刷色打印图像时，应使用CMYK模式。将RGB图像转换为CMYK即产生分色。如果由RGB图像开始，最好先编辑，然后再转换为CMYK。

5．Lab 模式

Lab颜色是Photoshop在不同颜色模式之间转换时使用的中间颜色模式。在Lab模式中，亮度分量(L) 范围可从0到100。在拾色器中，a分量（绿色到红色轴）和b分量（蓝色到黄色轴）的范围可从-128到+128。在"颜色"调板中，a分量和b分量的范围可从-120 到+120。

6．Index Color（索引颜色）模式

索引颜色模式是网上和动画中常用的图像模式，转换为索引颜色后的图像包含近256种颜色，通常被看作8位图像。索引颜色包含一个颜色表，用来定义图像中的每个颜色。

只有灰度和RGB模式的图像可被转换为索引颜色。索引颜色的图像和位图图像一样都有许多限制。所有的滤镜都是不可用的，有一些绘图工具也不能使用，图像只有一个层，并且只有一个通道。

7．Doutone（双色调）模式

该模式通过二至四种自定油墨创建双色调（两种颜色）、三色调（三种颜色）和四色调（四种颜色）的灰度图像。

1.4　平面设计的基本要素

在平面设计过程中，文案、图案和色彩是需要考虑的3个基本要素，由此构成的平面设计作品视觉传达的目的在于形成人们之间的信息交流。

1.4.1 文案要素

文字是平面设计中不可缺少的构成要素，文字配合图案要素来实现广告主题的创意，具有引起注意、传播信息、说服对象的作用。文案要素包括标题、正文、广告语和附文4个要素。

1.4.2 图案要素

在平面设计中，图案具有形象化、具体化、直接化的特性，它能够形象地表现设计主题和创意，是平面设计主要的构成要素，对设计理念的陈述和表达起着决定性的作用。因此，设计者在决定了设计主题后，就要根据主题来选取和运用合适的图案。

图案可以是黑白画、喷绘插画、绘画插画、摄影作品等，图案的表现形式可以有写实、象征、漫画、卡通、装饰、构成等手法。图案在选取上要考量图案的主题、构图的独特性，只有别具一格、突破常规的图案才能迅速捕获观众的注意，便于公众对设计主题的认识、理解与记忆。

1.4.3 色彩要素

色彩在图像设计中具有迅速诉诸感觉的作用，它与公众的生理和心理反应密切相关。公众对图像设计作品的第一印象是通过色彩而得到的，色彩的艳丽、典雅、灰暗等感觉影响着公众对设计作品的注意力，比如鲜艳、明快、和谐的色彩组合会对观众产生较强的吸引力，陈旧、破碎的用色会导致公众产生晦暗的印象，而不易引起注意。因此，色彩在图像设计作品上有着特殊的诉求力，直接影响着作品情绪的表达。

1.5 常见广告物品尺寸

在平面设计中，常见广告物品包括名片、折页广告、宣传册、招贴画、挂旗、桌旗和胸牌等，各类物品的尺寸如下。

1. 名片

横版：90 mm×55mm（方角）；85 mm×54mm（圆角）
竖版：50 mm×90mm（方角）；54 mm×85mm（圆角）
方版：90 mm×90mm；90 mm×95mm

2. 三折页广告

标准尺寸：（A4标准）210mm×285mm

3. 普通宣传册

标准尺寸：（A4标准）210mm×285mm

4. 文件封套

标准尺寸：220mm×305mm

5. 招贴画

标准尺寸：540mm×380mm

6．挂旗

标准尺寸：(8开标准）376mm×265mm

标准尺寸：(4开标准）540mm×380mm

7．手提袋

标准尺寸：400mm×285mm×80mm

8．信纸 便条

标准尺寸：185mm×260mm 210mm×285mm

9．信封

小号：220 mm×110mm

中号：230 mm×158mm

大号：320 mm×228mm

10．桌旗

210 mm×140mm （与桌面成75度夹角）

11．竖旗

750 mm×1500mm

12．大企业司旗

1440 mm×960mm；960 mm×640mm （中小型）

13．胸牌

大号：110 mm×80mm

小号：20 mm×20 mm （滴朔徽章）

1.6 知识拓展

　　不同的色彩描述方法可以描述的色彩范围是不同的，被称为色域。在各种色彩模式中，色域从大到小依次为HSB、Lab、RGB和CMYK。将一种具有较大色域的模式向较小色域模式转换时，会出现色彩丢失现象，称为"溢色"。例如，从RGB到CMYK，在转换过程中，Photoshop实际是将图像由原先的RGB模式转换成Lab模式，再产生一个最终的CMYK色彩的模式，在其中难免会损失一些品质，因此最好在转换之前先将原图像备份。另外，在RGB与CMYK模式之间来回转换，它们之间的转换并不是完全可逆的。

第2章 Photoshop CC 2017基础知识

本章展现

Adobe Photoshop简称"PS"，是当今处理图像最为强大的软件，深受用户的好评，学习运用Photoshop之前，首先要认识Photoshop工作界面的组成、掌握文件的基本操作以及图像编辑的优化设置等。掌握这些知识，有助于读者对软件的整体了解和学习。

本章主要内容如下。

- 安装与卸载Photoshop
- Photoshop CC 2017的工作界面
- Photoshop 文件的基本操作
- Photoshop 首选项设置

2.1 安装与卸载Photoshop

Photoshop是一款强大的图像处理软件。在学习Photoshop之前，首先需要了解Photoshop的安装和卸载方法。

2.1.1 安装Photoshop CC 2017

安装Photoshop CC 2017的操作十分简单，如果在计算机中已经有其他版本的Photoshop软件，可不必卸载其他版本的软件，只需要将运行的相关软件关闭即可。然后打开Photoshop CC 2017安装光盘，双击Setup.exe安装文件图标，再根据安装向导提示即可完成安装。

新手问答

Q：初学者在安装Photoshop CC 2017时需要注意什么？
A：安装Photoshop CC 2017与安装大部分软件类似。初学者在安装软件之前，可以先阅读一下安装说明，然后根据安装向导逐步进行安装，注意在安装过程中需要接受安装协议，另外应将程序安装在空间较大的盘符中（最好在20GB以上）。

2.1.2 卸载Photoshop

如果要删除计算机中其他版本的Photoshop程序，可以通过控制面板将其卸载删除，卸载Photoshop应用程序的方法如下。

01 单击计算机屏幕左下方的"开始"菜单按钮 ，在弹出的菜单中选择"控制面板"命令，如图2-1所示。

02 在弹出的控制面板中选择"程序和功能"命令，如图2-2所示。

图2-1　选择"控制面板"命令　　　　图2-2　选择"程序和功能"命令

03 在出现的程序和功能界面中双击要卸载的Photoshop应用程序对象，如图2-3所示。

04 此时将打开卸载程序的窗口，单击"卸载"按钮，即可对指定的Photoshop程序进行卸载，如图2-4所示。

专家提示

在单击"卸载"按钮对程序进行卸载时，系统会弹出是否要卸载程序的提示对话框，单击"是"即可开始卸载，单击"取消"按钮，将取消卸载程序操作。

图2-3 双击要卸载的对象

图2-4 单击"卸载"按钮

2.2 初识Photoshop CC 2017

Photoshop CC 2017同以往版本有所不同，启动Photoshop CC 2017后，不再直接进入其工作界面，而是先出现一个开始界面。

2.2.1 启动Photoshop CC 2017

同启动其他应用程序一样，安装好Photoshop CC 2017后，可以通过以下两种方法来启动Photoshop CC 2017。

- 单击桌面上的Photoshop CC 2017快捷图标，启动Photoshop CC 2017。
- 在"开始"菜单中找到并选择Adobe Photoshop CC 2017命令，启动Photoshop CC 2017。

程序启动后，将出现开始界面，通过该界面，可以打开最近使用的几个文档，以及执行新建、打开和开始新任务等操作，如图2-5所示。

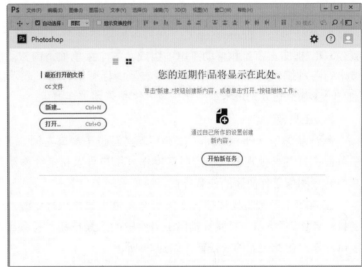

图2-5 开始界面

- 新建：单击此按钮，可以打开"新建文档"对话框，然后通过选择预设样式或重新设置文档参数，创建一个新的文档。
- 打开：单击此按钮，可以打开"打开"对话框，打开在计算机中已有的文件。
- 开始新任务：类似新建功能，单击此按钮，可以打开"新建文档"对话框，通过自己所做的设置创建新的文档。

在默认状态下，Adobe Photoshop CC 2017可以显示用户最近使用过的20个文件的路径，以名称列表的形式显示在"最近打开的文件"一栏中，用户只需单击所要打开的文件名，就可以快速打开该文件并进行编辑。

2.2.2　Photoshop CC 2017工作界面

新建或打开一个文档后，即可进入Photoshop CC 2017的工作界面，其界面主要由菜单栏、工具箱、工具属性栏、面板、图像窗口和状态栏等组成，如图2-6所示。

图2-6　Photoshop CC 2017工作界面

1．菜单栏

菜单栏包含了Photoshop CC 2017中的所有命令，由文件、编辑、图像、图层、文字、选择、滤镜、3D、视图、窗口和帮助菜单项组成，每个菜单项下内置了多个菜单命令，通过这些命令可以对图像进行各种编辑处理。有的菜单命令右下侧标有 ▸ 符号，表示该菜单命令下有子菜单。其右侧的 ▬ 、▢ 和 ✕ 按钮分别用来最小化、最大化和关闭工作窗口。

2．工具箱

默认状态下，Photoshop CC 2017工具箱位于窗口左侧，工具箱是工作界面中最重要的面板，它几乎可以完成图像处理过程中的所有操作。用户可以将鼠标移动到工具箱顶部，按住鼠标左键不放，将其拖动到图像工作界面的任意位置。

工具箱中部分工具按钮右下角带有黑色小三角形标记 ◢ ，表示这是一个工具组，其中隐藏多个子工具，如图2-7所示。将鼠标指向工具箱中的工具按钮，将会出现一个工具名称的注释，注释括号中的字母即是对应此工具的快捷键，如图2-8所示。

3．工具属性栏

Photoshop大部分工具的属性设置显示在属性栏中，它位于菜单栏的下方。在工具箱中选择不同工具后，工具属性栏也会随着当前工具的改变而变化，用户可以很方便地利用它来设定该工具的各种属性。在工具箱中分别选择画笔工具 ✏ 和渐变工具 ▣ 后，工具属性栏分别显示如图2-9和2-10所示的参数控制选项。

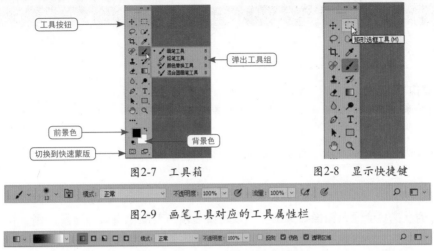

图2-7 工具箱 图2-8 显示快捷键

图2-9 画笔工具对应的工具属性栏

图2-10 渐变工具对应的工具属性栏

4.面板

面板是Photoshop 中非常重要的一个组成部分,通过它可以进行选择颜色、编辑图层、新建通道、编辑路径和撤销编辑等操作。

选择"窗口→工作区"命令,可以选择需要打开的面板。打开的面板都依附在工作界面右边,效果如图2-11所示。单击面板右上方的三角形按钮,可以将面板缩为精美的图标,使用时可以直接选择所需面板按钮即可弹出面板,效果如图2-12所示。

图2-11 展开的面板 图2-12 收缩与展开面板

面板组是可以拆分的,只需在某一面板上按住鼠标左键不放,然后将其拖动至工作界面的空白处释放即可。如图2-13所示为将"图层"面板组中的3个子面板拆分后的效果。

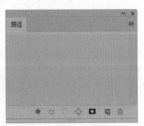

(a) "图层"面板 (b) "通道"面板 (c) "路径"面板

图2-13 拆分面板组

高手技巧

用户可以对面板组进行重新组合，并且在组合过程中可以将面板项按任意次序放置，也可将不同面板组中的面板项进行组合，以生成新的面板组。

5．图像窗口

图像窗口是对图像进行浏览和编辑操作的主要场所，具有显示图像文件、编辑或处理图像的功能。在图像窗口的上方是标题栏，标题栏中可以显示当前文件的名称、格式、显示比例、色彩模式、所属通道和图层状态，如果该文件未被存储过，则标题栏以"未命名"并加上连续的数字作为文件的名称。

6．状态栏

窗口底部的状态栏会显示图像相关信息。最左端显示当前图像窗口的显示比例，在其中输入数值后按Enter键可以改变图像的显示比例，中间显示当前图像文件的大小。

2.3 Photoshop文件的基本操作

文件是软件在计算机中的存储形式，目前绝大部分的软件资源都是以文件的形式存储、管理和利用的。在学习图像处理前应先掌握图像文件的基本操作。

2.3.1 新建图像文档

在制作一幅图像文件之前，首先需要建立一个空白图像文件。除了可以在启动后的开始界面中进行新建操作外，还可以在进入工作界面后进行新建文档的操作。

选择"文件→新建"命令或按Ctrl+N组合键，打开"新建文档"对话框，用户可以根据需要对新建图像文件的大小、分辨率、颜色模式和背景内容进行设置，如图2-14所示。

对话框中主要选项的含义分别如下。

图2-14 "新建文档"对话框

- ⊙ 预设类型：在对话框上方可以选择系统预设的文档类型，例如，选择"照片"选项后，就可以选择其中的文档类型，如图2-15所示。
- ⊙ "名称"：用于设置新建文件的名称，为新建图像文件进行命名，默认为"未标题-X"。
- ⊙ "宽度"和"高度"：分别用于设置新建文档的宽度和高度，其单位可以选择"厘米"、"像素"、"英寸"等。

- ⊙ "分辨率"：用于设置图像的分辨率，其单位有像素/英寸和像素/厘米。
- ⊙ "颜色模式"：用于设置新建图像的颜色模式，其中有"位图"、"灰度"、"RGB颜色"、"CMYK颜色"、"Lab颜色"5种模式可供选择。
- ⊙ "背景内容"：用于设置新建图像的背景颜色，系统默认为白色，也可设置为背景色和透明色。
- ⊙ "高级选项"：在该区域中，用户可以对"颜色配置文件"和"像素长宽比"两个选项进行设置。

图2-15　选择预设的文档类型

新手问答

Q：在新建一个图像文件时，可以直接确定文件的背景颜色吗？

A：可以。在新建图像之前，可以先在工具箱下方的"设置背景色"拾色器中设置好所需的颜色，然后在"新建文档"对话框中的"背景内容"下拉列表框中选择"背景色"选项即可。

2.3.2　打开图像文档

选择"文件→打开"命令或按Ctrl+O组合键，在打开的"打开"对话框中选择需要打开的文件名及文件格式，如图2-16所示，然后单击"打开"按钮，即可打开已存在的图像文件。

图2-16　"打开"对话框

专家提示

选择"文件→打开为"命令，可以在指定被选取文件的图像格式后，将文件打开；选择"文件→最近打开文件"命令，可以打开最近编辑过的图像文件。

2.3.3 保存图像文件

当编辑完成一幅图像后，必须将图像保存起来，以防止因为停电或是死机等意外而前功尽弃。保存图像文件的具体操作方法如下。

01 选择"文件→存储"命令，打开"另存为"对话框，单击对话框顶部的三角形按钮，在打开的下拉列表框中可以设置存储路径，如图2-17所示。

02 在"文件名"文本框中输入文件名称，然后单击"格式"右侧的三角形按钮，在其下拉列表框中选择文件格式，如图2-18所示。

03 单击"保存"按钮即可保存该文件，以后按照保存的文件名称及路径就可以打开此文件。

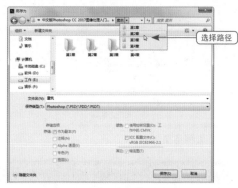

图2-17 "另存为"对话框　　　　　　　图2-18 设置文件名称及格式

新手问答

Q：上次我打开一幅绘制过的图像文件，修改后想重新进行储存，为什么没有出现"另存为"对话框？

A：对于已经保存过的图像，重新编辑后选择"文件→存储"命令或按Ctrl＋S组合键，将不再打开"另存为"对话框，而直接覆盖原文件进行保存。如果要重新对文件进行保存，可以选择"文件→另存为"命令对文件进行另存。

2.3.4 导入与导出图像

使用Photoshop中的"导入"命令可以对图像进行扫描，还可以导入视频文件进行处理。"导入"命令中最为常用的就是图像的扫描功能，首先确定电脑已经连接好扫描仪或相机，然后选择"文件→导入"命令，在弹出的子菜单中选择"WIA支持"命令，即可在打开的对话框导入图像，如图2-19所示。

"导出"命令能够将路径保存导入到矢量软件中，如CorelDRAW、Illustrator，"导出路径到文件"对话框如图2-20所示；除此之外，还能够将视频也导出到相应的软件中进行编辑。

图2-19 从相机中导入图像　　　　　　图2-20 导出路径

2.3.5　关闭图像文件

要关闭某个图像文件，只需要关闭该文件对应的文件窗口即可，关闭图像文件的方法有如下几种。

- 单击图像窗口标题栏最右端的"关闭"按钮×。
- 选择"文件→关闭"命令。
- 按Ctrl+W组合键。
- 按Ctrl+F4组合键。

2.4　Photoshop首选项设置

对Photoshop首选项进行设置，可以优化图像编辑工作。例如，利用Photoshop提供的网格、标尺、参考线等工具，可以帮助用户准确地定位图像中的位置或角度，方便对图像进行编辑和操作。

2.4.1　设置Photoshop界面

在默认情况下，Photoshop CC 2017的界面颜色为深灰色，用户可以根据自己的喜好或工作需要，对界面颜色进行修改，其操作方法如下。

01　启用Photoshop CC 2017应用程序，然后选择"编辑→首选项→界面"命令，打开"首选项"对话框，在"外观"选项组中选择需要的颜色方案（如浅灰色），如图2-21所示。

02　单击"确定"按钮，即可修改Photoshop CC 2017的界面颜色。

2.4.2　设置Photoshop文件项

在默认情况下，Photoshop CC 2017近期使用的文件列表数为20，用户可以根据需要修改近期使用的文件列表数，以便快速打开之前使用过的文件，其操作方法如下。

01　选择"编辑→首选项→文件处理"命令，打开"首选项"对话框，在对话框下方即可修改近期文件列表包含的数值（如30），如图2-22所示。

02　单击"确定"按钮，即可修改Photoshop CC 2017近期使用的文件列表数。

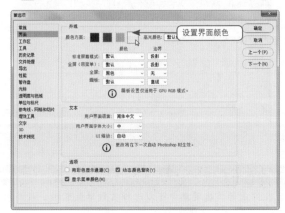 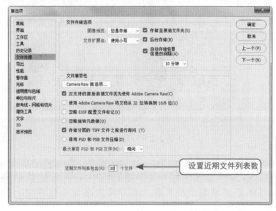

图2-21　设置界面颜色　　　　　　　　图2-22　设置文件列表数

2.4.3 设置Photoshop性能

在使用Photoshop编辑图像的过程中，随着文件大小的增加，就需要大量的内存空间，而内存越大，处理数据速度就越快。因此，进行图像编辑之前，应该对Photoshop 的性能进行优化设置，其操作方法如下。

01 选择"编辑→首选项→性能"命令，打开"首选项"对话框，设置"让Photoshop使用"的内存值和"高速缓存级别"选项中的缓存级别，如图2-23所示。

02 在对话框左侧的列表中选择"暂存盘"选项，然后在"暂存盘"列表框中修改暂存盘（如选中"D:\"），然后进行确定，如图2-24所示。

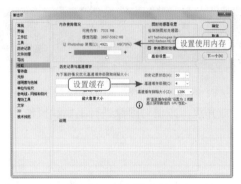
图2-23 进行优化设置

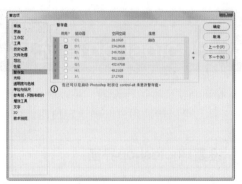
图2-24 设置暂存盘

2.4.4 设置Photoshop标尺

使用标尺可以方便用户随时查看图像的尺寸大小，选择"视图→标尺"命令，或者按Ctrl+R组合键，可在图像窗口中显示或隐藏标尺。设置标尺的具体操作方法如下。

01 打开任意一幅图像文件，选择"视图→标尺"命令，可在图像窗口顶部和左侧显示标尺，如图2-25所示。

02 选择"编辑→首选项→单位与标尺"命令，打开"首选项"对话框，在其中可以设置标尺的单位及其他信息，如图2-26所示。

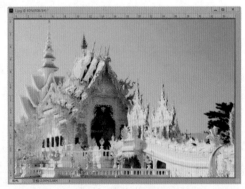
图2-25 显示标尺

图2-26 设置标尺参数

专家提示

在图像窗口中显示标尺后，在标尺上单击鼠标右键，然后在弹出的快捷菜单中可以选择各种单位选项，从而快速更改标尺的单位。

2.4.5　设置Photoshop参考线

使用参考线能够对设计者在构图时提供精确的定位，而参考线是浮动在图像上的直线，只是用于提供参考位置，不会被打印出来。设置参考线的具体操作方法如下。

01 打开任意一幅图像文件，选择"视图→新建参考线"命令，打开"新建参考线"对话框，在其中可以设置参考线的方向和位置，如图2-27所示。

02 设置好参数后，单击"确定"按钮即可在画面中得到参考线，效果如图2-28所示。

图2-27　"新建参考线"对话框

图2-28　新建的参考线

03 在标尺中按住鼠标左键向画面内拖动，也可以得到参考线，如图2-29所示。

04 双击参考线，或者选择"编辑→首选项→参考线、网格和切片"命令，打开"首选项"对话框，可以设置参考线的颜色和样式，如图2-30所示。

图2-29　手动添加参考线

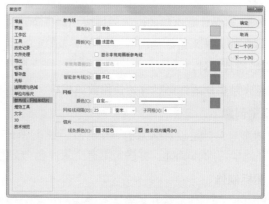

图2-30　设置参考线属性

专家提示

在创建好参考线后，用户可以通过选择"对齐到→参考线"命令，在绘制线条或创建选区时，即可轻松地沿着参考线进行操作。

2.5　知识拓展

Photoshop的应用领域十分广泛，在图像、图形、文字、视频、出版各方面都有涉及，Photoshop涉及的领域如下。

(1) 平面设计

平面设计是Photoshop应用最为广泛的领域，例如，图书封面、招贴、海报等平面印刷品，基本上都需要Photoshop软件对图像进行处理。

(2) 修复照片

Photoshop具有强大的图像修饰功能。利用这些功能，可以快速修复一张破损的老照片，也可以修复人脸上的斑点等瑕疵。

(3) 影像创意

影像创意是Photoshop的特长，通过Photoshop的处理，可以将原本风马牛不相及的对象组合在一起。

(4) 艺术文字

利用Photoshop可以使文字发生各种各样的变化，并利用这些艺术化处理后的文字为图像增加效果。

(5) 网页制作

网络的普及是促使更多人需要掌握Photoshop的一个重要原因。因为在制作网页时Photoshop是必不可少的网页图像处理软件之一。

(6) 建筑效果图后期修饰

在制作建筑效果图包括许多三维场景时，人物与配景常常需要在Photoshop中增加并调整。

(7) 绘画

由于Photoshop具有良好的绘画与调色功能，许多插画设计制作者往往使用铅笔绘制草稿，然后用Photoshop填色的方法来绘制插画。

(8) 婚纱照片设计

当前越来越多的婚纱影楼开始使用数码相机，这使得婚纱照片设计的处理成为一个新兴行业。

(9) 视觉创意

视觉创意与设计是设计艺术的一个分支，此类设计通常没有非常明显的商业目的，越来越多的设计爱好者开始学习Photoshop，并进行具有个人特色与风格的视觉创意设计。

(10) 图标制作

使用Photoshop制作图标在感觉上有些大材小用，但使用此软件制作的图标的确非常精美。

(11) 界面设计

界面设计是一个新兴的领域，已经受到越来越多的软件企业及开发者的重视。在当前还没有用于做界面设计的专业软件，因此绝大多数设计者使用的都是Photoshop。

第3章 图像编辑基本操作

本章展现

本章将学习在Photoshop 中进行图像编辑的基本操作，包括控制图像的显示效果、调整图像的大小、填充图像颜色，以及还原和重做等操作。

本章主要内容如下。

● 图像的显示控制
● 设置图像和画布大小
● 设置填充颜色
● 填充图像颜色
● 还原与重做操作

3.1　图像的显示控制

在图像处理过程中，通常需要对编辑的图像进行放大或缩小显示，以利于图像的编辑。用户可以通过状态栏、导航器和缩放工具来实现图像的缩放，还可以使用抓手工具平移视图。

3.1.1　通过状态栏缩放图像

当新建或打开一个图像时，该图像所在图像窗口左下方的数值框中便会显示当前图像的显示百分比，如图3-1所示。当改变该数值时就可以实现图像的缩放，例如将该图像显示百分比设置为150%时的显示效果如图3-2所示。

图3-1　状态栏中的显示比例　　　　图3-2　修改比例缩放图像显示

专家提示

在进行视图的缩放和平移操作中，无法使用撤销命令对已做的视图操作进行还原。

3.1.2　通过导航器缩放图像

新建或打开一个图像时，工作界面右上角的"导航器"面板便会显示当前图像的预览效果，如图3-3所示。在水平方向上拖动"导航器"面板中下方的滑块，即可实现图像的缩小与放大显示，如图3-4所示。

图3-3　"导航器"面板　　　　图3-4　通过导航器缩放图像显示

3.1.3　通过缩放工具缩放图像

在通常情况下，Photoshop用户更习惯通过工具箱中的缩放工具缩放图像，其操作步骤如下。

01 选择工具箱中的缩放工具 🔍，并将鼠标移动到图像窗口中，此时鼠标指针会呈放大镜显示状态，放大镜内部有一个"十"字形，如图3-5所示。

02 单击鼠标，图像会根据当前图像的显示大小进行放大，如图3-6所示，如果当前显示为100%，则每单击一次放大一倍，且单击处的图像放大后会显示在图像窗口的中心。

图3-5　显示缩放工具

图3-6　中心放大图像

03 取消缩放工具属性栏中的"细微缩放"复选框，然后按住鼠标左键拖动绘制出一个区域，如图3-7所示。

04 释放鼠标，即可将区域内的图像窗口放大显示，如图3-8所示。

图3-7　框选要放大的局部图像

图3-8　放大后的局部图像

专家提示

选择工具箱中的缩放工具 🔍，如果选中缩放工具属性栏中的"细微缩放"复选框，按住鼠标左键向左拖动鼠标时，将缩小图像；按住鼠标左键向右拖动鼠标时，将放大图像。

05 使用缩放工具后，按住Alt键，此时放大镜内部会出现一个"一"字形。然后单击鼠标，可以将图像缩小显示。

新手问答

问：在使用缩放工具放大或缩小图像时，可以无限量放大图像吗？

答：不能，当图像放大或缩小到一定程度时，缩放工具将显示为 🔍 形状，这时将意味着图像已经不能再放大。

3.1.4　通过抓手工具平移图像

使用工具箱中的抓手工具可以在未完全显示图像的窗口中移动图像。选择抓手工具 ✋，在图像窗口中按住鼠标左键拖动，即可实现视图的平移，如图3-9和图3-10所示。

图3-9　原始图像　　　　　　　　　　　图3-10　平移视图

专家提示

在工具箱中单击并按住"抓手工具"按钮，在弹出的扩展工具中选择"旋转视图工具"按钮，可以对视图进行旋转操作。

3.2　设置图像和画布大小

为了更好地利用Photoshop进行图像绘制和处理，用户还应该掌握一些图像的常用调整方法，其中包括图像和画布大小的调整。

3.2.1　查看和设置图像大小

选择"图像→图像大小"命令，或右击图像窗口顶部的标题栏，在弹出的快捷菜单中选择"图像大小"命令，如图3-11所示，在打开的"图像大小"对话框中就可以查看或设置当前图像的大小，如图3-12所示。

图3-11　选择"图像大小"命令　　　　　　图3-12　"图像大小"对话框

在"图像大小"对话框中各选项的含义如下。

- ◉ 图像大小：在其后显示该文件的图像大小参数。
- ◉ 尺寸：显示图像的尺寸参数，单击右侧的三角形按钮，可以在弹出的菜单中选择显示尺寸的单位。
- ◉ 调整为：默认为"原稿大小"，单击右侧的三角形按钮，在弹出的下拉列表框中可以选择多种固定尺寸。

- ◉ 宽度和高度：在后面的数值框中可以设置图像的参数并选择单位。
- ◉ 分辨率：在后面的数值框中可以设置分辨率参数并选择单位。
- ◉ **8**：该按钮为浮起状态时，用户可以改变宽度和高度参数；该按钮为凹陷状态，在宽度或高度数值框中输入一个参数时，另一个参数将等比例变化。
- ◉ 重新采样：选择该复选框，可以执行通过修改像素来改变图像大小的操作。

3.2.2　设置画布大小

图像画布大小是指当前图像周围工作空间的大小。修改画布大小的操作步骤如下。

01 选择"图像→图像大小"命令，或右击图像窗口的标题栏，在弹出的快捷菜单中选择"画布大小"命令，打开"画布大小"对话框，如图3-13所示，在该对话框中可以查看当前画布的大小。

02 在"定位"栏中单击箭头指示按钮，以确定画布扩展方向，然后在"新建大小"文本框中输入新的宽度和高度，如图3-14所示。

图3-13　"画布大小"对话框　　　　图3-14　设置定位方向

03 在"画布扩展颜色"下拉列表中可以选择画布的扩展颜色，或者单击右方的颜色按钮，打开"拾色器(画布扩展颜色)"对话框，在该对话框中可以设置画布的扩展颜色，如图3-15所示。

04 设置好画布大小和颜色后进行确定，即可得到修改画布大小后的效果，如图3-16所示。

图3-15　设置画布扩展颜色　　　　图3-16　修改画布大小

3.2.3　融会贯通——制作边框

下面通过实例操作介绍为图像添加边框的操作方法，实例效果如图3-17所示。

实例文件：	实例文件\第3章\边框.psd
素材文件：	素材文件\第3章\风景.jpg
视频教程：	视频教程\第3章\制作边框.mp4

图3-17　实例效果

创作思路：

本实例将介绍调整照片大小和画布大小的方法，在实例制作中还将运用到创建选区、填充前景色以及使用样式的操作。

其具体操作如下。

01 打开"风景.jpg"素材文件，使用鼠标右击图像窗口顶部的标题栏，在弹出的快捷菜单中选择"图像大小"命令，如图3-18所示。

02 打开"图像大小"对话框，准备调整图像尺寸。确认🔳按钮为凹陷状态，在"宽度"后面的数值框中设置宽度为25厘米并确定，如图3-19所示。

图3-18　选择命令

图3-19　设置图像大小

03 右击图像窗口顶部的标题栏，在弹出的快捷菜单中选择"画布大小"命令，如图3-20所示。

04 在打开的"画布大小"对话框中设置画布的宽布为27厘米、高度为18厘米，将图像定位在画布的中间，设置画布扩展颜色为白色并确定，如图3-21所示。

图3-20　选择命令

图3-21　设置画布大小

05　选择工具箱中的魔棒工具 🪄，单击扩展后的白色区域，获取该区域的选区，如图3-22所示。

06　单击"图层"面板下方的"创建新图层"按钮 🔲，新建一个图层1，如图3-23所示。

图3-22　获取选区

图3-23　新建图层

07　单击工具箱中的"设置前景色"图标，打开"拾色器（前景色）"对话框，设置前景色为淡黄色，如图3-24所示。

08　按Alt+Delete组合键，使用前景色对选区进行颜色填充，如图3-25所示。

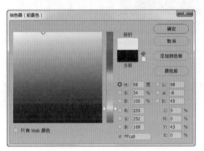
图3-24　设置前景色

图3-25　填充选区

09　选择"窗口→样式"命令，打开"样式"面板，然后单击其中的"双环发光(按钮)"样式，如图3-26所示。

10　创建一个外发光图像边框后，按Ctrl+D组合键取消选区，完成实例的制作，如图3-27所示。

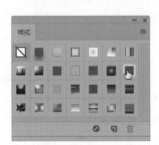
图3-26　选择样式

图3-27　创建发光边框

3.3　设置填充颜色

当用户在处理图像时，如果要对图像或图像区域进行填充色彩或描边，就需要对当前的颜色进行设置。下面就来认识填充颜色的工具。

3.3.1 认识前景色与背景色

在Photoshop CC 2017中，前景色用于显示当前绘图工具的颜色，背景色用于显示图像的背景颜色。前景色与背景色位于工具箱下方，如图3-28所示。

为图像填充颜色或者使用绘制工具之前，都需要设置前景色和背景色。单击工具箱下方的"前景色"色块，将打开"拾色器(前景色)"对话框，在该对话框中单击色域区或者输入颜色数值，即可设置前景颜色，如图3-29所示。同样，单击"背景色"色块，即可在打开的"拾色器(背景色)"对话框中设置背景色。

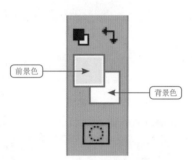

图3-28 前景色和背景色

图3-29 设置前景色

专家提示

单击前景色与背景色工具右上角的图标，可以进行前景色和背景色的切换；单击左下角的图标，可以将前景色和背景色设置成系统默认的黑色和白色。

3.3.2 颜色面板组

在Photoshop CC 2017中，用户可以通过多种方法来调配颜色，以提高编辑和操作的速度。颜色面板组中有"颜色"面板和"色板"面板，通过这两个面板用户可以轻松地设置前景色和背景色。

选择"窗口→色板"命令，打开"色板"面板，该面板由众多调制好的颜色块组成，如图3-30所示。单击任意一个颜色块将其设置为前景色，按住Ctrl键的同时单击其中的颜色块，则可将其设置为背景色。

选择"窗口→颜色"命令，打开"颜色"面板，面板左上方的色块分别代表前景色与背景色，如图3-31所示，单击面板右上方快捷按钮，在弹出的菜单中可以选择其他颜色类型，以方便调整颜色参数。例如，图3-32所示为RGB颜色模式，选择其中一个色块，分别拖动R、G、B中的滑块即可调整颜色，调整后的颜色将应用到前景色框或背景色框中，用户可直接在"颜色"面板下方的颜色样本框中单击鼠标，来获取需要的颜色。

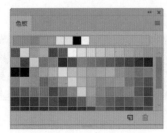

图3-30 "色板"面板

图3-31 "颜色"面板

图3-32 RGB模式

3.3.3　吸管工具

吸管工具主要是通过吸取图像或面板中的颜色，以其作为前景色或背景色，在使用该工具前应有打开或新建的图像文件。

选取吸管工具 ✎ 后，其属性栏设置如图3-33所示。将鼠标移动到图像窗口中，单击所需要的颜色，即可吸取出新的前景色，如图3-34所示；按住Alt键在图像窗口中单击，即可选取新的背景色。

图3-33　吸管工具属性栏　　　　　　　　图3-34　吸取颜色

- 取样大小：在其下拉列表中可设置采样区域的像素大小，采样时取其平均值。"取样点"为Photoshop CC2017中的默认设置。
- 样本：可设置采样的图像为当前图层还是所有图层。

3.3.4　自定义颜色

在Photoshop CC 2017中，颜色可以通过具体的数值来进行设置，这样定制出来的颜色更加准确，单击前景色框，打开"拾色器(前景色)"对话框，可根据实际需要，在不同的数值栏中输入数字，以达到理想的颜色效果。下面具体介绍在拾色器中自定义颜色的方法。

01　单击前景色框，打开"拾色器(前景色)"对话框，拖动彩色条两侧的三角形滑块来设置色相，然后在颜色区域中单击颜色来确定饱和度和明度，如图3-35所示。

02　在对话框右侧的文本框中输入数值可以精确设置颜色，分别有4种色彩模式可供选择：HSB、Lab、RGB、CMYK，如图3-36所示。

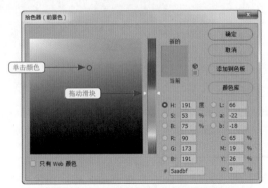

图3-35　"拾色器(前景色)"对话框　　　　　图3-36　输入数值设置颜色

- RGB：这是最基本也是使用最广泛的颜色模式。它源于有色光的三原色原理，其中R(Red)代表红色，G(Green)代表绿色，B(Blue)代表蓝色。
- CMYK：这是一种减色模式，C(Cyan)代表青色，M(Magenta)代表品红色，Y(Yellow)代表黄色，K(Black)代表黑色。在印刷过程中，使用这4种颜色的印刷板来产生各种不同的颜色效果。

- ⊙ Lab：这是Photoshop在不同色彩模式之间转换时使用的内部颜色模式。它有3个颜色通道，一个代表亮度(Luminance)，另外两个代表颜色范围，分别用a、b来表示。
- ⊙ HSB：HSB模式中的H、S、B分别表示色调、饱和度、亮度，这是一种从视觉的角度定义的颜色模式。Photoshop可以使用HSB模式从"颜色"面板中拾取颜色，但没有提供用于创建和编辑图像的HSB模式。

03 选择对话框左下角的"只有Web颜色"选项，对话框将转换为如图3-37所示的界面，这时选择的任何一种颜色都为Web安全颜色。

04 在对话框中单击"颜色库"按钮，弹出"颜色库"对话框，在其中已经显示了拾色器中当前选中颜色最接近的颜色，如图3-38所示。

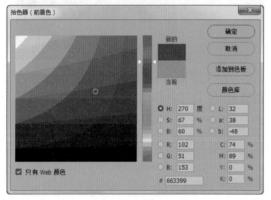

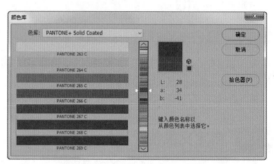

图3-37 Web颜色效果   图3-38 "颜色库"对话框

05 单击"色库"右侧的三角形按钮，在其下拉列表中可以选择需要的颜色系统，如图3-39所示。然后在颜色列表中单击所需的编号，单击"确定"按钮即可得到所需的颜色，如图3-40所示。

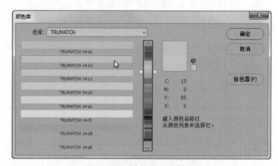

图3-39 选择颜色系统   图3-40 单击所需颜色

3.3.5 存储颜色

在Photoshop中，用户可以对自定义的颜色进行存储，以方便以后直接调用。存储颜色包括存储单色和渐变色。存储单色的具体操作方式如下。

01 设置前景色为需要保存的颜色，然后选择"窗口→色板"命令，将鼠标移至"色板"面板的空白处，如图3-41所示。

02 在面板空白处单击，即可弹出"色板名称"对话框，如图3-42所示，输入存储颜色的名称后，单击"确定"按钮，完成颜色的存储。

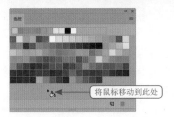

将鼠标移动到此处

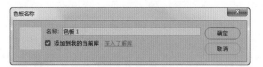

图3-41 将鼠标移动到面板中　　　　　　　　　　图3-42 设置名称

在"色板"面板中只能存储单一的颜色，用户还可以在渐变编辑器中存储渐变颜色。存储渐变色的具体操作方式如下。

01 选取工具箱中的渐变工具，单击属性栏中的渐变编辑条，即可打开"渐变编辑器"对话框，单击渐变色条下方的颜色图标即可设置颜色，如图3-43所示。

02 单击"存储"按钮，打开"另存为"对话框，在"文件名"文本框中输入需要保存的渐变色名称，然后单击"保存"按钮，即可存储该渐变色，如图3-44所示。

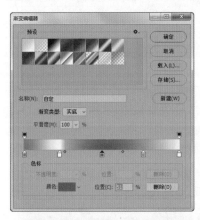

图3-43 "渐变编辑器"对话框

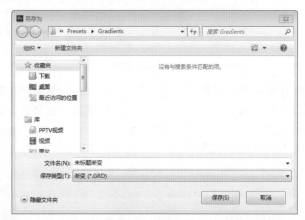

图3-44 存储颜色

高手技巧

在"渐变编辑器"对话框中单击"新建"按钮，可以直接将编辑好的渐变色添加到预设样式中。

3.4 填充颜色

用户在绘制图像前首先需要设置好所需的颜色，当具备这一条件后，就可以将颜色填充到图像文件中。下面为读者介绍几种不同的填充方法。

3.4.1 使用"填充"命令填充颜色

使用"填充"命令不仅可以填充单一的颜色，还可以进行图案填充。下面介绍"填充"命令的具体使用方法。

01 打开本书光盘中的"素材文件\第3章\荷叶.psd"素材文件，可以看到该图像包括一个白色背景图层和一个荷叶图层，选择背景图层，使其成为当前可编辑的图层，如图3-45所示。

02 选择"编辑→填充"命令，打开"填充"对话框，如图3-46所示。在该对话框中各选项的属性如下。

- ⊙ "内容"：在其下拉列表中可设置填充的内容。
- ⊙ "选项"栏：用于设置所选填充内容的相关参数。选择不同的填充内容，其选项参数也不同。
- ⊙ "模式"：在其下拉列表中可设置填充内容的混合模式。
- ⊙ "不透明度"：可设置填充内容的透明程度。
- ⊙ "保留透明区域"：可以填充图层中的像素。

图3-45　打开的图像文件

图3-46　"填充"对话框

03 单击"自定图案"三角形按钮，在弹出的面板中选择所需的图案样式，如图3-47所示。

04 单击"确定"按钮，即可将图案样式填充到背景图像中，效果如图3-48所示。

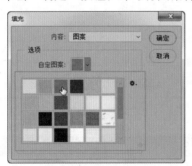

图3-47　选择图案样式

图3-48　图案填充效果

05 在"填充"对话框中单击"内容"选项右边的三角形按钮，在弹出的下拉列表中选择"颜色"选项，如图3-49所示。

06 打开"拾色器（填充颜色）"对话框，设置填充颜色为淡蓝色，然后进行确定，即可将图像背景填充为设置的淡蓝色，效果如图3-50所示。

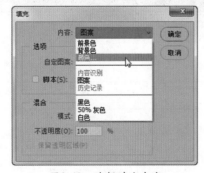

图3-49　选择填充内容

图3-50　填充背景颜色

填充图像颜色还可以使用快捷键来填充，按Alt＋Delete组合键可以填充前景色，按Ctrl＋Delete组合键可以填充背景色。

3.4.2 使用油漆桶工具填充颜色

油漆桶工具 与"填充"命令的作用相似，使用油漆桶工具可以对图像进行前景色或图案填充。在工具箱中单击并按住"渐变工具"按钮 ，在弹出的工具列表中选择"油漆桶工具"选项 ，即可启用该工具。在工具属性栏可以设置油漆桶的相关参数，如图3-51所示，其中各选项的含义如下。

- 前景\图案：在该下拉列表框中可以设置填充的对象是前景色或是图案。
- 模式：用于设置填充图像颜色时的混合模式。
- 不透明度：用于设置填充内容的不透明度。
- 容差：用于设置填充内容的范围。
- 消除锯齿：用于设置是否消除填充边缘的锯齿。
- 连续的：用于设置填充的范围，选中此选项时，油漆桶工具只填充相邻的区域；未选中此选项，则不相邻的区域也被填充。
- 所有图层：选中该选项，油漆桶工具将对图像中的所有图层起作用。

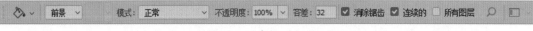

图3-51　油漆桶工具属性栏

下面介绍使用油漆桶工具的具体操作方法。

01 打开本书光盘"素材文件/第3章/图标.jpg"文件，如图3-52所示，下面将对其中的图像进行颜色和图案填充。

02 设置前景色为红色，在工具箱中单击"油漆桶工具"按钮 ，在属性栏设置"容差"值为80，选中"连续的"复选框，然后在如图3-53所示的位置单击鼠标，即可进行前景色填充。

图3-52　打开素材

图3-53　填充颜色

03 在油漆桶工具属性栏中选择填充方式为"图案"，设置"容差"值为120，然后单击"图案"选项右侧的三角形按钮，在弹出的面板中选择一种图案样式，如图3-54所示。

04 将光标移动到图像中左下方的位置，然后单击鼠标，即可用指定的图案填充相似颜色的图像，如图3-55所示。

图3-54　选择图案

图3-55　填充图案

Q：油漆桶工具和"填充"命令有什么区别？

A：油漆桶工具和"填充"命令的区别在于："填充"命令是完全填充图像或选区，而使用油漆桶工具只填充图像或选区中颜色相近的区域，填充的图像范围与其"容差"值相关。

3.4.3　使用渐变工具填充渐变色

渐变工具█用于填充图像，并且可以创建多种颜色混合的渐变效果。用户可以直接选择Photoshop中预设的渐变颜色，也可以自定义渐变色。在工具箱中单击"渐变工具"按钮█后，可以在工具属性栏设置渐变工具的参数，如图3-56所示。

图3-56　渐变工具属性栏

渐变工具属性栏中各选项的含义如下。

- █：单击其右侧的三角形按钮将打开渐变工具面板，其中提供了15种颜色渐变模式供用户选择，单击面板右侧的●按钮，在弹出的下拉菜单中可以选择其他渐变集。
- 渐变类型：其中的5个按钮分别代表5种渐变方式，分别是线性渐变、径向渐变、角度渐变、对称渐变和菱形渐变，应用效果如图3-57至图3-61所示。

图3-57　线性渐变　　图3-58　径向渐变　　图3-59　角度渐变　　图3-60　对称渐变　　图3-61　菱形渐变

- 模式：用于设置应用渐变时图像的混合模式。
- 不透明度：可设置渐变时填充颜色的不透明度。
- 反向：选中此选项后，产生的渐变颜色将与设置的渐变顺序相反。
- 仿色：选中此选项，在填充渐变颜色时，将增加渐变色的中间色调，使渐变效果更加平缓。
- 透明区域：用于关闭或打开渐变图案的透明度设置。

使用渐变工具对图像进行渐变填充的具体操作如下。

01 选择"文件→新建"命令，新建一个空白图像文件。选择工具箱中的渐变工具█，在属性栏中单击████，打开"渐变编辑器"对话框，如图3-62所示。

02 选择渐变效果编辑条左边的色标，双击后即可弹出"拾色器(色标颜色)"对话框，在此可以设置色标的颜色，如图3-63所示。

图3-62 "渐变编辑器"对话框

图3-63 设置色标颜色

03 在渐变编辑条下方单击鼠标，可以添加一个色标，这里将该色标颜色设置为黄色，如图3-64所示。

04 在"位置"文本框中输入30，即可将新增的色标设置到渐变编辑条上所对应的位置，如图3-65所示。

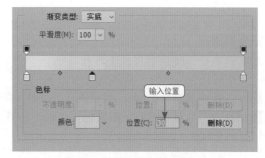

图3-64 设置颜色

图3-65 设置右边色标颜色

05 单击"确定"按钮后回到画面中。然后按住鼠标左键从画面左方向右方拖动，如图3-66所示，即可得到指定渐变颜色的填充效果，如图3-67所示。

图3-66 填充渐变色

图3-67 渐变色效果

3.4.4 融会贯通——制作彩色兔子

本实例将为一个黑白线稿图像进行颜色填充，练习在Photoshop中进行色彩填充的操作，实例效果如图3-68所示。

实例文件：	实例文件\第3章\彩色兔子.psd
素材文件：	素材文件\第3章\卡通兔子.jpg
视频教程：	视频教程\第3章\制作彩色兔子.mp4

图3-68　实例效果

创作思路：

本实例将介绍使用油漆桶工具和"填充"命令填充卡通兔子颜色的方法和技巧，在实例制作中还将介绍设置前景色的操作。具体的操作如下。

01 打开"卡通兔子.jpg"素材图像，如图3-69所示。

02 单击工具箱下方的"前景色"色块，打开"拾色器(前景色)"对话框，设置前景颜色为淡粉色(R255,G236,B242)，如图3-70所示。

图3-69　打开文件

图3-70　设置前景色

03 在工具箱中选择油漆桶工具 ，在属性栏中设置容差值为10，并取消选择"连续的"复选框，在图像中的背景处单击鼠标左键，即可将其填充为淡粉色，如图3-71所示。

04 再次打开"拾色器(前景色)"对话框，设置前景颜色为粉红色(R254,G198,B223)，使用油漆桶工具在左侧的兔子耳朵中单击鼠标左键，得到不连续填充图像效果，如图3-72所示。

图3-71 填充淡粉色

图3-72 填充粉红色

[05] 单击工具箱底部的前景色图标，在打开的对话框中设置颜色为桃红色(R211,G97,B122)，如图3-73所示。

[06] 使用油漆桶工具，在属性栏中选择"连续的"复选框，使用鼠标单击右侧兔子耳朵图像和花瓣图像，得到图像填充效果，如图3-74所示。

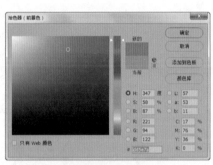

图3-73 设置前景色

图3-74 填充桃红色图像

[07] 选择魔棒工具，在属性栏中设置容差值为5，按住Shift键单击两只兔子的四肢图像，获取图像选区，如图3-75所示。

[08] 选择"编辑→填充"命令，打开"填充"对话框，然后在"内容"下拉列表框中选择"颜色"选项，如图3-76所示。

图3-75 获取选区

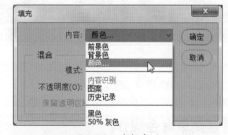

图3-76 选择颜色

高手技巧

使用油漆桶工具对较小图像填充颜色时，为了准确地填充指定的图像，用户可以使用缩放工具将图像放大，再对其填充颜色。

09 在打开的"拾色器(填充颜色)"对话框中设置颜色为红色(R91,G35,B47)，如图3-77所示，然后单击"确定"按钮。

10 返回"填充"对话框中进行确定，得到填充四肢图像颜色，效果如图3-78所示。

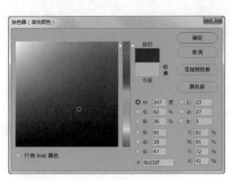

图3-77 设置颜色

图3-78 填充颜色

11 选择魔棒工具，在属性栏中设置容差值为10，并取消选中"连续的"复选框，再单击兔子眼睛图像获取黑色图像选区，如图3-79所示。

12 设置前景色为深黄色(R48,G33,B7)，按Alt+Delete组合键填充选区，效果如图3-80所示。

图3-79 获取选区

图3-80 填充选区颜色

3.5 还原与重做操作

在编辑图像时难免会执行一些错误的操作，使用还原图像操作即可轻松回到原始状态，并且还可以通过该功能制作一些特殊效果。

3.5.1 通过菜单命令操作

当用户在绘制图像时，常常需要进行反复的修改才能得到很好的效果，在操作过程中肯定会遇到撤销之前的步骤重新操作，这时可以通过下面的方法来撤销误操作。

◉ 选择"编辑→还原"命令可以撤销最近一次进行的操作。

- ◉ 选择"编辑→重做"命令可以恢复被撤销的操作。
- ◉ 选择"编辑→返回"命令可以向前撤销一步操作。
- ◉ 选择"编辑→向前"命令可以向后重做一步操作。

3.5.2 通过"历史记录"面板操作

当用户使用了其他工具在图像上进行误操作后，可以使用"历史记录"面板来还原图像。"历史记录"面板用来记录对图像所进行的操作步骤，并可以帮助用户恢复到历史记录面板中显示的任何操作状态。

01 打开任意一幅图像，选择"窗口→历史记录"命令，打开"历史记录"面板，如图3-81所示。

02 选择横排文字工具，在图像中单击鼠标，输入文字，可以看到在"历史记录"面板中已经有了输入文字的记录，如图3-82所示。

03 将鼠标移动到"历史记录"面板中，单击操作的第一步，即打开文件的步骤，如图3-83所示，可以让图像回到没有输入文字的效果。

图3-81 打开图像

图3-82 输入文字

图3-83 还原图像

3.5.3 通过组合键操作

当用户在绘制图像时，除了可以使用菜单命令和"历史记录"面板进行还原与重做操作外，也可以使用组合键进行操作。

- ◉ 按Ctrl+Z组合键可以撤销最近一次进行的操作。再次按Ctrl+Z组合键又可以重新执行被撤销的操作。
- ◉ 按Alt+Ctrl+Z组合键可以向前撤销一步操作。
- ◉ 按Shift+Ctrl+Z组合键可以向后重做一步操作。

3.6 上机实训

下面将练习制作一个水晶按钮图像，主要介绍使用渐变工具填充按钮图像的方法和技巧，在实例制作中将介绍线性渐变的应用以及设置渐变色的方法，本实例的最终效果如图3-84所示。

实例文件：	实例文件\第3章\水晶按钮.psd

图3-84　实例效果

创作指导:

01 新建一个图像文件,选择渐变工具,在属性栏中单击渐变色条,打开"渐变编辑器"对话框,设置渐变色的左侧色标为深蓝色(R8,G57,B87),右侧色标为蓝色(R62,G162,B208),如图3-85所示。

02 单击属性栏中的径向渐变按钮,并选择"反向"复选框,在画面中心处单击并按住鼠标向外拖动,得到渐变填充效果,如图3-86所示。

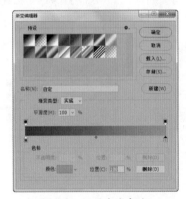

图3-85　设置渐变颜色　　　　　　　　　　图3-86　渐变填充图像

03 在工具箱中选择椭圆选框工具 ⬭,然后按住Shift键,绘制一个圆形选区,放到画面中间,如图3-87所示。

04 选择渐变工具 ⬛,在"渐变编辑器"对话框中设置第一个色标为深蓝色(R0,G66,B104),然后在渐变轴下方单击添加一个色标,设置颜色为天蓝色(R0,G147,B229),再设置右侧色标为浅蓝色(R0,G179,B255),如图3-88所示。

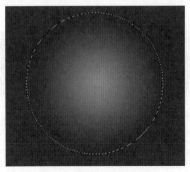

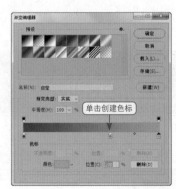

图3-87　绘制圆形选区　　　　　　　　　　图3-88　设置渐变颜色

05　单击"确定"按钮，对选区应用径向渐变填充，得到圆球图像，效果如图3-89所示。

06　选择椭圆选框工具 ⬭，按住Alt键再重叠绘制一个较大的圆形选区，通过减选得到圆球底部的月牙选区，如图3-90所示。

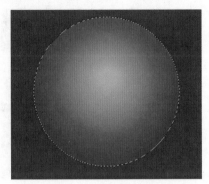

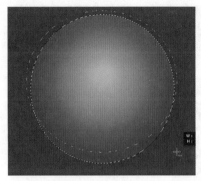

图3-89　渐变填充选区　　　　　　　　　　　图3-90　减选选区

07　选择渐变工具，打开"渐变编辑器"对话框，设置颜色从蓝色到透明，并设置渐变轴上方左侧色标不透明度为100%，右侧色标不透明度为0%，如图3-91所示。

08　在选区底部按住鼠标左键向上应用线性渐变填充，得到透明渐变填充效果，然后按Ctrl+D组合键取消选区，如图3-92所示。

图3-91　设置色标不透明度　　　　　　　　　　图3-92　创建透明渐变效果

09　新建一个图层，选择钢笔工具，在图像中绘制一个爱心图形，并按Ctrl+Enter组合键将路径转换为选区，如图3-93所示。

10　对选区应用径向渐变填充，设置颜色从深蓝色(R6,G64,B147)到透明，填充效果如图3-94所示。

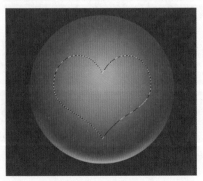

图3-93　绘制爱心　　　　　　　　　　　　　图3-94　填充选区

⑪ 在"图层"面板中设置该图层不透明度为64%，得到透明爱心图像效果，如图3-95所示。

⑫ 选择椭圆选框工具，在圆球上方绘制一个椭圆形选区，对其应用白色到透明的线性渐变填充，并适当降低图层不透明度，如图3-96所示。

图3-95 设置图层不透明度

图3-96 绘制透明圆形图像

⑬ 使用同样的方法绘制另一个较小的白色透明圆形，放到圆球上方，如图3-97所示。

⑭ 选择椭圆选框工具，在属性栏中设置羽化值为30，在圆球下方再绘制一个椭圆形选区，填充为黑色，得到按钮的投影效果，如图3-98所示，完成本实例的制作。

图3-97 绘制较小图像

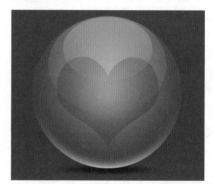
图3-98 添加投影

3.7 知识拓展

在Photoshop绘制图像的操作中，使用色彩的搭配填充，从而丰富色彩的效果，可以让画面增添更多的活力。

要理解和运用色彩，必须掌握进行色彩归纳整理的原则和方法。而其中最主要的是掌握色彩的属性。色彩可分为无彩色(如黑、白、灰)和有彩色(红、黄、蓝等七彩)两大类。

无彩色有明有暗，表现为白、黑，也称色调。

有彩色就是具备光谱上的某种或某些色相，统称为彩调。有彩色表现很复杂，但可以用三组特微值来确定。其一是彩调，也就是色相；其二是明暗，也就是明度；其三是色强，也就是纯度、彩度。明度、彩度确定色彩的状态，称为色彩的三属性。

第4章   色彩调整

本章展现

　　本章将学习图像色彩与色调的调整方法，使用Photoshop中"调整"子菜单中的各种颜色调整命令，可以对图像进行偏色矫正、反相处理、明暗度调整等操作。用户可以通过对图像色彩与色调的调整，制作出使图像色彩更靓丽迷人的效果，也可以改变图像的表达意境，使图像更具感染力。

　　本章学习的主要内容如下。

- ● 图像色调的快速调整
- ● 图像色彩的精细调整
- ● 图像色彩的校正
- ● 图像特殊色彩的调整

中文版Photoshop CC 2017图像处理入门到精通

4.1　色彩的快速调整

在Photoshop中，有些命令可以快速调整图像的整体色彩，这些快速调整的命令有"自动色调"、"自动对比度"和"自动颜色"这3个命令，都包含在"图像"菜单中。

4.1.1　自动色调

"自动色调"命令能够自动调整图像中的高光和暗调，使图像有较好的层次效果。"自动色调"命令将每个颜色通道中的最亮和最暗像素定义为黑色和白色，然后按比例重新分布中间像素值。默认情况下，该命令会剪切白色和黑色像素的0.5%，来忽略一些极端的像素。

例如，打开一张色调有些发灰的图像，如图4-1所示，选择"图像→自动色调"命令，软件将自动调整图像的明暗度，去除图像中不正常的高亮区和黑暗区，效果如图4-2所示。

图4-1　原图　　　　　　　　　　图4-2　自动调整色调

4.1.2　自动对比度

"自动对比度"命令除了能自动调整图像色彩的对比度外，还能方便地调整图像的明暗度。该命令是通过剪切图像中的阴影和高光值，并将图像剩余部分的最亮和最暗像素映射到色阶为255(纯白)和色阶为0(纯黑)的程度，让图像中的高光看上去更亮，阴影看上去更暗。如对图4-3使用"自动对比度"命令，即可得到如图4-4所示的效果。

图4-3　原图　　　　　　　　　　图4-4　自动调整对比度

4.1.3　自动颜色

"自动颜色"命令是通过搜索图像来调整图像的对比度和颜色。"自动颜色"命令使用两种算法："查找深色与浅色"和"对齐中性中间调"。可设置"对齐中性中间调"，并剪切白色和黑色极端像素。与"自动色调"和"自动对比度"一样，使用"自动颜色"命令后，系统会自动调整图像颜色。如对图4-5使用"自动颜色"命令，即可得到如图4-6所示的效果。

图4-5 原图

图4-6 自动调整颜色

在使用"自动色调"、"自动对比度"和"自动颜色"命令后，系统会自动调整图像的色调、对比度和颜色，不需要用户进行参数的设置。

4.2 图像色调的精细调整

在图像处理过程中很多时候需要进行色调调整，而色调是指一幅图像的整体色彩感觉以及明暗程度，当用户在一幅效果图中添加另一个图像时，则需要将两幅图像的色调调整的一致。通过对图像色调调整可以提高图像的清晰度，使图像看上去更加生动。

4.2.1 亮度/对比度

使用"亮度/对比度"命令能整体调整图像的亮度/对比度，从而实现对图像色调的调整。下面介绍使用"亮度/对比度"命令调整图像颜色的具体操作。

01 打开一幅需要调整亮度和对比度的图像文件，如图4-7所示。

02 选择"图像→调整→亮度/对比度"命令，打开"亮度/对比度"对话框，分别按住"亮度"和"对比度"下方的三角形滑块向右拖动，设置亮度为40、对比度为8，如图4-8所示。

03 调整好图像的亮度和对比度后，单击"确定"按钮，即可调整图像的亮度和对比度，效果如图4-9所示。

图4-7 素材图像

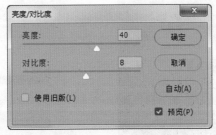
图4-8 调整图像亮度和对比度

图4-9 调整后的图像

在"亮度/对比度"对话框中，参数的正值为增强图像的亮度和对比度，负值为降低亮度和对比度。

4.2.2　色阶

"色阶"命令主要用来调整图像中颜色的明暗度。它能对图像的阴影、中间调和高光的强度做调整。该命令不仅可以对整个图像进行操作，还可以对图像的某一选取范围、某一图层图像，或者某一个颜色通道进行操作。

选择"图像→调整→色阶"命令，打开"色阶"对话框，在该对话框中可以设置图像的阴影色调、中间色调和高光色调，如图4-10所示。

"色阶"对话框中的主要选项含义如下。

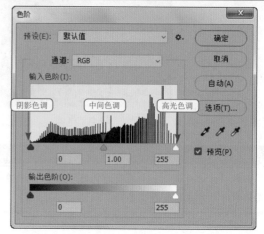

图4-10　"色阶"对话框

- ◉　"通道"下拉列表框：用于设置要调整的颜色通道。它包括了图像的色彩模式和原色通道，用于选择需要调整的颜色通道。
- ◉　"输入色阶"文本框：从左至右分别用于设置图像的阴影色调、中间色调和高光色调，可以在文本框中直接输入相应的数值，也可以拖动色调直方图底部滑条上的3个滑块来进行调整。
- ◉　"输出色阶"文本框：用于调整图像的亮度和对比度，范围为0~255；右边的编辑框用来降低亮部的亮度，范围为0~255。
- ◉　"自动"按钮：单击该按钮可自动调整图像中的整体色调。
- ◉　"选项"按钮：单击该按钮，将打开"自动颜色校正选项"对话框，可以设置暗调、中间值的切换颜色，以及设置自动颜色校正的算法。
- ◉　吸管工具组：使用黑色吸管工具✏单击图像，可使图像变暗；使用中间色调吸管工具✏单击图像，将用吸管单击处的像素亮度来调整图像所有像素的亮度；使用白色吸管工具✏单击图像，图像上所有像素的亮度值都会加上该吸取色的亮度值，使图像变亮。
- ◉　预览：选中该复选框，在图像窗口中可以预览图像调整后的效果。

使用"色阶"命令调整图像颜色的具体操作如下。

01 打开一幅需要调整颜色的图像文件，如图4-11所示。

02 选择"图像→调整→色阶"命令，打开"色阶"对话框，使用鼠标左键按住最右侧的三角形滑块向左拖动，如图4-12所示。

图4-11　素材文件

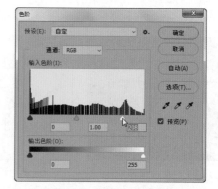

图4-12　调整色阶滑块

03 在"通道"下拉列表框中选择"红"色，然后分别调整图像的阴影色调、中间色调和高光色调，如图4-13所示。

04 都调整好后，单击"确定"按钮，即可得到调整色阶后的图像效果，如图4-14所示。

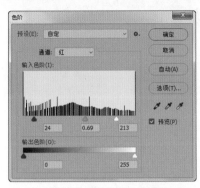

图4-13　调整蓝色通道

图4-14　图像效果

4.2.3　调整曲线

"曲线"命令在图像色彩的调整中使用的非常广，它可以对图像的色彩、亮度和对比度进行综合调整，并且在从暗调到高光这个色调范围内，可以对多个不同的点进行调整。

选择"图像→调整→曲线"命令，将打开"曲线"对话框，如图4-15所示。

"曲线"对话框中主要选项的含义如下。

⊙ "通道"下拉列表框：用于显示当前图像文件的色彩模式，并可从中选取单色通道对单一的色彩进行调整。

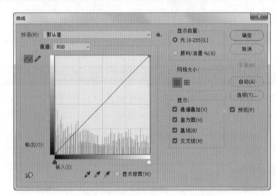

图4-15　"曲线"对话框

⊙ "输入"选项：用于显示原来图像的亮度值，与色调曲线的水平轴相同。

⊙ "输出"选项：用于显示图像处理后的亮度值，与色调曲线的垂直轴相同。

⊙ ～按钮：是系统默认的曲线工具，用来在图表中各处制造节点而产生色调曲线。

⊙ ✎按钮：是铅笔工具，用来随意在图表上画出需要的色调曲线，选中它，当鼠标变成画笔后，可用画笔徒手绘制色调曲线。

⊙ ✎按钮：单击该按钮，在图像中单击并拖动鼠标时，可以修剪曲线的形状。

⊙ "显示修剪"复选框：用于显示在图像中发生修剪的位置。

⊙ 网格大小：在该选项栏中可以使用简单网格和详细网格两种状态显示曲线的参考网格。

使用"曲线"命令调整图像颜色的具体操作如下。

01 打开一幅需要调整颜色的图像文件，如图4-16所示。

02 选择"图像→调整→曲线"命令，打开"曲线"对话框，在曲线上方"高光色调"处单击鼠标，创建一个节点，然后按住鼠标将其向上拖动，如图4-17所示。

图4-16　素材文件

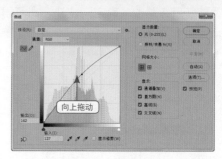

图4-17　调整曲线

03 在曲线的"中间色调"与"阴影色调"之间单击鼠标，创建一个节点，然后将其向下方进行拖动，如图4-18所示。

04 完成曲线的调整后，单击"确定"按钮，得到调整后的图像效果如图4-19所示。

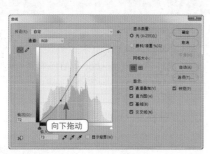

图4-18　调整曲线

图4-19　调整后的图像

新手问答

Q：在"曲线"对话框中调整曲线时，如何对添加的节点进行删除？

A：在曲线上可以添加多个调节点来综合调整图像的效果，当调节点不需要时，选择该节点并按Delete键，或将其拖至曲线外，即可删除该调节点。

4.2.4　曝光度

　　"曝光度"命令主要用于调整HDR图像的色调，也可用于8位和16位图像。"曝光度"是通过在线性颜色空间(灰度系数 1.0)而不是当前颜色空间执行计算而得出的。

　　选择"图像→调整→曝光度"命令，打开"曝光度"对话框，如图4-20所示。

　　"曝光度"对话框中主要选项含义如下。

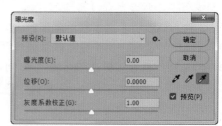

图4-20　"曝光度"对话框

- ⊙ "预设"下拉列表框：该下拉列表框中有 Photoshop默认的几种设置，用户可以进行简单的图像调整。
- ⊙ "曝光度"栏：用于调整色调范围的高光端，对极限阴影的影响很轻微。
- ⊙ "位移"栏：用于调整阴影和中间调，对高光的影响很轻微。
- ⊙ "灰度系数校正"栏：使用简单的乘方函数调整图像灰度系数。处于负值时会被视为它们的相应正值，也就是说，虽然这些值为负，但仍然会像正值一样被调整。

使用"曝光度"命令调整图像颜色的具体操作如下。

[01] 打开一幅需要调整曝光度的图像文件,如图4-21所示。

[02] 选择"图像→调整→曝光度"命令,打开"曝光度"对话框,分别调整"曝光度"、"位移"和"灰度系数校正"参数为1.06、0.0020、1.00,如图4-22所示。

[03] 单击"确定"按钮,得到调整后的图像效果如图4-23所示。

图4-21 素材文件 　　　　图4-22 调整图像曝光度 　　　图4-23 调整后的图像

4.3 校正图像色彩

对于图形设计者而言,校正图像的色彩非常重要。在Photoshop中,设计者不仅可以运用"调整"菜单对图像的色调进行调整,还可以对图像的色彩进行校正。

4.3.1 自然饱和度

"自然饱和度"命令能精细地调整图像饱和度,以便在颜色接近最大饱和度时最大限度地减少颜色的流失。使用"自然饱和度"命令在调整人物图像时还可防止肤色过度饱和。

选择"图像→调整→自然饱和度"命令,打开"自然饱和度"对话框,如图4-24所示。"自然饱和度"选项用于增加或减少颜色饱和度,在颜色过度饱和时颜色不流失;"饱和度"选项用于调整具有相同饱和度图像中的所有颜色。

图4-24 "自然饱和度"对话框

使用"自然饱和度"命令调整图像颜色的具体操作如下。

[01] 打开一幅需要调整饱和度的图像文件,如图4-25所示。

[02] 选择"图像→调整→自然饱和度"命令,打开"自然饱和度"对话框,为了增加图像的饱和度,分别将"自然饱和度"和"饱和度"下面的三角形滑块向右拖动,如图4-26所示。

[03] 调整图像饱和度到合适的值后,单击"确定"按钮完成操作,得到如图4-27所示的效果。

图4-25 素材图像 　　　　图4-26 调整图像饱和度 　　　图4-27 调整后的效果

4.3.2 色相/饱和度

使用"色相/饱和度"命令可以调整图像中单个颜色成分的色相、饱和度和亮度,从而实现图像色彩的改变。还可以通过给像素指定新的色相和饱和度,给灰度图像添加颜色。

选择"图像→调整→色相/饱和度"命令,打开"色相/饱和度"对话框,如图4-28所示。

"色相/饱和度"对话框中主要选项含义如下。

图4-28 "色相/饱和度"对话框

- ⊙ "全图"下拉列表框:用于选择作用范围。如选择"全图"选项,则将对图像中所有颜色的像素起作用,其余选项表示对某一颜色成分的像素起作用。
- ⊙ "色相/饱和度/明度"栏:调整所选颜色的色相、饱和度或亮度。
- ⊙ "着色"复选框:选中该复选框,可以将图像调整为灰色或单色的效果。

使用"色相/饱和度"命令调整图像颜色的具体操作如下。

01 打开一幅需要调整饱和度的图像文件,如图4-29所示。

02 选择"图像→调整→色相/饱和度"命令,打开"色相/饱和度"对话框,分别调整色相为10、饱和度为35、明度为0,如图4-30所示。

03 完成后单击"确定"按钮,得到的效果如图4-31所示。

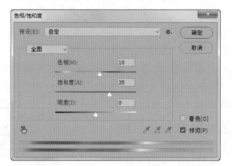

图4-29 素材图像   图4-30 调整参数   图4-31 图像效果

高手技巧

在"色相/饱和度"对话框中选中"着色"复选框,可以对图像进行单色调整,此时,对话框中的"全图"下拉列表框将不可用。

4.3.3 色彩平衡

"色彩平衡"命令可以增加或减少图像中的颜色,从而调整整体图像的色彩平衡。该命令常用于调整图像中出现的偏色情况。

选择"图像→调整→色彩平衡"命令,打开"色彩平衡"对话框,如图4-32所示。

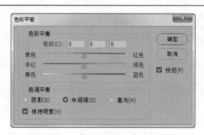

图4-32 "色彩平衡"对话框

"色彩平衡"对话框中主要选项含义如下。

◉　"色彩平衡"栏：用于在"阴影"、"中间调"或"高光"中添加过渡色来平衡色彩效果，也可直接在色阶框中输入相应的值来调整颜色均衡。

◉　"色调平衡"栏：用于选择用户需要着重进行调整的色彩范围。分别有"阴影"、"中间调"、"高光"3个单选按钮，选中某一按钮，就会对相应色调的像素进行调整。

◉　"保持明度"选项：选择该选项，在调整图像色彩时可以使图像亮度保持不变。

使用"色彩平衡"命令调整图像颜色的具体操作如下。

01 打开一幅有偏色情况的图像文件，如图4-33所示。

02 选择"图像→调整→色彩平衡"命令，打开"色彩平衡"对话框，按住并拖动三角形滑块可以改变图像的色彩效果，色阶中的参数分别为52、-33、36，如图4-34所示。

03 单击"确定"按钮，即可得到调整颜色后的图像效果，如图4-35所示。

图4-33　素材图像

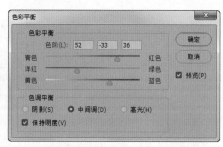
图4-34　调整图像色彩

图4-35　调整后的图像

4.3.4　融会贯通——制作暖色调效果图

本实例将对如图4-36所示的图像进行色调处理，得到如图4-37所示的图像，主要练习通过"曲线"和"色彩平衡"等命令来调整图像色调。

实例文件：	实例文件\第4章\暖色调效果图.psd
素材文件：	素材文件\第4章\效果图.jpg
视频教程：	视频教程\第4章\制作暖色调效果图.mp4

图4-36　素材图像

图4-37　调整后的效果

创作思路：

本实例所制作的暖色调效果图，是将一幅冷色调的效果图通过"色相/饱和度"对话框，为图像增加饱和度，再通过"色彩平衡"对话框，为图像增加红色元素，最后增强图像的亮度和对比度。

其具体操作如下。

01 选择"文件→打开"命令，打开"效果图.jpg"素材文件，如图4-38所示。

02 选择"图像→调整→色相/饱和度"命令，打开"色相/饱和度"对话框，设置图像的饱和度为61，如图4-39所示。

图4-38 打开素材图像

图4-39 设置图像饱和度

03 设置好图像饱和度后，单击"确定"按钮，调整后的效果如图4-40所示。

04 选择"图像→调整→色彩平衡"命令，打开"色彩平衡"对话框，如图4-41所示。

图4-40 图像效果

图4-41 调整色彩平衡

05 设置好色彩平衡参数后进行确定，图像的效果如图4-42所示。

06 选择"图像→调整→亮度/对比度"命令，打开"亮度/对比度"对话框，设置图像的对比度为10，如图4-43所示。

图4-42 调整图像色彩

图4-43 设置对比度

07 选择"图像→调整→曲线"命令，打开"曲线"对话框，调整曲线参数，如图4-44所示。然后进行确定，完成实例的制作，效果如图4-45所示。

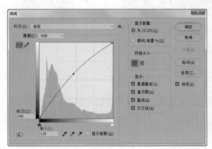

图4-44 调整曲线

图4-45 完成效果

4.3.5　匹配颜色

使用"匹配颜色"命令可以使另一个图像的颜色与当前图像中的颜色进行混合，达到改变当前图像色彩的目的。该命令允许用户通过更改图像的亮度、色彩范围以及中和色调来调整图像的颜色。

选择"图像→调整→匹配颜色"命令，打开"匹配颜色"对话框，如图4-46所示。

"匹配颜色"对话框中主要选项含义如下。

⊙　"目标图像"栏：用来显示当前图像文件的名称。

⊙　"图像选项"栏：用于调整匹配颜色时的明亮度、颜色强度和渐隐效果。其中"中和"复选框用于选择是否将两幅图像的中性色进行色调的中和。

图4-46　"匹配颜色"对话框

⊙　"图像统计"栏：用于选择匹配颜色时图像的来源或所在的图层。

使用"匹配颜色"命令调整图像颜色的具体操作如下。

01　打开两幅需要匹配颜色的图像文件，如图4-47和图4-48所示。

图4-47　素材图像1　　　　　　　图4-48　素材图像2

02　选择后视镜图像文件，然后选择"图像→调整→匹配颜色"命令，打开"匹配颜色"对话框，在"源"下拉列表框中选择打开的"草莓"图像文件，在"图像选项"选项栏中选中"中和"选项，然后分别调整图像的明亮度、颜色强度和渐隐参数为161、136、16，如图4-49所示。

03　完成后单击"确定"按钮，对图像进行匹配颜色的效果如图4-50所示。

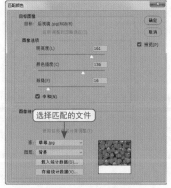　

图4-49　调整匹配颜色　　　　　　图4-50　图像效果

专家提示

使用"匹配颜色"命令调整图像色彩时，图像文件的色彩模式必须是RGB模式，否则该命令将不能使用。

4.3.6 替换颜色

使用"替换颜色"命令可以调整图像中选取的特定颜色区域的色相、饱和度和亮度值，将指定的颜色替换掉。

选择"图像→调整→替换颜色"命令，打开"替换颜色"对话框，如图4-51所示。

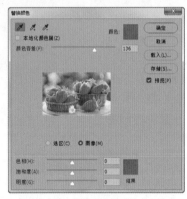

图4-51 "替换颜色"对话框

"替换颜色"对话框中主要选项含义如下。

- ◉ 吸管工具组 ![吸管] ：3个吸管工具分别用于拾取、增加和减少颜色。
- ◉ 颜色容差：用于调整图像中替换颜色的范围。
- ◉ "选区"按钮：预览框中以黑白选区蒙版的方式显示图像。
- ◉ "图像"按钮：预览框中以原图的方式在预览框中显示图像。
- ◉ "色相/饱和度/明度"栏：通过拖动滑块或输入数值来调整所替换颜色的色相、饱和度和明度。

使用"替换颜色"命令调整图像颜色的具体操作如下。

01 打开一幅需要替换颜色的图像文件，如图4-52所示。

02 选择"图像→调整→替换颜色"命令，打开"替换颜色"对话框，使用吸管工具单击背景绿色图像，然后设置颜色容差、色相、饱和度和明度等参数，如图4-53所示。

03 单击"确定"按钮，即可得到替换颜色后的图像效果，如图4-54所示。

图4-52 素材图像

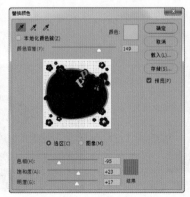

图4-53 设置替换选项

图4-54 替换颜色后的图像

4.3.7 可选颜色

使用"可选颜色"命令可以对图像中的某种颜色进行调整，修改图像中某种原色的数量而不影响其他原色。

选择"图像→调整→可选颜色"命令，打开"可选颜色"对话框，如图4-55所示。

图4-55 "可选颜色"对话框

"可选颜色"对话框中主要选项含义如下。

- "颜色"下拉列表框：用于选择要调整的颜色。
- "青色/洋红/黄色/黑色"选项：通过拖动滑块，为选择的颜色增加或降低当前颜色。
- "方法"栏：选中"相对"选项表示按CMYK总量的百分比来调整颜色；选中"绝对"选项表示按CMYK总量的绝对值来调整颜色。

使用"可选颜色"命令调整图像颜色的具体操作如下。

01 打开一幅需要调整颜色的图像文件，如图4-56所示。

02 选择"图像→调整→可选颜色"命令，打开"可选颜色"对话框，在"颜色"下拉选项框中选择需要调整的颜色（如"黄色"），然后分别调整其参数为100、-96、100、0，如图4-57所示。

图4-56 素材图像

图4-57 调整图像黄色调

03 在"颜色"下拉列表框中选择"中性色"选项，然后调整颜色参数为60、22、-74、-19，如图4-58所示。

04 设置好参数后单击"确定"按钮，即可得到调整颜色后的图像，如图4-59所示。

图4-58 调整中性色调

图4-59 调整后的图像

4.3.8 通道混和器

使用"通道混和器"命令可以对图像中不同通道的颜色进行混和，从而达到改变图像色彩的目的。
选择"图像→调整→通道混和器"命令，打开"通道混和器"对话框，如图4-60所示。

图4-60　"通道混和器"对话框

"通道混和器"对话框中主要选项含义如下。

- ◉ "输出通道"下拉列表框：用于选择进行调整的通道。
- ◉ "源通道"栏：通过拖动滑块或输入数值来调整源通道在输出通道中所占的百分比值。
- ◉ "常数"栏：通过拖动滑块或输入数值来调整通道的不透明度。
- ◉ "单色"选项：将图像转变成只含灰度值的灰度图像。

使用"通道混和器"命令调整图像通道颜色的具体操作如下。

01 打开一幅需要调整通道颜色的图像文件，如图4-61所示。

02 选择"图像→调整→通道混和器"命令，打开"通道混和器"对话框，在"输出通道"下拉列表框中选择绿色通道，然后设置各源通道颜色参数为-16、131、30、-21，如图4-62所示。

03 单击"确定"按钮，即可改变选择通道中的颜色，如图4-63所示。

图4-61　素材图像　　　　图4-62　调整蓝色通道　　　　图4-63　调整后的效果

新手问答

Q：为什么在处理某些图像时，很多色彩调整命令都不可用呢？

A：这时因为颜色模式不对，在Photoshop中处理图像色彩时，通常需要先将图像设置为RGB模式，只有在这种模式下，才能使用所有的色彩调整命令。

4.3.9 照片滤镜

使用"照片滤镜"命令可以把带颜色的滤镜放在照相机镜头前方来调整图像颜色，还可通过选择色彩预置来调整图像的色相。

选择"图像→调整→照片滤镜"命令，打开"照片滤镜"对话框，如图4-64所示。

"照片滤镜"对话框中主要选项含义如下。

- ◉ "滤镜"下拉列表框：选中"滤镜"并在其右侧的下拉列表框中选择滤色方式。
- ◉ "颜色"单选按钮：选中该单选按钮并单击右侧的颜色框，可设置过滤颜色。
- ◉ "浓度"数值框：拖动滑块可以控制着色的强度，数值越大，滤色效果越明显。

图4-64 "照片滤镜"对话框

使用"照片滤镜"命令调整图像颜色的具体操作如下。

01 打开一幅需要调整颜色的图像文件，如图4-65所示。

02 选择"图像→调整→照片滤镜"命令，打开"照片滤镜"对话框，单击"颜色"右侧的颜色块，设置颜色为绿色(#45b144)，然后调整"浓度"值为75，再选中"保留明度"复选框，如图4-66所示。

图4-65 素材图像

图4-66 调整图像颜色

03 调整后单击"确定"按钮，得到的图像效果如图4-67所示。如果选择"滤镜"选项，在其下拉列表框中选择一种滤镜，如"冷却滤镜(82)"，设置浓度为24，这时图像将变成冷色调效果，如图4-68所示。

图4-67 调整后的图像

图4-68 图像效果

4.3.10 阴影/高光

"阴影/高光"命令不是单纯地使图像变亮或变暗，它可以准确地调整图像中阴影和高光的分布。

选择"图像→调整→阴影/高光"命令，打开"阴影/高光"对话框，如图4-69所示，选择"显示更多选项"选项，可将该命令中的所有选项显示出来，如图4-70所示。

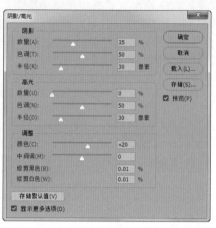

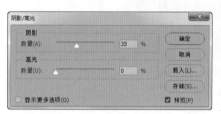

图4-69　"阴影/高光"对话框　　　　图4-70　显示更多选项

"阴影/高光"对话框中主要选项含义如下。

⊙　"阴影"栏：用来增加或降低图像中的暗部色调。

⊙　"高光"栏：用来增加或降低图像中的高光部分。

⊙　"调整"栏：用于调整图像中的颜色偏差。

⊙　"存储默认值"按钮：单击该按钮，可将当前设置存储为"暗部/高光"命令的默认设置。若要恢复默认值，按住Shift键，将鼠标移到"存储默认值"按钮上，该按钮会变成"恢复默认值"，单击该按钮即可。

使用"阴影/高光"命令调整图像颜色的具体操作如下。

01　打开一幅需要调整颜色的图像文件，如图4-71所示。

02　选择"图像→调整→阴影/高光"命令，在打开的"阴影/高光"对话框中调整图像的阴影、高光等参数，如图4-72所示。

03　分别调整阴影、高光等各项参数，然后单击"确定"按钮，得到调整后的图像效果，如图4-73所示。

 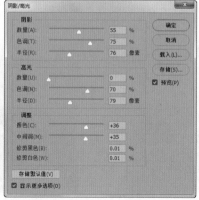 

图4-71　素材图像　　　　图4-72　调整图像阴影和高光　　　　图4-73　调整后的图像

4.4　调整图像特殊颜色

图像颜色的调整具有多样性，除了一些简单的颜色调整外，还能调整图像的特殊颜色。使用"去色"、"反相"、"色调均化"等命令可使图像产生特殊的效果。

4.4.1　去色

使用"去色"命令可以去掉图像的颜色，只显示具有明暗度灰度颜色，选择"图像→调整→去色"命令，即可将图像中所有颜色的饱和度都变为0，从而将图像变为彩色模式下的灰色图像，例如，对图4-74所示的图像使用"去色"命令后，效果如图4-75所示。

图4-74　素材图像

图4-75　去色后的图像效果

专家提示

使用"去色"命令后可以将原有图像的色彩信息去掉，但是，这个去色操作并不是将颜色模式转为灰度模式。

4.4.2　渐变映射

利用"渐变映射"命令可以改变图像的色彩，主要使用渐变颜色对图像的颜色进行调整。选择"图像→调整→渐变映射"命令，打开"渐变映射"对话框，如图4-76所示。

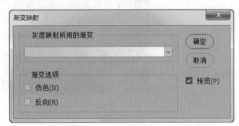

图4-76　"渐变映射"对话框

"渐变映射"对话框中主要选项含义如下。

- "灰度映射所用的渐变"选项：单击中间的渐变颜色框，即可打开"渐变编辑器"对话框来编辑所需的渐变颜色。
- 仿色：选择该选项，图像将实现抖动渐变。
- 反向：选择该选项，图像将实现反转渐变。

使用"渐变映射"命令调整图像颜色的具体操作如下。

01 打开一幅需要调整颜色的图像文件，如图4-77所示。

02 选择"图像→调整→渐变映射"命令，在打开的"渐变映射"对话框中单击中间的渐变颜色框，弹出"渐变编辑器"对话框，设置渐变颜色为从土红色(#97461a)到白色效果，如图4-78所示。

03 设置完成后，单击"确定"按钮，即可改变图像的效果，如图4-79所示。

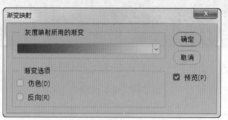

图4-77 素材图像　　　　图4-78 设置渐变颜色　　　　图4-79 图像效果

4.4.3 反相

　　使用"反相"命令可以把图像的色彩反相，常用于制作胶片的效果。选择"图像→调整→反相"命令后，把图像的色彩反相，从而转化为负片，或将负片还原为图像。当再次使用该命令时，图像会还原。例如，对图4-80所示的图像使用"反相"命令后，效果如图4-81所示。

图4-80 原图像　　　　图4-81 反相后的效果

4.4.4 色调均化

　　使用"色调均化"命令可以重新分布图像中各像素的亮度值，以便更均匀地呈现所有范围的亮度级。选择"色调均化"命令后，图像中的最亮值呈现为白色，最暗值呈现为黑色，中间值则均匀地分布在整个图像灰度色调中。例如，选择"图像→调整→色调均化"命令，可以将如图4-82所示的图像转换为如图4-83所示的效果。

图4-82 原图像　　　　图4-83 色调均化后的效果

专家提示

使用"色调均化"命令产生的效果与使用"自动色阶"命令类似，所以用户在调整图像颜色时，可以灵活使用该功能。

4.4.5 色调分离

　　使用"色调分离"命令，可以指定图像中每个通道的色调级(或亮度值)的数目，然后将像素映射为最接近的匹配级别。选择"图像→调整→色调分离"命令，打开"色调分离"对话框，如图4-84所示。其中"色阶"选项用于设置图像色调变化的程度，数值越大，图像色调变化越大，效果越明显。

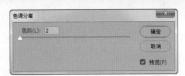

图4-84 "色调分离"对话框

使用"色调分离"命令调整图像色调的具体操作如下。

01 打开一幅需要调整颜色的图像文件，如图4-85所示。

02 选择"图像→调整→色调分离"命令，打开"色调分离"对话框，然后设置色调分离的色阶值为4，如图4-86所示。

03 设置完成后，单击"确定"按钮，即可得到色调分离的效果，如图4-87所示。

图4-85 原图像

图4-86 设置参数

图4-87 色调分离效果

4.4.6 黑白

使用"黑白"命令可以轻松地将彩色图像转换为丰富的黑白图像，并可以精细地调整图像整体色调值和浓淡。使用"黑白"命令调整图像颜色的具体操作如下。

01 打开一幅需要转变为黑白颜色的图像文件，如图4-88所示。

02 选择"图像→调整→黑白"命令，打开"黑白"对话框，由于这个图像中的黄色和红色较多，所以我们主要调整这两种颜色，分别选择"红色"、"黄色"下面的三角形滑块进行拖动，如图4-89所示。

03 设置好参数后进行确定，即可调整图像的效果，如图4-90所示。

图4-88 素材图像

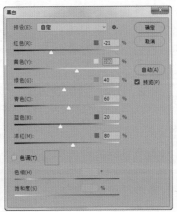
图4-89 设置参数

图4-90 调整后的图像

如果在"黑白"对话框中选中"色调"复选框，可以为图像添加单一色调，并通过下面的"色相"和"饱和度"三角形滑块调整色相为94、饱和度为72，如图4-91所示，得到的图像效果如图4-92所示。

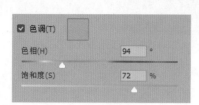

图4-91　设置色调参数　　　　　　图4-92　图像色调效果

4.4.7　阈值

使用"阈值"命令可以将一个彩色或灰度图像变成只有黑白两种色调的黑白图像，这种效果适合用来制作版画。使用"阈值"命令调整图像颜色的具体操作如下。

01 打开一幅需要调整颜色的图像文件，如图4-93所示。

02 选择"图像→调整→阈值"命令，在打开的"阈值"对话框中拖动下面的三角形滑块设置阈值参数，如图4-94所示。

03 设置完成后单击"确定"按钮，即可调整图像的效果，如图4-95所示。

图4-93　素材图像　　　　图4-94　设置阈值范围　　　　图4-95　调整后的图像

4.4.8　HDR色调

使用"HDR色调"命令可以将普通的图片转换成高动态光照图的效果。主要用于三维制作软件里面的环境模拟的贴图，将图片亮部调得很亮，暗的部分调节得很暗，而且亮部的细节会被保留，这与曲线、色阶、对比度等的调节命令是不同的。

选择"图像→调整→HDR色调"命令，打开"HDR色调"对话框，如图4-96所示。

"HDR色调"对话框中主要选项含义如下。

⊙　"预设"：在该选项的下拉列表中可以选择提供的HDR色调类型。

⊙　"方法"：在该选项的下拉列表中可以选择对图像应用HDR色调的方式。

⊙　"边缘光"：设置明暗边缘的半径和强度。

⊙　"色调和细节"：通过灰度系数、曝光度和细节参数调整图像的色调和细节。

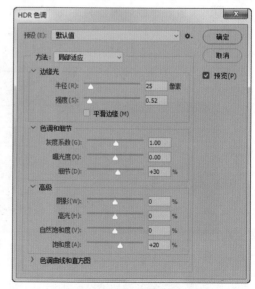

图4-96　"HDR色调"对话框

- ⊙ "高级"：调整图像的阴影、高光、饱和度等效果。
- ⊙ "色调曲线和直方图"：单击左方的三角形，可以展开用于调整色调的曲线图。

使用"HDR色调"命令调整图像颜色的具体操作如下。

01 打开一幅需要调整颜色的图像文件，如图4-97所示。

02 选择"图像→调整→HDR色调"命令，打开"HDR色调"对话框，设置边缘光的半径和强度，以及阴影和高光参数，如图4-98所示。

03 调整好图像的色调后，单击"确定"按钮，即可得到调整后的图像效果，如图4-99所示。

图4-97 素材图像

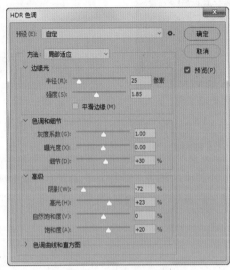
图4-98 调整图像色调

图4-99 调整后的图像

4.5 上机实训

下面练习调整照片整体色调的效果，本实例通过对照片整体色调进行调整，实现简单、快速修改图像色调的目的。本实例的效果如图4-100所示。

图4-100 实例效果

实例文件：	实例文件\第4章\风景.jpg
素材文件：	素材文件\第4章\风景.jpg

创作指导：

[01] 按Ctrl+O组合键打开"风景.jpg"照片素材，效果如图4-101所示。

[02] 选择"图像→调整→亮度/对比度"命令。打开"亮度/对比度"对话框，设置"亮度"值为40、"对比度值"为17，单击"确定"按钮，如图4-102所示。

图4-101　打开照片素材　　　　　　　图4-102　设置亮度

[03] 选择"图像→调整→色相/饱和度"命令。打开"色相/饱和度"对话框，设置"色相"值为-7、"饱和度"值为20，然后进行确定，如图4-103所示。

[04] 选择"图像→调整→色彩平衡"命令。打开"色彩平衡"对话框，选中"中间调"单选按钮，设置"色阶"值为-31、-9、29，然后进行确定，如图4-104所示，完成本例的制作。

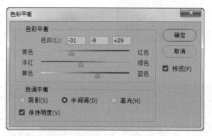

图4-103　设置色相/饱和度　　　　　　图4-104　设置色彩平衡

4.6　知识拓展

　　色彩在广告表现中的作用非常重要，具有传达直接感受的作用。它与公众的生理和心理反应密切相关，公众对广告的第一印象是通过色彩而得到的。艳丽、典雅、灰暗等色彩感觉，影响着公众对广告内容的注意力。鲜艳、明快、和谐的色彩组合会对公众产生较好吸引力，陈旧、破碎的用色会导致公众产生"这是旧广告"的想法，而不会引起注意。

　　设计师在广告中运用的色彩，要表现出广告的主题和创意，充分展现色彩的魅力。首先必须认真分析研究色彩的各种因素，由于生活经历、年龄、文化背景、风俗习惯、生理反应有所区别，人们有一定的主观性，同时对颜色的象征性、情感性的表现，人们有着许多共同的感受。

　　在色彩配置和色彩调整中，设计师需要把握好色彩的冷暖对比、明暗对比、纯度对比、面积对比、混合调和、面积调和、明度调和、色相调和等，色彩调整要保持画面的均衡、呼应和色彩的条理性。

第5章　建立与应用选区

本章展现

选区是Photoshop中一个十分重要的功能。灵活创建选区对象，可以给用户在处理图像的过程带来极大的方便。在Photoshop CC 2017中创建选区的方法很多，用户可以通过规则选框工具、套索工具、魔棒工具、快速选择工具创建选区，也可以通过"色彩范围"命令创建选区，还可以通过蒙版、通道、路径等功能创建选区。

本章学习的主要内容如下。

- 认识选区
- 创建选区
- 修改选区
- 编辑选区

5.1　认识选区

　　在Photoshop 图像处理中，大多数的操作都不是针对整个图像的，而是针对图像的局部进行编辑，因此就需要用户建立选区来指明操作对象，下面介绍选区的概念和作用。

5.1.1　选区的概念

　　选区是通过各种选区绘制工具在图像中提取的全部或部分图像区域，在Photoshop图像中呈流动的蚂蚁爬行状显示，如图5-1所示。

　　由于图像是由像素构成，所以说选区也是由像素组成，像素是构成图像的基本单位，因此选区至少包含一个像素。将图像放大到一定程度时，可以发现呈块状显示的像素，由于选区是由像素组成，所以选区边缘就是像素的边缘，非直线型的选区边缘将呈锯齿状显示，如图5-2所示。

图5-1　选区显示效果　　　　　　　　　　　　图5-2　选区边缘呈锯齿状

专家提示

> 选区有256个级别，这和通道中256级灰度是相对应的，所以选区也是有级别之分的。对于灰度模式的图像所创建的选区可以为透明，有些像素可能只有50%的灰度被选中，当执行删除命令时，也只有50%的像素被删除。

5.1.2　选区的作用

　　在图像中建立选区后，对图像的处理范围将只限于选区内的图像。因此，选区在图像处理时起着保护选区外图像的作用，约束各种操作只对选区内的图像有效，防止选区外的图像受到影响。例如，设置前景色为紫色，然后使用画笔工具对图5-3所示选区内的白色图像进行涂抹时，其作用范围将只限于选区内的图像，效果如图5-4所示。

图5-3　选区图像　　　　　　　　　　　　　图5-4　涂抹图像

5.2　使用选框工具创建选区

选框工具根据指定的几何形状来建立选区，用于选择规则的图像，其中包括：矩形选框工具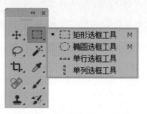、椭圆选框工具、单行选框工具和单列选框工具。这4种工具位于工具箱的右上方，单击并按住该工具组中的按钮，将展开该工具组中的所有工具，如图5-5所示。

图5-5　展开选框工具组

5.2.1　矩形选框工具

矩形选框工具可以绘制出矩形选区，并且还可以配合属性栏中的各项设置绘制出一些特定大小的矩形选区。

1. 自由绘制矩形选区

使用矩形选框工具可以创建正方形矩形和非正方形矩形选区，具体的操作如下。

- 在图像中按住鼠标左键进行拖动，即可创建出一个矩形选区，如图5-6所示。
- 按住Shift键在图像中拖动鼠标，可以绘制出一个正方形选区，如图5-7所示。

图5-6　绘制矩形选区

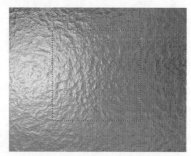

图5-7　绘制正方形选区

绘制选区后，工具属性栏样式如图5-8所示，在其中可以对选区进行添加选区、减少选区和交叉选区等各项操作。

图5-8　矩形选框工具属性栏

- ：这一组按钮主要用于控制选区的创建方式，表示创建新选区，表示添加到选区，表示从选区减去，表示与选区交叉。
- "羽化"：在该文本框中输入数值可以在创建选区后得到使选区边缘羽化的效果，羽化值越大，则选区的边缘越柔和。
- "消除锯齿"：用于消除选区边缘锯齿，只有在选择椭圆选框工具时才可用。
- "样式"：在该下拉列表框中可以选择设置选区的形状。分别有"正常"、"固定比例"和"固定大小"3个选项。其中"正常"为默认设置，可创建不同大小的选区。
- 宽度/高度：在"样式"下拉列表框中选择"固定比例"或"固定大小"选项后，用户可以在宽度和高度文本框中输入具体的数值确定选区的比例或大小。
- "调整边缘"：单击该按钮，即可打开"调整边缘"对话框，在其中可以定义边缘的半径、对比度和羽化程度等，可以对选区进行收缩和扩充，以及选择多种显示模式。

2．添加选区

单击属性栏中的"添加到选区"按钮 ，然后在已有选区的图像中绘制一个新选区，如图5-9所示，可以得到添加矩形选区的效果，如图5-10所示。

图5-9　绘制新选区　　　　　　　图5-10　添加选区

> **高手技巧**
>
> 在已有选区的图像中，用户可以按住Shift键，然后绘制一个新选区，从而在原选区的基础上添加一个选区。

3．减去选区

单击"从选区减去"按钮 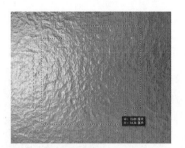，然后在已有选区的图像中绘制一个新选区，如图5-11所示，可以得到减去矩形选区的效果，如图5-12所示。

图5-11　绘制新选区　　　　　　　图5-12　减去的选区

> **高手技巧**
>
> 在已有选区的图像中，用户可以按住Alt键，然后在已有的选区中绘制一个新选区，从原选区中减去新绘制选区。

4．创建固定比例选区

选择矩形选框工具 ，在属性栏中选择"固定比例"选项，然后在图像窗口中拖动鼠标，即可创建一个指定比例的选区，图5-13所示是宽高比为2:1的矩形，图5-14所示是宽高比为1:2的矩形。当宽高比为1:1时，即可创建一个正方形选区。

图5-13　宽高比为2:1　　　　　　　图5-14　宽高比为1:2

5．创建固定大小选区

选择矩形选框工具 ，在属性栏中选择"固定大小"选项，然后在图像窗口中单击鼠标，即可创建一个指定大小的选区，如图5-15所示。单击"添加到选区"按钮 ，然后继续在图像窗口中单击鼠标，可以创建多个大小相同的选区，如图5-16所示。

图5-15　绘制指定大小的选区

图5-16　绘制大小相同的选区

6.调整选区边缘

在工具属性栏中单击"选
择并遮住"按钮，进入"属
性"面板，如图5-17所示，在此
可以设置选区的边缘效果。例
如，设置边缘羽化效果，单击
"确定"按钮即可得到羽化后
的选区，填充白色后可以看出
选区效果，如图5-18所示。

图5-17　调整选区边缘

图5-18　选区羽化效果

高手技巧

按Ctrl+M组合键可以在矩形选框工具和椭圆选框工具之间进行切换。

5.2.2　椭圆选框工具

椭圆选框工具◯主要用于
绘制椭圆形选区，其属性栏中
的选项及功能与矩形选框工具
相同。选取工具箱中的椭圆选
框工具◯，然后在图像上按住
鼠标并拖动，即可创建椭圆形
选区，如图5-19所示。在绘制椭
圆形选区的过程中，按住Shift键
可以创建正圆选区，如图5-20
所示。

图5-19　绘制椭圆选区

图5-20　绘制正圆选区

高手技巧

在绘制椭圆形选区的过程中，用户可以按住Alt键以起点为中心绘制椭圆形选区。也可以按住Alt＋Shift组合键以
起点为中心绘制正圆形选区。

5.2.3 单行、单列选框工具

使用单行选框工具 ![] 可以在图像窗口中绘制一个像素宽度的水平选区；单列选框工具 ![] 可以在图像窗口中绘制一个像素宽度的垂直选区。在工具箱中选择单行选框工具 ![] 或单列选框工具 ![]，然后在图像中单击鼠标，即可创建出1个像素大小的选区，绘制单行或单列选区的长度会布满图像窗口的长度尺寸，如图5-21和图5-22所示。

图5-21 绘制单行选区

图5-22 绘制单列选区

5.3 使用套索工具创建选区

通过选框工具组只能创建规则的几何图形选区，而在实际工作中，常常需要创建各种形状的选区，这时就可以通过套索工具组来完成，套索工具组中的属性栏选项及功能与选框工具组相同。

5.3.1 套索工具

套索工具 ![] 主要用于创建手绘类不规则选区，所以一般都不用来精确定制选区。将鼠标移到要选取的图像的起始点，然后按住鼠标左键不放沿图像的轮廓移动鼠标指针，如图5-23所示，完成后释放鼠标，绘制的套索线将自动闭合成为选区，如图5-24所示。

图5-23 按住鼠标拖动

图5-24 得到选区

新手问答

Q：在图像中创建选区后，为什么使用移动工具 ![] 移动选区时，图像会一起被移动？

A：使用移动工具 ![] 移动选区是剪切图像，如果要移动选区而不移动图像，则需要在选择选区工具的情况下移动选区。

5.3.2 多边形套索工具

多边形套索工具 ▷ 适用于边界为直线型图像的选取，它可以轻松地绘制出多边形形态的图像选区。在图像中单击作为创建选区的起始点，然后拖动鼠标再次单击，以创建选区中的其他点，如图5-25所示，最后将鼠标移动到起始点处，当鼠标指针变成 ▷。形态时单击，即生成最终的选区，如图5-26所示。

图5-25 创建多边形选区

图5-26 得到选区

5.3.3 磁性套索工具

磁性套索工具可以轻松绘制出外边框很复杂的图像选区，它可以在图形颜色与背景颜色反差较大的区域创建选区。选择工具箱中的磁性套索工具 ▷，按住鼠标左键不放沿图像的轮廓拖动鼠标指针，鼠标经过的地方会自动产生节点，并且自动捕捉图像中对比度较大的图像边界，如图5-27所示，当到达起始点时单击鼠标即可得到一个封闭的选区，如图5-28所示。

图5-27 沿图像边缘创建选区

图5-28 得到选区

新手问答

Q：使用磁性套索工具在获取图像边缘时，节点不是很好控制，该怎么办呢？

A：在使用磁性套索工具时，可能会由于抖动或其他原因而使边缘生成一些多余的节点，这时可以按Delete键来删除最近创建的磁性节点，然后再继续绘制选区。

5.4 使用魔棒工具创建选区

使用魔棒工具可以选择颜色一致的图像，从而获取选区，因此常用该工具选择颜色对比较强的图像。选择工具箱中的魔棒工具 ▷ 后，工具属性栏如图5-29所示。

图5-29 魔棒工具属性栏

⊙ "容差"：用于设置选取的色彩范围值，单位为像素，取值范围为0~255。输入的数值越大，选取的颜色范围也越大；数值越小，选择的颜色值就越接近，得到选区的范围就越小。

⊙ "消除锯齿"：用于消除选区边缘锯齿。

⊙ "连续"：选中该选项表示只选择颜色相邻的区域，取消选中时会选取颜色相同的所有区域。

⊙ "对所有图层取样"：当选中该选项后可以在所有可见图层上选取相近的颜色区域。

例如，在属性栏中设置"容差"值为50，并且选中"连续"选项，然后在图像中单击背景区域，可以获取部分图像选区，如图5-30所示。将"容差"值设置为20，然后取消选中"连续"选项，再单击图像背景，将得到如图5-31所示的图像选区。

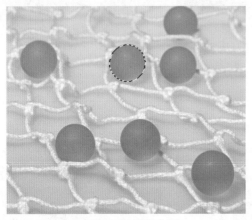
图5-30　获取选区

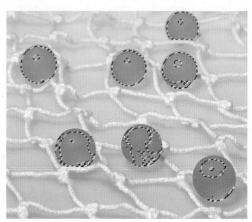
图5-31　改变选区设置

5.5　使用快速选择工具创建选区

快速选择工具 位于魔棒工具组中，可以根据拖动鼠标范围内的相似颜色来创建选区。使用快速选择工具 的具体方法如下。

01 打开任意一幅图像文件。选择快速选择工具 ，其属性栏如图5-32所示，属性栏中的各项设置与其他选区工具基本一致，不同的是多了一个"画笔"选项，单击该选项，可以在弹出的面板中设置画笔大小。

02 设置画笔大小(如50像素)，然后在图像中按住鼠标左键进行拖动，鼠标所到之处，即可成为选区，如图5-33所示。

图5-32　快速选择工具属性栏

图5-33　获取选区

5.6　使用"色彩范围"命令创建选区

使用"色彩范围"命令可以在图像中创建与预设颜色相似的图像选区，并且可以根据需要调整预设颜色，它比魔棒工具选取的区域更广。使用"色彩范围"命令创建选区的具体操作如下。

01　打开任意一个图像文件。选择"选择→色彩范围"命令，打开"色彩范围"对话框，单击图像中需要选取的颜色，如背景白色，如图5-34所示。

02　返回"色彩范围"对话框进行"颜色容差"的设置，如图5-35所示。然后单击"确定"按钮，即可在图像中得到选区，如图5-36所示。

图5-34　素材图像　　　　　图5-35　"色彩范围"对话框　　　　　图5-36　图像选区

"色彩范围"对话框中各选项含义如下。

◉ 选择：用来设置预设颜色的范围，在其下拉列表框中分别有取样颜色、红色、黄色、绿色、青色、蓝色、洋红、高光、中间调和阴影等选项。

◉ 颜色容差：该选项与魔棒工具属性栏中的"容差"选项功能一样，用于调整颜色容差值的大小。

◉ 选区预览：用于设置在图像窗口中选取区域的预览方式。用户可以根据需要自行选择"无"、"灰度"、"黑色杂边"、"白色杂边"和"快速蒙版"5种预览方式。

高手技巧

使用"色彩范围"命令对图像创建选区时，由于"色彩范围"对话框内的预览窗口太小，用户很难使用吸管工具在预览框中准确吸取颜色，这时可在图像编辑区内吸取颜色，如果图像编辑区内的图像显示太小，可先将图像放大，然后再吸取颜色即可。

5.7　编辑选区

当用户在图像中创建好选区后，有时还需要对选区进行一些修改，如对选区进行移动、扩展、收缩、增加或平滑等。

5.7.1　移动图像选区

移动图像选区可以使用任意一种选框工具直接移动选区，如果使用移动工具 ▶⊹ 对选区进行移动，同时会将选区中的图像进行移动。下面具体介绍移动图像选区的方法。

01 打开任意一幅素材图像，然后创建一个选区，如图5-37所示。

02 将鼠标放到选区中，当鼠标变成 ▶ 形状时，按住鼠标进行拖动，即可移动选区，如图5-38所示。

图5-37 创建选区   图5-38 移动选区

03 选择移动工具 ▶₊，然后按住Alt键移动选区，可以移动并且复制选区中的图像，效果如图5-39所示。

04 按Ctrl＋Z组合键后退一步操作，直接使用移动工具 ▶₊ 移动选区，移动后的原位置将以背景色填充，效果如图5-40所示。

图5-39 移动并复制选区图像   图5-40 移动选区图像

5.7.2 增加选区边界

在Photoshop CC 2017中有一个"边界"命令，使用该命令可以在选区边界处向内或向外增加一条边界。增加选区边界的具体操作方法如下。

01 打开任意一个图像文件，使用适合的选框工具在图像中创建一个选区，如图5-41所示。

02 选择"选择→修改→边界"命令，打开"边界选区"对话框，设置"宽度"值，如图5-42所示，单击"确定"按钮，即可得到增加的选区边界，如图5-43所示。

图5-41 创建选区   图5-42 设置边界选区   图5-43 增加选区边界

5.7.3 扩展和收缩图像选区

扩展选区就是在原始选区的基础上将选区进行扩展；而收缩选区是扩展选区的逆向操作，可以将选区向内进行缩小。

扩展选区的具体操作如下。

[01] 打开任意一个图像文件，使用适合的选框工具在图像中创建一个选区，如图5-44所示。

[02] 选择"选择→修改→扩展"命令，打开"扩展选区"对话框，设置"扩展量"值，如图5-45所示，单击"确定"按钮即可得到扩展的选区，如图5-46所示。

图5-44　创建选区　　　　　　图5-45　设置扩展选区数值　　　　　　图5-46　扩展选区

收缩选区的具体操作如下。

[01] 打开任意一个图像文件，使用适合的选框工具在图像中创建一个选区，如图5-47所示。

[02] 选择"选择→修改→收缩"命令，打开"收缩选区"对话框，然后设置收缩参数，如图5-48所示，单击"确定"按钮，即可得到收缩选区的效果，如图5-49所示。

图5-47　创建选区　　　　　　图5-48　设置收缩量　　　　　　图5-49　收缩选区

5.7.4　平滑图像选区

使用"平滑"选区命令可以将绘制的选区变得平滑，并消除选区边缘的锯齿。平滑图像选区的具体操作方法如下。

[01] 打开本书配套光盘"素材文件/第5章/五角星.psd"图像文件，使用多边形套索工具在图像中选取五角星图形，创建一个五角星选区，如图5-50所示。

[02] 选择"选择→修改→平滑"命令，打开"平滑选区"对话框，然后设置"取样半径"值为35，如图5-51所示。

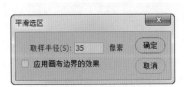

图5-50　绘制选区　　　　　　图5-51　设置平滑选区

03 单击"确定"按钮,可以得到平滑的选区,如图5-52所示,在选区中填充颜色,可以观察到选区的平滑状态,如图5-53所示。

图5-52 平滑选区   图5-53 填充选区效果

在"平滑选区"对话框中设置选区平滑度时,"取样半径"值越大,选区的轮廓越平滑,同时也会失去选区中的细节,因此,需要合理设置"取样半径"值。

5.7.5 羽化选区

"羽化"命令可以柔和模糊选区的边缘,主要是通过扩散选区的轮廓来达到模糊边缘的目的,羽化选区能平滑选区边缘,并产生淡出的效果。设置羽化选区的具体操作方法如下。

01 打开任意一幅图像文件,在画面中绘制一个椭圆选区,如图5-54所示。

02 选择"选择→修改→羽化"命令,打开"羽化选区"对话框,然后设置"羽化半径"值,如图5-55所示。

图5-54 绘制选区   图5-55 设置羽化

03 单击"确定"按钮,即可得到选区的羽化效果,如图5-56所示。在选区中填充颜色,可以观察到羽化选区的图像效果,如图5-57所示。

图5-56 羽化选区   图5-57 羽化效果

5.7.6 变换图像选区

使用"变换选区"命令可以对选区进行自由变形，而不会影响到选区中的图像，其中包括移动选区、缩放选区、旋转与斜切选区等。变换图像选区的具体操作方法如下。

01 打开任意一幅图像文件。在图像中绘制一个圆形选区，然后选择"选择→变换选区"命令，选区四周即可出现8个控制点，如图5-58所示。

02 拖动控制点即可调整选区大小，按住Shift＋Alt组合键可以相对选区中心缩放选区，如图5-59所示。

图5-58　显示控制框　　　　　　　　图5-59　变换选区

03 将鼠标放到控制框四方中心的控制点上，然后按住并拖动鼠标，可以改变选区形状，如图5-60所示。

04 将鼠标放到控制框4个角点上，然后按住并拖动鼠标，可以旋转选区的角度，如图5-61所示。

图5-60　变形选区　　　　　　　　图5-61　旋转选区

05 将鼠标放到控制框内，然后按住并拖动鼠标，即可移动选区的位置，如图5-62所示。按Enter键或双击鼠标，即可完成选区的变换操作，如图5-63所示。

图5-62　移动选区　　　　　　　　图5-63　结束选区变换

新手问答

Q: "变换选区"命令与"编辑"菜单中的"自由变换"命令有什么不同?

A: "变换选区"命令与"自由变换"命令有一些相似之处,都可以进行缩放、斜切、旋转、扭曲、透视等操作;不同的是,"变换选区"只针对选区进行操作,不能对图像进行变换,而"自由变换"命令可以同时对选区和图像进行操作,选区中的图像将出现剪切的效果。

5.7.7 融会贯通——制作意境画面

本实例将制作一个意境画面的效果,主要练习各种选框工具和选区编辑的运用,本实例效果如图5-64所示。

实例文件:	实例文件\第5章\意境画.psd
素材文件:	素材文件\第5章\荷花.jpg
视频教程:	视频教程\第5章\制作意境画面.mp4

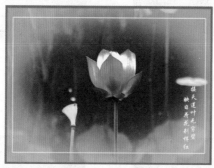

图5-64　实例效果

创作思路:

本实例所制作的意境画面,首先使用椭圆选框工具绘制一个椭圆形选区,然后进行羽化和反选,再将选区填充为白色。接着使用矩形选框工具绘制一个矩形选区,并对绘制的选区应用边界操作,再将选区填充为白色。

本实例具体的操作如下。

01 选择"文件→打开"命令,打开光盘中的"荷花.jpg"文件。

02 单击"图层"面板下面的"创建新图层"按钮 ,新建一个图层1,如图5-65所示。

03 在工具箱中选择椭圆选框工具 ,将光标移到图像中,然后按住并拖动鼠标,绘制出一个椭圆形选区,如图5-66所示。

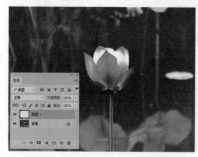

图5-65　新建一个图层

图5-66　绘制椭圆选区

04 选择"选择→修改→羽化"命令，打开"羽化选区"对话框，设置"羽化半径"为60，如图5-67所示，单击"确定"按钮。

05 选择"选择→反选"命令，然后将前景色设置为白色，按Alt+Delete组合键将选区填充为白色，如图5-68所示。

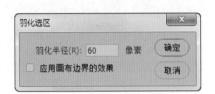

图5-67 设置羽化半径

图5-68 编辑并填充选区

06 在"图层"面板中设置图层1的"不透明度"为60%，然后按Ctrl+D组合键取消选区，得到的效果如图5-69所示。

07 新建一个图层2，使用矩形选框工具 在沿画面边缘绘制出一个矩形选区，然后选择"选选→反向"命令，得到反选的选区。

08 设置前景色为淡绿色，然后按Alt+Delete组合键将选区填充为淡绿色，如图5-70所示。

图5-69 图像效果

图5-70 填充选区

09 使用矩形选框工具 在绿色矩形内部再绘制一个矩形选区。

10 选择"选择→修改→边界"命令，在打开的"边界选区"对话框中设置"宽度"为5并确定，如图5-71所示，得到效果如图5-72所示。

图5-71 设置选区边界

图5-72 选区边界效果

[11] 设置前景色为白色，按Alt+Delete组合键将修改后的选区填充为白色，效果如图5-73所示。

[12] 使用直排文字工具创建两列文字内容，完成本实例的制作，效果如图5-74所示。

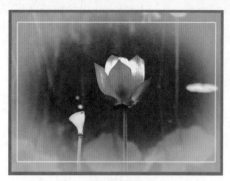
图5-73　填充选区

图5-74　创建文字

5.8　选区描边

对选区使用"描边"命令可以使用一种颜色填充选区边界，还可以设置填充的宽度。为图像选区进行描边的具体操作如下。

[01] 打开任意一个图像文件，在图像中绘制一个选区，如图5-75所示。

[02] 选择"编辑→描边"命令，打开"描边"对话框，设置描边的"宽度"值和描边的位置，如图5-76所示。

图5-75　绘制选区

图5-76　"描边"对话框

"描边"对话框中各选项的作用如下。

◉ 宽度：用于设置描边后生成填充线条的宽度。

◉ 颜色：单击选项右方的色块，将打开"选取描边颜色"对话框，可以设置描边区域的颜色。

◉ 位置：用于设置描边的位置，包括"内部"、"居中"和"居外"3个单选按钮。

◉ 混合：设置描边后颜色的不透明度和着色模式，与图层混合模式相同。

◉ 保留透明区域：选中后进行描边时将不影响原图层中的透明区域。

[03] 单击"颜色"选项右方的色块，打开"拾色器(描边颜色)"对话框，设置描边的颜色，这里设置为白色，如图5-77所示。

[04] 设置好描边的宽度、颜色、位置后进行确定，即可得到选区的描边效果，如图5-78所示。

图5-77　设置描边颜色

图5-78　描边选区

5.9　保存和载入图像选区

　　在制作较复杂图像的过程中，通常需要反复使用一些特殊形状的选区，用户可以通过保存一些造型较复杂的图像选区，当以后需要使用时，再将保存的选区直接载入即可使用。

5.9.1　保存选区

　　当用户需要对创建的选区进行保存时，可以使用如下方法进行操作。

　　01　打开任意一个图像文件，然后在图像中绘制一个选区，如图5-79所示。

　　02　选择"选择→存储选区"命令，打开"存储选区"对话框，设置储存通道的位置及名称，如图5-80所示。

图5-79　绘制选区

图5-80　存储选区

- ⦿　文档：在右方的下拉列表框中可以选择在当前文档中或是在新建文件中创建存储选区的通道，如图5-81所示。
- ⦿　通道：用于选取作为选区要存储的图层或通道。
- ⦿　名称：用于设置储存通道的名称。
- ⦿　操作：用于选择通道的处理方式，包括"新建通道"、"添加到通道"、"从通道中减去"和"与通道交叉"几个选项。

　　03　设置好存储选区的各选项后进行确定，用户可以在"通道"面板中查看到存储的选区，如图5-82所示。

图5-81　选择储存通道的位置　　　　图5-82　存储在通道中的选区

5.9.2　载入选区

在存储选区后，用户可以使用如下的操作载入选区。

[01]　选择"选择→载入选区"命令，打开"载入选区"对话框，在"通道"下拉列表框中选择需要载入的选区名称，如图5-83所示。

[02]　选择好载入的选区名称后进行确定，即可将指定的选区载入到图像中，如图5-84所示。

图5-83　"载入选区"对话框　　　　图5-84　载入选区

5.10　上机实训

下面将练习制作一个手提袋立体效果图，主要练习选区的创建和编辑，以及填充选区等操作，本实例的最终效果如图5-85所示。

实例文件：	实例文件\第5章\手提袋立体图.psd
素材文件：	素材文件\第5章\手提袋正面图.jpg、绳子.psd

图5-85　实例效果

创作指导:

[01] 选择"文件→打开"命令,打开光盘中的"手提袋正面图.jpg"文件,按Ctrl+T组合键,按住Ctrl键分别拖动变换框的4个角,得到透视图像效果,如图5-86所示。

[02] 在"图层"面板下方单击"创建新图层"按钮 ,新建一个图层,将其放到手提袋图像所在图层的下方,选择多边形选框工具,在手提袋图像右侧绘制一个四边形选区,如图5-87所示。

图5-86 变换图像

图5-87 绘制选区

[03] 设置前景色为浅灰色(R198,G199,B194),按Alt+Delete组合键填充选区,如图5-88所示。

[04] 在灰色图像右侧再绘制一个四边形选区,作为手提袋侧面褶皱的另一面,填充为较深一些的灰色(R191,G193,B193),效果如图5-89所示。

图5-88 填充选区

图5-89 绘制较深的一面

[05] 选择多边形套索工具,在灰色图像左半部分再绘制一个四边形选区,填充为灰色(R178,G178,B173),如图5-90所示。

[06] 新建一个图层,将其放到背景图层的上方,选择多边形套索工具在手提袋顶部绘制一个四边形选区,填充为深灰色(R129,G125,B115),如图5-91所示。

图5-90 填充颜色

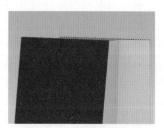
图5-91 填充顶面选区

07 打开素材图像"绳子.psd"，使用移动工具将其拖动到当前编辑的图像中，放到手提袋正面图像上方，适当调整图像大小，如图5-92所示。

图5-92　图像效果

5.11　知识拓展

Photoshop中的"调整边缘"选项可以提高选区边缘的品质，从而允许用户以不同的背景查看选区以便于编辑，还可以使用"调整边缘"选项来调整图层蒙版。选择任意一个选区绘制工具在图像中创建一个选区，然后单击其工具属性栏中的"调整边缘"按钮，将打开"调整边缘"对话框，如图5-93所示。

- ⊙ 调整半径工具 ：用于精确调整选区的边界。
- ⊙ 视图模式：在此可以选择模式以更改选区的显示方式。将指针停在某个模式上将显示该模式的信息。
- ⊙ 显示半径：指定在发生边缘调整的位置显示选区边框。
- ⊙ 显示原稿：用于显示原始选区以进行比较。
- ⊙ 智能半径：自动调整边界区域中发现的硬边缘和柔化边缘的半径。如果边框是硬边缘或柔化边缘，或者要控制半径设置并且更精确地调整画笔，则需要取消此选项。
- ⊙ 半径：确定发生边缘调整的选区边界的大小。对锐边使用较小的半径，对较柔和的边缘使用较大的半径。
- ⊙ 平滑：减少选区边界中的不规则区域以创建较平滑的轮廓。
- ⊙ 羽化：模糊选区与周围的像素之间的过渡效果。
- ⊙ 对比度：增大对比度时，沿选区边框的柔和边缘的过渡会变得不连贯。通常情况下，使用"智能半径"选项和调整工具效果会更好。
- ⊙ 移动边缘：使用负值向内移动柔化边缘的边框，或使用正值向外移动这些边框。向内移动这些边框有助于从选区边缘移去不想要的背景颜色。
- ⊙ 净化颜色：将彩色边替换为附近完全选中的像素的颜色。颜色替换的强度与选区边缘的软化度是成比例的。
- ⊙ 数量：更改净化和彩色边替换的程度。
- ⊙ 输出到：决定调整后的选区是变为当前图层上的选区或蒙版，还是生成一个新图层或文档。

图5-93　"调整边缘"对话框

第6章 图层基础

本章展现

图层是Photoshop中非常重要的一个功能，本章将详细介绍图层的基本应用，主要包括图层的概念、"图层"面板、图层的创建、复制、删除、选择等基本操作，还将介绍图层的对齐与分布、图层组的管理，以及图层混合模式的应用等。

本章主要内容如下。

● 图层的基础知识

● 图层的基本操作

● 编辑图层

● 管理图层

● 混合图层

6.1 图层的基础知识

图层是Photoshop的核心功能之一，用户可以通过它随心所欲地对图像进行编辑和修饰。可以说，如果没有图层功能，设计人员将很难通过Photoshop处理出优秀的作品。

6.1.1 图层的作用

在Photoshop中，一个完整的图像通常都是由若干个图层通过叠加的形式组合在一起，图层作为图像的载体，主要用来装载各种各样的图像。如果没有图层，就没有图像存在。

例如，新建一个图像文档时，系统会自动在新建的图像窗口中生成一个背景图层，用户就可以通过绘图工具在图层上进行绘图。在如图6-1所示的图像中，便是由如图6-2、图6-3和图6-4所示的3个图层中的图像组成。

图6-1 图像效果　　图6-2 图像背景图层　　图6-3 点缀图层　　图6-4 文字图层

6.1.2 认识"图层"面板

新建的图像只有一个图层，该图层称为背景图层，用户既不能更改背景层在堆叠顺序中的位置，也不能改变混合模式或不透明度。当用户添加新的图层后，即可在"图层"面板中实现对图层的管理和编辑，如新建图层、复制图层、设置图层混合模式、添加图层样式等。下面就来具体介绍"图层"面板的使用方法。

01 选择"文件→打开"命令，打开光盘"素材文件/第6章/合成图像.psd"文件，如图6-5所示，这时可以在工作界面右侧的"图层"面板中查看到它的图层，如图6-6所示。

 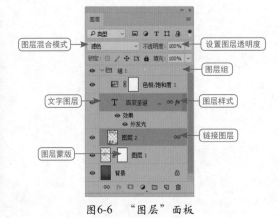

图6-5 合成图像　　　　图6-6 "图层"面板

"图层"面板中各项含义如下。

- ⊚ "锁定"：用于设置图层的锁定方式，其中有"锁定透明像素"按钮▨、"锁定图像像素"按钮✍、"锁定位置"按钮⊕和"锁定全部"按钮🔒。
- ⊚ "填充"：用于设置图层填充的透明度。
- ⊚ "链接图层"按钮⊖：选择两个或两个以上的图层，单击该按钮，可以链接图层，链接的图层可同时进行各种变换操作。
- ⊚ "添加图层样式"按钮 fx：在弹出的菜单中选择命令来设置图层样式。
- ⊚ "添加图层蒙版"按钮◉：单击该按钮，可为图层添加蒙版。
- ⊚ "创建新的填充和调整图层"按钮◎：在弹出的菜单中选择命令创建新的填充和调整图层，可以调整当前图层下所有图层的色调效果。
- ⊚ "创建新组"按钮▢：单击该按钮，可以创建新的图层组。可以将多个图层放置在一起，方便用户进行查找和编辑操作。
- ⊚ "创建新图层"按钮▣：单击该按钮可以创建一个新的空白图层。
- ⊚ "删除图层"按钮🗑：用于删除当前选取的图层。

[02] 单击"图层"面板右上方的快捷菜单按钮▤，在弹出的菜单中选择"面板选项"命令，将打开如图6-7所示的"图层面板选项"对话框，对外观进行设置。

[03] 适当地设置选项后，单击"确定"按钮，得到调整图层缩览图大小和显示方式的效果，如图6-8所示。再次打开"图层面板选项"对话框可以进行各项还原设置。

图6-7 设置图层面板选项

图6-8 调整后的"图层"面板

6.2 图层的基本操作

在"图层"面板中，用户可以方便地实现图层的创建、复制、删除、排序、链接和合并等操作，从而制作出复杂的图像效果。

6.2.1 选择图层

在Photoshop中，只有正确地选择了图层，才能正确地对图像进行编辑及修饰，用户可以通过如下3种方法选择图层。

1. 选择单个图层

如果要选择某个图层，只需在"图层"面板中单击要选择的图层即可。在默认状态下，被选择的图层背景呈深灰色显示，如图6-9所示是选择"图层1"图层的效果。

图6-9　选择图层1的效果

2. 选择多个连续图层

选择第一个图层后，按住Shift键的同时单击另一个图层，可以选择两个图层(包含这两个图层)之间的所有图层。

例如，打开光盘"素材文件/第6章/气球.psd"文件，在"图层"面板中单击"图层1"图层将其选中，如图6-10所示。然后按住Shift键的同时单击"图层4"图层，即可选择包括"图层1"和"图层4"以及它们之间的所有图层，如图6-11所示。

3. 选择多个不连续图层

如果要选择不连续的多个图层，可以在选择第一个图层后，按住Ctrl键的同时单击其他需要选择的图层即可。

例如，打开光盘"素材文件/第6章/气球.psd"文件，在"图层"面板中单击"背景"图层将其选中，如图6-12所示。然后按住Ctrl键的同时单击"图层2"和"图层4"图层，即可选择"背景"、"图层2"和"图层4"3个图层，如图6-13所示。

图6-10　选择"图层1"　图6-11　连续选择多个图层

图6-12　选择"背景"图层　图6-13　选择多个不连续图层

6.2.2　新建图层

新建图层是指在"图层"面板中创建一个新的空白图层，并且新建的图层位于所选择图层的上方。创建图层之前，首先要新建或打开一个图像文档，便可以通过"图层"面板快速创建新图层，也可以通过菜单命令来创建新图层。

1. 通过"图层"面板创建图层

单击"图层"面板底部的"创建新图层"按钮■，可以快速创建具有默认名称的新图层，图层名依次为"图层1、图层2、图层3、…"，由于新建的图层没有像素，所以呈透明显示，如图6-14和图6-15所示。

图6-14　创建图层前　　图6-15　新建图层1

2. 通过菜单命令创建图层

通过菜单命令创建图层，不但可以定义图层在"图层"面板中的显示颜色，还可以定义图层混合模式、不透明度和名称。通过菜单命令创建图层的操作步骤如下。

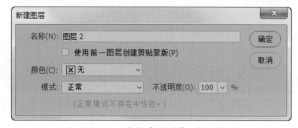

图6-16　"新建图层"对话框

01 新建一个图像文件，选择"图层→新建→图层"命令，或者按Ctrl+Shift+N组合键，将打开"新建图层"对话框，如图6-16所示。

"新建图层"对话框中各选项的含义如下。

- ◎ 名称：用于设置新建图层的名称，以方便用户查找图层。
- ◎ "使用前一图层创建剪贴蒙版"：选择该选项，可以将新建的图层与前一图层进行编组，形成剪贴蒙版。
- ◎ 颜色：用于设置"图层"面板中的显示颜色。
- ◎ 模式：用于设置新建图层的混合模式。
- ◎ 不透明度：用于设置新建图层的透明程度。

02 在"新建图层"对话框中设置图层名称和其他选项，如图6-17所示，然后单击"确定"按钮，即可创建一个指定的新图层，如图6-18所示。

图6-17　设置新建图层参数

图6-18　创建新图层

高手技巧

在Photoshop中还可以通过其他方法创建图层。例如，在图像中先创建一个选区，然后选择"图层→新建→通过拷贝的图层"命令；或者选择"图层→新建→通过剪切的图层"命令；或者按Shift+Ctrl+J组合键，即可创建一个图层。

6.2.3　复制图层

复制图层就是为一个已存在的图层创建副本，从而得到一个相同的图像，用户可以再对图层副本进行相关操作。下面介绍复制图层的具体操作方法。

打开光盘"素材文件\第6章\食物.psd"文件，如图6-19所示，在"图层"面板中可以看到两个图层：背景图层和图层1，如图6-20所示。用户可以通过以下3种方法对图层1进行复制。

图6-19　图像文件

图6-20　"图层"面板

选择图层1，选择"图层→复制图层"命令，打开"复制图层"对话框，如图6-21所示，保持对话框中的默认设置，单击"确定"按钮即可得到复制的图层1拷贝，如图6-22所示。

图6-21　"复制图层"对话框　　　　图6-22　得到复制的图层

选择移动工具，将鼠标放到橙色食物图像中，当鼠标变成双箭头状态时按住Alt键进行拖动，如图6-23所示，即可移动复制的图像，并且得到复制的图层，如图6-24所示。

图6-23　拖动图像　　　　　　　　图6-24　复制的图层

在"图层"面板中将背景图层直接拖动到下方的"创建新图层"按钮中，如图6-25所示，可以直接复制图层，如图6-26所示。

图6-25　拖动图层　　　　　　　　图6-26　直接复制图层

高手技巧

选择需要复制的图层，然后按Ctrl+J组合键也可以快速地对选择的图层进行复制。

6.2.4　隐藏与显示图层

当一幅图像有较多的图层时，为了便于操作可以将其中不需要显示的图层进行隐藏。下面将介绍隐藏与显示图层的具体操作方法。

1. 隐藏图层

打开一个图像文件，可以看到图层前面都有一个眼睛图标，表示所有图层都显示在视图中，隐藏图层的操作方法如下。

打开光盘"素材文件\第6章\合成图像.psd"文件，单击图层2前面的眼睛图标，即可不显示该图层，如图6-27所示，隐藏图层2的图像效果如图6-28所示。

另外，按住Alt键单击背景图层前面的眼睛图标，可以隐藏除背景图层以外的其他所有图层，如图6-29所示，图像效果如图6-30所示。

图6-27　单击图层2前的图标　图6-28　隐藏图层2的效果　图6-29　隐藏其他图层　图6-30　隐藏效果

2．显示图层

隐藏图层后，该图层前的眼睛图标 将转变为图标 ，用户可以通过单击该图标，从而显示被隐藏的图层。

6.2.5　删除图层

对于不需要的图层，用户可以使用菜单命令删除图层或通过"图层"面板删除图层，删除图层后该图层中的图像也将被删除。

1．通过菜单命令删除图层

在"图层"面板中选择要删除的图层，然后选择"图层→删除→图层"命令，即可删除选择的图层。

2．通过"图层"面板删除图层

在"图层"面板中选择要删除的图层。然后单击"图层"面板底部的"删除图层"按钮 ，即可删除选择的图层。

6.2.6　链接图层

图层的链接是指将多个图层链接成一组，可以对链接的图层进行移动、变换等操作，还能将链接在一起的多个图层同时复制到另一个图像窗口中。

单击"图层"面板底部的"链接图层"按钮 ，即可将选择的图层链接在一起。例如，选择如图6-31所示的3个图层，然后单击"图层"面板底部的"链接图层"按钮 ，即可将选择的3个图层链接在一起，在链接图层的右侧会出现链接图标 ，如图6-32所示。

图6-31　选择多个图层　　图6-32　链接图层

6.2.7　合并图层

合并图层是指将几个图层合并成一个图层，这样做不仅可以减小文件大小，还可以方便用户对合并后的图层进行编辑。合并图层有几种方式，下面分别介绍各种合并图层的操作方式。

1．向下合并图层

向下合并图层就是将当前图层与它底部的第一个图层进行合并。例如，将如图6-33所示"三角形"图层合并到"圆形"图层中。可以先选择"三角形"图层，然后选择"图层→合并图层"命令或按Ctrl+E键，即可将"三角形"图层中的内容向下合并到"圆形"图层中，如图6-34所示。

2．合并可见图层

合并可见图层就是将当前所有的可见图层合并成一个图层，选择"图层→合并可见图层"命令即可。如图6-35和图6-36所示分别为合并可见图层前后的图层显示效果。

3．拼合图像

拼合图像就是将所有可见图层进行合并，而隐藏的图层将被丢弃，选择"图层→拼合图像"命令即可。如图6-37和图6-38所示分别为拼合图像前后的图层显示效果。

图6-33　合并前的图层

图6-34　合并后的图层

图6-35　合并前的图层

图6-36　合并后的图层

图6-37　拼合前的图层

图6-38　拼合后的图层

新手问答

Q：如果在"图层"面板中需要合并的图层离得较远，如何合并呢？
A：可以在"图层"面板中按住Ctrl键选择所需合并的图层，然后选择"图层→合并图层"命令或按Ctrl+E组合键即可。

6.2.8 背景图层转换为普通图层

在默认情况下，背景图层是锁定的，不能进行移动和变换操作。这样会对图像处理操作带来不便，这时用户可以根据需要将背景图层转换为普通图层。

将背景图层转换为普通图层的操作方法如下。

01 新建一个图像文件，可以看到其背景图层为锁定状态，如图6-39所示。

02 在"图层"面板中双击背景图层，即可打开"新建图层"对话框，其默认的"名称"为图层0，如图6-40所示。

03 设置图层各选项后，单击"确定"按钮，即可将背景图层转换为普通图层，如图6-41所示。

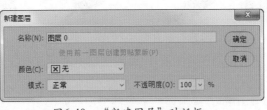

图6-39 背景图层　　　　图6-40 "新建图层"对话框　　　　图6-41 转换的图层

高手技巧

在"图层"面板中双击图层的名称，可以激活图层的名称，然后可以方便地对图层名称进行修改。

6.2.9 融会贯通——制作个性壁纸

本实例将制作个性壁纸效果，主要练习选区的创建、图层的新建和复制等操作。效果如图6-42所示。

实例文件：	实例文件\第6章\个性壁纸.psd
素材文件：	素材文件\第6章\舞蹈者.jpg、草原.jpg
视频教程：	视频教程\第6章\制作个性壁纸.mp4

图6-42 实例效果

创作思路：

本实例所制作的个性壁纸效果，运用了两个素材图像，将人物图像与背景图像融合在一起，然后对图层进行复制、设置透明度等操作，并对图像做旋转操作，最后创建普通图层绘制渐变矩形图像，得到壁纸效果。

其具体操作如下。

01 按Ctrl+O组合键，分别打开"草原.jpg"、"舞蹈者.jpg"素材图像，如图6-43和图6-44所示。

02 选择"舞蹈者"图像文件，单击工具箱中的魔棒工具，在属性栏中设置容差值为20，在白色背景中单击鼠标左键，获取背景图像选区，如图6-45所示。

03 按Shift+Ctrl+I组合键反选选区，使用移动工具将图像直接拖动到"草原"图像文件中，如图6-46所示。

图6-43 草原图像　　图6-44 舞蹈者图像　图6-45 获取选区　　　图6-46 拖动图像

04 这时"图层"面板中将自动创建图层1，设置图层不透明度参数为24%，得到透明图像效果，如图6-47所示。

05 在"图层"面板中将图层1直接拖动到下方的"创建新图层"按钮中，得到图层1拷贝，改变图层不透明度为45%，如图6-48所示。

图6-47 设置图层不透明度　　　　　　　图6-48 复制图层

06 按Ctrl+T组合键，适当旋转复制的人物图像，放到如图6-49所示的位置。

07 再复制一次图层1，改变图层不透明度参数为100%，同样对图像做旋转并调整位置，效果如图6-50所示。

08 单击"图层"面板底部的"创建新图层"按钮 □ 新建图层2，使用矩形选框工具在画面下方绘制一个矩形选区，如图6-51所示。

图6-49 旋转图像　　　图6-50 复制并旋转图像　　　图6-51 绘制选区

09 选择渐变工具，在属性栏中设置渐变颜色从白色到透明，渐变类型为线性渐变，在选区中从左到右拖动鼠标做渐变填充，如图6-52所示。

10 设置图层2的不透明度为40%，得到的图像效果如图6-53所示。

11 选择横排文字工具，在画面左边输入两行英文，在属性栏中设置文字颜色为白色，字体为 Script MT Bold，然后分别调整文字大小，效果如图6-54所示，完成本实例的制作。

图6-52 填充选区

图6-53 设置图层不透明度

图6-54 添加文字

专家提示

文字工具的具体使用方法将在第10章中进行详细介绍。

6.3 编辑图层

在绘制图像的过程中，用户可以对图层进行编辑和管理，使图像效果变得更加完美。

6.3.1 调整图层排列顺序

当图像中含有多个图层时，默认情况下，Photoshop会按照一定的先后顺序来排列图层。用户可以通过调整图层的排列顺序，创造出不同的图像效果。

改变图层顺序的具体操作方法如下。

01 打开光盘"素材文件\第6章\排列图层.psd"文件，选择"图层2"图层，使其成为当前可编辑图层，如图6-55所示。

02 选择"图层→排列"命令，在打开的子菜单中可以选择不同的顺序，如图6-56所示。用户可以根据需要选择相应的排列顺序。

03 选择"置为顶层"命令，即可将"图层2"调整到"图层"面板的顶部，如图6-57所示。然后选择"后移一层"命令，可以将"图层2"图层移动到"图层4"图层的下方，如图6-58所示。

图6-55 选择需要排序的图层

图6-56 排列子菜单

图6-57 置为顶层

图6-58 后移一层

另外，用户也可以使用鼠标在"图层"面板中直接移动图层来调整其顺序。例如，在"图层"面板中按住如图6-59所示的"图层1"图层并向上拖动，可以直接移动该图层，效果如图6-60所示。

图6-59　拖动图层　　　　　图6-60　调整后的图层

6.3.2　对齐图层

对齐图层是指将选择或链接后的多个图层按一定的规律进行对齐，选择"图层→对齐"命令，再在其子菜单中选择所需的子命令，即可将选择或链接后的图层按相应的方式对齐。对齐图层的具体操作方法如下。

01　打开光盘"素材文件/第6章/对齐图像.psd"文件，如图6-61所示，同时选中"图层1"、"图层2"和"图层3"3个图层，如图6-62所示。

图6-61　打开素材图像　　　　　图6-62　选择图层

02　选择"图层→对齐→左边"命令，如图6-63所示，即可将所选择图层中的图像进行左对齐，效果如图6-64所示。

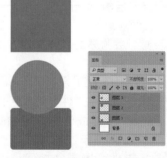

图6-63　选择对齐命令　　　　　图6-64　左边对齐

6.3.3　分布图层

图层的分布是指将3个以上的链接图层按一定规律在图像窗口中进行分布。选择"图层→分布"命令，再在其子菜单中选择所需的子命令，即可按指定的方式分布选择的图层，如图6-65所示。

- 顶边：从每个图层的顶端像素开始，间隔均匀地分布图层。
- 垂直居中：从每个图层的垂直中心像素开始，间隔均匀地分布图层。
- 底边：从每个图层的底端像素开始，间隔均匀地分布图层。
- 左边：从每个图层的左端像素开始，间隔均匀地分布图层。
- 水平居中：从每个图层的水平中心开始，间隔均匀地分布图层。
- 右边：从每个图层的右端像素开始，间隔均匀地分布图层。

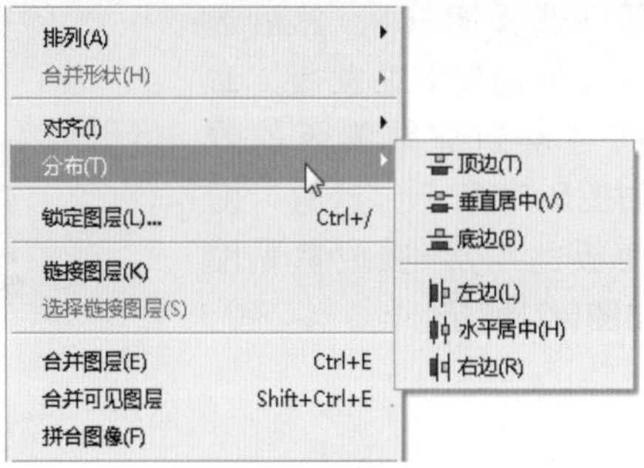

图6-65　分布菜单

另外，选择移动工具 ⊕ 后，使用工具属性栏中"分布"按钮组 上相应的分布按钮也可实现分布图层操作，从左至右分别为按顶分布、垂直居中分布、按底分布、按左分布、水平居中分布和按右分布。例如，对如图6-66所示的3个图层进行水平居中分布后，效果如图6-67所示。

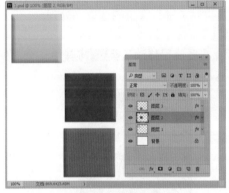

图6-66　原图层效果

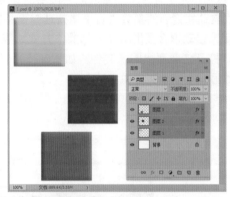

图6-67　水平居中分布效果

6.3.4　通过剪贴的图层

剪贴蒙版可以使用某个图层的内容来遮盖其上方的图层。遮盖效果由底部图层或基底图层决定内容。基底图层的非透明内容将在剪贴蒙版中显示它上方图层的内容。剪贴图层中的所有其他内容将被遮盖掉。

用户可以在剪贴蒙版中使用多个图层，但它们必须是连续的图层。蒙版中的基底图层名称带下划线，上层图层的缩览图是缩进的，叠加图层将显示一个剪贴蒙版图标。

使用剪贴图层的具体操作方法如下。

01 打开光盘"素材文件\第6章\剪贴图层.psd"文件，如图6-68所示，在"图层"面板中可以看到分别有文字图层和草莓图层，如图6-69所示。

图6-68　素材图像

图6-69　"图层"面板

02 选择图层1,然后选择"图层→创建剪贴蒙版"命令,即可得到剪贴蒙版的效果,如图6-70所示,这时"图层"面板的图层1变成剪贴图层,如图6-71所示。

图6-70 剪贴图像效果　　　　图6-71 剪贴图层

高手技巧

按住Alt键在"图层"面板中要处理的两个图层之间单击,也可以创建剪贴图层效果。

6.3.5 自动混合图层

在Photoshop中有一个"自动混合图层"命令,通过它可以自动对比图层,将不需要的部分抹掉,并且可以自动将混合的部分进行平滑处理,而不需要用户再对其进行复杂的选取和处理。

使用"自动混合图层"命令的操作方式如下。

01 打开任意两幅图像文件,如图6-72和6-73所示。然后使用移动工具➕将其中一个图像文件直接拖动到另一个图像文件中。

图6-72 素材1　　　　　　图6-73 素材2

02 选择文件中的两个图层,如图6-74所示,然后选择"编辑→自动混合图层"命令,打开"自动混合图层"对话框,如图6-75所示。

03 选择"堆叠图像"选项,然后单击"确定"按钮,即可得到自动混合的图像效果,如图6-76所示。

图6-74 选择图层　　图6-75 "自动混合图层"对话框　　图6-76 混合图层效果

高手技巧

使用自动混合图层还可以自动拼合全景图,通过几张图像的自动蒙版重叠效果,可以隐藏部分图像,得到全景图像。

6.4 管理图层

图层组用于管理和编辑图层，可以将图层组理解为一个装有图层的容器，无论图层是否在图层组内，对图层所做的编辑都不会受到影响。

6.4.1 创建图层组

使用图层组除了方便管理归类外，用户还可以选择该图层组，同时移动或删除该组中的所有图层。创建图层组主要有如下几种方法。

- ⦿ 选择"图层→新建→图层组"命令。
- ⦿ 单击"图层"面板右上角的▤按钮，在弹出的快捷菜单中选择"新建组"命令。
- ⦿ 按住Alt键的同时单击"图层"面板底部的"创建新组"按钮▣。
- ⦿ 直接单击"图层"面板底部的"创建新组"按钮▣。

使用上面前3种方法创建图层组时，将打开如图6-77所示的"新建组"对话框，在其中进行设置后单击"确定"按钮即可建立图层组，如图6-78所示。

如果直接单击"图层"面板中的"创建新组"按钮▣，在创建图层组时不会打开"新建组"对话框，创建的图层组将保持系统的默认设置，创建的图层组名依次为组1、组2等。

图6-77 "新建组"对话框

图6-78 新建的图层组

6.4.2 编辑图层组

图层组的编辑主要包括增加或移除图层组内的图层，以及对图层组的删除操作。

1. 增加或移除组内图层

在"图层"面板中选择要添加到图层组中的图层，按住鼠标左键并拖至图层组上，当图层组周围出现黑色实线框时释放鼠标，即可完成向图层组内添加图层的操作，如果想将图层组内的某个图层移动到图层组外，只需将该图层拖动至图层组外后释放鼠标即可。

2. 删除图层组

删除图层组的方法与删除图层的操作方法一样，只需在"图层"面板中拖动要删除的图层组到"删除图层"按钮🗑上，如图6-79所示，或单击"删除图层"按钮🗑，然后在打开的提示对话框中单击相应的按钮，如图6-80所示。

图6-79 拖动图层组到删除按钮上

图6-80 提示对话框

如果在提示对话框中单击的是"仅组"按钮，则只删除图层组，并不删除图层组内的图层，如图6-81所示；如果单击的是"组和内容"按钮，则不但会删除图层组，而且还会删除组内的所有图层，如图6-82所示。

图6-81　仅删除图层组　　　　图6-82　删除组和内容

新手问答

Q：在Photoshop中打开一幅素材图像时，该怎么解除背景图层的锁定状态？

A：在默认状态下，Photoshop中的背景层都是锁住不能删除的，但是可以通过双击它，把它变成普通层。这样即可对它进行移动、删除等编辑。

6.5　图层不透明度与混合模式

图层的不透明度和混合模式在图像处理过程中起着非常重要的作用，在编辑图像时，通过改变图层的不透明度和混合模式可以创建各种特殊效果，从而生成新的图像效果。

6.5.1　设置图层不透明度

在"图层"面板中可以设置该图层上图像的透明程度，通过设置图层的不透明度可以使图层产生透明或半透明效果。

在"图层"面板右上方的"不透明度"数值框可以输入数值，范围是0%～100%。当图层的不透明度小于100%时，将显示该图层下面的图像，值越小，图像就越透明；当值为0%时，该图层将不会显示，完全显示下一层图像内容。

设置图层不透明度的具体操作方法如下。

01　打开光盘"素材文件\第6章\设置不透明度.psd"文件，如图6-83所示。

02　在"不透明度"数值框中输入数值为25%，如图6-84所示，改变图层的透明程度，文字的透明效果如图6-85所示。

图6-83　打开文件　　　　　图6-84　设置不透明度参数　　　　　图6-85　不透明度效果

03 设置文字图层不透明度为5%，如图6-86所示，可以降低文字的不透明程度，效果如图6-87所示。

图6-86 设置不透明度为5%

图6-87 不透明度效果

新手问答

Q：在复制图像的操作中，按住Alt键复制的图像是全部图像还是局部图像呢？

A：按住Alt键复制图像时，可以复制整个图像，也可以复制图像的局部。要复制图像局部，首先要选择复制的部分，这样复制图像不会产生新的图层；要复制整个图像，可以按住Alt键拖动鼠标，这样即可复制整个图像，且会产生一个原图像的图层副本。

6.5.2 设置图层混合模式

在Photoshop CC 2017中提供了27种图层混合模式，主要用来设置图层中的图像与下面图层中的图像像素进行色彩混合的方法，设置不同的混合模式，所产生的效果也不同。

Photoshop CC 2017提供的图层混合模式都包含在"图层"面板中的 正常 下拉列表框中，单击其右侧的 按钮，在弹出的混合模式列表框中可以选择需要的模式，如图6-88所示。

1. 正常模式

系统默认的图层混合模式，也就是图像原始状态，如图6-89所示有两个图层的图像，背景层为植物图像，其上为水果图层。后面的其他模式将以该图像中的图层进行讲解。

2. 溶解模式

该模式会随机消失部分图像的像素，消失的部分可以显示下一层图像，从而形成两个图层交融的效果，可配合不透明度来使溶解效果更加明显。例如，设置水果图层的不透明度为70%的效果如图6-90所示。

3. 变暗模式

该模式将查看每个通道中的颜色信息，并将当前图层中较暗的色彩调整得更暗，较亮的色彩变得透明，如图6-91所示。

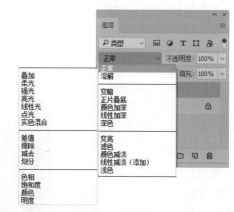

图6-88 图层模式

图6-89 正常模式

图6-90 溶解模式

4. 正片叠底模式

该模式可以产生比当前图层和底层颜色都暗的颜色，如图6-92所示。任何颜色与黑色混合将产生黑色，与白色混合将保持不变，当用户使用黑色或白色以外的颜色绘画时，绘图工具绘制的连续描边将产生逐渐变暗的颜色。

图6-91　变暗模式

图6-92　正片叠底模式

5. 颜色加深模式

该模式将增强当前图层与下面图层之间的对比度，使图层的亮度降低、色彩加深，与白色混合后不产生变化，如图6-93所示。

6. 线性加深模式

该模式可以查看每个通道中的颜色信息，并通过减小亮度使基色变暗以反映混合色。与白色混合后不产生变化，如图6-94所示。

图6-93　颜色加深模式

图6-94　线性加深模式

7. 深色模式

该模式将当前层和底层颜色做比较，并将两个图层中相对较暗的像素创建为结果色，如图6-95所示。

8. 变亮模式

该模式与"变暗"模式的效果相反，选择基色或混合色中较亮的颜色作为结果色。比混合色暗的像素被替换，比混合色亮的像素保持不变，如图6-96所示。

图6-95　深色模式

图6-96　变亮模式

9. 滤色模式

该模式和"正片叠底"模式正好相反，结果色总是较亮的颜色，并具有漂白的效果，如图6-97所示。

10. 颜色减淡模式

该模式将通过减小对比度来提高混合后图像的亮度，与黑色混合不发生变化，如图6-98所示。

图6-97　滤色模式

图6-98　颜色减淡模式

11. 线性减淡模式

该模式查看每个通道中的颜色信息，并通过增加亮度使基色变亮以反映混合色。与黑色混合则不发生变化，如图6-99所示。

12. 浅色模式

该模式与"深色"模式相反，将当前图层和底层颜色相比较，将两个图层中相对较亮的像素创建为结果色，如图6-100所示。

图6-99　线性减淡　　　　图6-100　浅色模式

13. 叠加模式

该模式用于混合或过滤颜色，最终效果取决于基色。图案或颜色在现有像素上叠加，同时保留基色的明暗对比。不替换基色，但基色与混合色相混以反映原色的亮度或暗度，如图6-101所示。

14. 柔光模式

该模式将产生一种柔和光线照射的效果，高亮度的区域更亮，暗调区域更暗，使反差增大，如图6-102所示。

图6-101　叠加模式　　　　图6-102　柔光模式

15. 强光模式

该模式将产生一种强烈光线照射的效果，它是根据当前图层的颜色使底层的颜色更为浓重或更为浅淡，这取决于当前图层上颜色的亮度，如图6-103所示。

16. 亮光模式

该模式是通过增加或减小对比度来加深或减淡颜色，具体取决于混合色。如果混合色(光源)比50%灰色亮，则通过减小对比度使图像变亮。如果混合色比50%灰色暗，则通过增加对比度使图像变暗，如图6-104所示。

图6-103　强光模式　　　　图6-104　亮光模式

17. 线性光模式

该模式是通过增加或减小底层的亮度来加深或减淡颜色，具体取决于当前图层的颜色，如果当前图层的颜色比50%灰色亮，则通过增加亮度使图像变亮；如果当前图层的颜色比50%灰色暗，则通过减小亮度使图像变暗，如图6-105所示。

18. 点光模式

该模式根据当前图层与下层图层的混合色来替换部分较暗或较亮像素的颜色，如图6-106所示。

图6-105　线性光模式　　　　图6-106　点光模式

19．实色混合模式

该模式取消了中间色的效果，混合的结果由底层颜色与当前图层亮度决定，如图6-107所示。

20．差值模式

该模式将根据图层颜色的亮度对比进行相加或相减，与白色混合将进行颜色反相，与黑色混合则不产生变化，如图6-108所示。

图6-107　实色混合模式　　　　图6-108　差值模式

21．排除模式

该模式将创建一种与差值模式相似但对比度更低的效果，与白色混合会使底层颜色产生相反的效果，与黑色混合不产生变化，如图6-109所示。

22．减去模式

该模式从基色中减去混合色。在 8 位和 16 位图像中，任何生成的负片值都会剪切为零，如图6-110所示。

图6-109　排除模式　　　　图6-110　减去模式

23．划分模式

该模式通过查看每个通道中的颜色信息，从基色中分割出混合色，如图6-111所示。

24．色相模式

该模式是用基色的亮度和饱和度以及混合色的色相创建结果色，如图6-112所示。

图6-111　划分模式　　　　图6-112　色相模式

25．饱和度模式

该模式是用底层颜色的亮度和色相以及当前图层颜色的饱和度创建结果色。在饱和度为0时，使用此模式不会产生变化，如图6-113所示。

26．颜色模式

该模式将使用当前图层的亮度与下一图层的色相和饱和度进行混合，如图6-114所示。

27．明度模式

该模式将使用当前图层的色相和饱和度与下一图层的亮度进行混合，它产生的效果与"颜色"模式相反，如图6-115所示。

图6-113　饱和度模式

图6-114　颜色模式

图6-115　明度模式

6.5.3　融会贯通——制作梦幻科技

本实例将制作一个梦幻科技效果，主要练习选框工具、新建图层，创建图层组，以及图层不透明度的设置等操作。实例效果如图6-116所示。

实例文件:	实例文件\第6章\梦幻科技.psd
素材文件:	素材文件\第6章\科技背景.jpg
视频教程:	视频教程\第6章\制作梦幻科技.mp4

图6-116　梦幻科技效果

创作思路：

本实例所制作的梦幻科技效果，首先创建一个图层，然后绘制圆形选区，并为选区填充颜色，再设置图层的不透明度。继续创建图层，并绘制和填充选区，最后将组成泡泡图形的多个图层进行编组，再复制图层组，并对其进行编辑。

本实例具体的操作如下。

01　选择"文件→打开"命令，打开光盘中的"科技背景.jpg"文件，如图6-117所示。

02　单击"图层"面板底部的"创建新图层"按钮 ，得到图层1，如图6-118所示。

图6-117　素材图像

图6-118　新建图层1

03 使用椭圆选框工具在图像中绘制一个圆形选区，然后设置前景色为白色，按Alt+Delete组合键，填充选区为白色，如图6-119所示。

04 选择"图层→图层样式→内发光"命令，打开"图层样式"对话框，设置内发光颜色为白色、不透明度为45，其余设置如图6-120所示。

图6-119 创建并填充选区

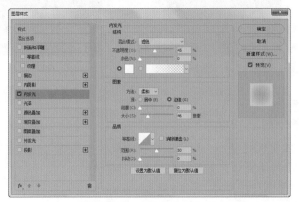

图6-120 设置内发光参数

05 在"图层"面板中设置图层1的"填充"值为0%，如图6-121所示。

06 按Ctrl+D组合键取消选区，得到的图像效果如图6-122所示。

图6-121 设置图层填充值

图6-122 内发光填充效果

07 新建一个图层2。使用椭圆选框工具绘制一个椭圆形选区，然后选择"选择→变换选区"命令，将选区进行旋转，如图6-123所示。

08 按Enter键确定选区的变换，然后将光标放到选区中右击，在弹出的菜单中选择"羽化"命令，如图6-124所示。

图6-123 变换选区

图6-124 选择"羽化"命令

09 在打开的"羽化选区"对话框中设置羽化半径为5，如图6-125所示，单击"确定"按钮，然后将选区填充白色，效果如图6-126所示。

图6-125 设置羽化半径　　　　　　　图6-126 填充选区

[10] 在"图层"面板中复制一次图层2，适当缩小复制得到的图像，然后设置图层2的不透明度为60%，如图6-127所示，得到的图像效果如图6-128所示。

图6-127 设置透明度　　　　　　　　图6-128 图像效果

[11] 使用相同的方法，通过复制两次图层2，并修改图像的大小和设置图层的不透明度，在透明圆形的下方再绘制一个高光图像，如图6-129所示。

[12] 新建一个图层3，然后参照如图6-130所示的效果，选择椭圆选框工具绘制一个圆形选区，再按住Alt键继续绘制一个圆形选区对前面的选区进行减选。

图6-129 绘制下方高光　　　　　　　图6-130 创建并减选选区

[13] 将选区填充颜色为白色，并设置该图层3的不透明度为60%，如图6-131所示，得到的图像效果如图6-132所示。

图6-131 设置不透明度　　　　　　　图6-132 图像效果

14　单击"图层"面板右上方的■按钮，选择"新建组"命令，如图6-133所示，单击"确定"按钮得到组1。

15　按住Ctrl键选择除背景图层外的所有图层，将创建的泡泡图像的图层拖入"组1"文件夹中，如图6-134所示。

16　将"组1"图层组拖动到"创建新图层"按钮上，得到复制的"组1"图层，如图6-135所示。

17　选中复制的图层组"组1拷贝"，然后选择"图层→合并组"命令，将该图层组合并为一个图层，如图6-136所示。

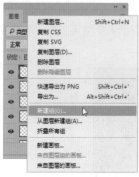
图6-133　选择命令

图6-134　图层编组

图6-135　复制图层组

图6-136　合并图层组

高手技巧

选中图层组后，按Ctrl+E组合键，可以快速将选中的图层组合并为普通的图层。

18　选择工具箱中的移动工具，按住Alt键移动泡泡图像，可以得到复制的图像，如图6-137所示。

19　选择"编辑→变换→缩放"命令，适当缩小复制的图像，效果如图6-138所示。

20　使用同样的方法，对创建好的泡泡图像进行多次复制，并对其进行缩放，完成本例的制作。

图6-137　复制图像

图6-138　缩放图像

6.6　上机实训

下面练习制作一个彩虹效果，在实例制作过程中，首先创建一个图层，然后绘制一个椭圆形选区并对其进行渐变填充，再设置图层的混合模式和不透明度。本实例的效果如图6-139所示。

实例文件：	实例文件\第6章\彩虹.psd
素材文件：	素材文件\第6章\风景.jpg

图6-139 实例效果

创作指导：

01 按Ctrl+O组合键，打开"风景.jpg"素材图片。然后单击"图层"面板中的"创建新图层"按钮回，创建一个"图层1"，如图6-140所示。

02 选择工具箱中的椭圆选框工具，然后在图像窗口中拖动鼠标，绘制一个椭圆形选区，如图6-141所示。

图6-140 新建图层

图6-141 创建椭圆选区

03 单击工具箱中的"渐变工具"按钮□，然后单击属性栏中的████████▼按钮，在打开的"渐变编辑器"对话框选择"透明彩虹渐变"，并移动色标的位置，如图6-142所示。

04 在渐变工具的属性栏设置渐变方式为径向渐变，并取消选中"反向"复选框，在图像窗口中拉出一条斜线进行渐变填充，效果如图6-143所示。

图6-142 选择渐变并移动色标

图6-143 渐变填充效果

05　按Ctrl+D组合键取消选区。然后在"图层"面板中设置图层1的混合模式为"变亮"、不透明度为60%，如图6-144所示。

06　单击工具箱中的"橡皮擦工具"按钮，在属性栏设置其不透明度为50%，然后适当对彩色条纹的两端边缘进行擦除，如图6-145所示，完成彩虹的制作。

图6-144　设置图层参数

图6-145　擦除彩虹边缘图像

6.7　知识拓展

　　图层的混合模式确定了其像素如何与图像中的下层像素进行混合。使用混合模式可以创建各种特殊效果。

　　在默认情况下，图层组的混合模式是"穿透"，这表示组没有自己的混合属性。为组选取其他混合模式时，可以有效地更改图像各个组成部分的合成顺序。首先会将组中的所有图层放在一起。然后，这个复合的组会被视为一幅单独的图像，并利用所选混合模式与图像的其余部分混合。因此，如果为图层组选取的混合模式不是"穿透"，则组中的调整图层或图层混合模式都将不会应用于组外部的图层。

　　值得注意的是，对于 Lab 图像，"颜色减淡"、"颜色加深"、"变暗"、"变亮"、"差值"、"排除"、"减去"和"划分"等模式将不可用。

　　另外，在"图层"面板的左上方有一个"类型"下拉列表框，在该列表中可以选择图层的操作类型，如图6-146所示，选择某种类型后，即可在右方对应的下拉列表框中对图层进行相关的操作控制，如图6-147所示。

图6-146　选择图层的操作类型

图6-147　进行图层的属性控制

第7章　绘制图像

本章展现

在创作平面作品的过程中，将经常用到手绘图形操作，因此掌握手绘艺术技能是非常必要的。Photoshop软件提供了很多绘图工具，如"画笔工具"、"钢笔工具"、"自定义形状工具"等，使用这些绘图工具不仅可以进行图像的创建，还可以使用自定义的画笔样式和铅笔样式创建各种图形特效。

本章主要内容如下。

- 设置画笔样式
- 绘制形状图形
- 绘制艺术图像

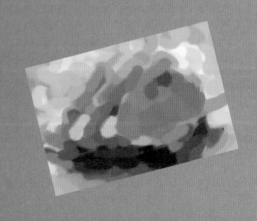

7.1 使用绘图工具

工具箱中提供的画笔工具是图像处理过程中使用最为频繁的绘制工具，常用来绘制边缘柔和的线条，也可绘制具有特殊形状的线条效果。

7.1.1 使用画笔工具

使用工具箱中的画笔工具 可以创建较柔的笔触，效果类似于毛笔效果，也可以通过设置画笔的硬度创建坚硬的笔触。使用画笔工具绘制图像，可以通过各种方式设置画笔的大小、样式、模式、透明度、硬度等。这些都可以在其对应的工具属性栏中来设置参数，如图7-1所示。

图7-1 画笔工具属性栏

画笔工具属性栏中主要选项含义如下。

- 画笔：用于选择画笔样式和设置画笔的大小。
- 切换画笔面板：单击该按钮，会弹出画笔面板。
- 模式：用于设置画笔工具对当前图像中像素的作用形式，即当前使用的绘图颜色与原有底色之间进行混合的模式。
- 不透明度：用于设置画笔颜色的不透明度，数值越大，不透明度就越高。
- 流量：用于设置画笔工具的压力大小，百分比越大，则画笔笔触就越浓。
- 启用喷枪模式：单击该按钮时，画笔工具会以喷枪的效果进行绘图。

使用画笔工具绘制图像的具体操作如下。

01 选择"文件→新建"命令，创建一个背景色为淡绿色的文档。

02 将前景色设置为草绿色，然后选择画笔工具，单击属性栏中"画笔"右侧的三角形按钮，在弹出的面板中设置画笔的大小，然后选择笔尖样式，如图7-2所示。

03 按住鼠标在文档中进行拖动，即可使用画笔工具绘制图形，如图7-3所示。面板中主要选项含义如下。

- 大小：用于设置画笔笔头的大小，可拖动其底部滑杆上的滑块或输入数字来改变画笔大小。
- 硬度：用于设置画笔边缘的硬化程度，值越小硬化越明显。
- "画笔样式"列表框：用于选择所需的画笔笔头样式，系统默认当前选择的样式为实心线条，也可在此选择带有图像的样式。

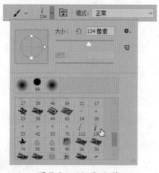

图7-2 设置画笔

图7-3 绘制图形

Q：在画笔工具属性栏中可以设置画笔的参数，使用"画笔"面板又有什么用呢？

A：在画笔工具属性栏中只能进行一些基本设置，而"画笔"面板则能设置更详细的参数，比如形状动态、颜色动态等。

7.1.2 查看与选择画笔样式

Photoshop CC 2017内置了多种画笔样式，通过"画笔预设"面板可以方便地查看并载入其他画笔样式。选择"窗口→画笔预设"命令，可以打开"画笔预设"面板，如图7-4所示。

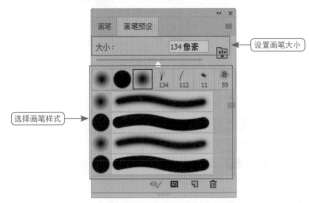

图7-4 "画笔预设"面板

1. 设置画笔预览方式

在画笔预览列表框中列出了Photoshop CC 2017默认的画笔样式，用户可以根据个人爱好设置符合自己要求的预览方式，其操作步骤如下。

01 单击"画笔预设"面板右上角的三角按钮，在弹出的快捷菜单中罗列了仅文本、小缩览图、大缩览图、小列表、大列表和描边缩览图这6种预览方式命令，如图7-5所示。

02 选择其中一种命令即可，如图7-6所示分别为小列表和小缩览图的预览效果。

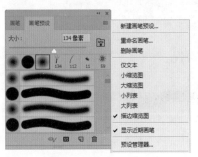

图7-5 选择预览方式

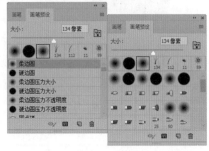

图7-6 小列表和小缩览图预览方式

2. 载入其他画笔样式

如果要载入其他画笔样式，只需在面板快捷菜单中选择需要的画笔样式命令即可，其操作步骤如下。

01 选择"画笔预设"面板，单击右上角的三角按钮，在弹出的快捷菜单中列出了多种画笔样式，例如选择"书法画笔"命令，如图7-7所示。

02 在打开的提示对话框中有3个选项按钮，如图7-8所示。如果单击"确定"按钮，将用载入的画笔样式替换原有的画笔样式，如图7-9所示，如果单击"追加"按钮，则载入的按钮将添加到画笔预览框的后面。

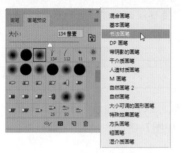
图7-7　选择画笔样式

图7-8　选择载入画笔方式

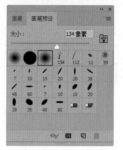
图7-9　替换后的样式

7.1.3　画笔样式的应用

在Photoshop自带了许多画笔样式，当系统内置的画笔样式不能满足绘图的需要时，用户可通过编辑或创建新的画笔样式来完成。设置画笔样式在"画笔"面板中进行操作，通过如下4种方法可以打开"画笔"面板。

- ◉　选择工具箱中的画笔工具，然后单击工具属性栏中的"切换画笔面板"按钮 。
- ◉　单击"画笔预设"面板中的"切换画笔面板"按钮 ，如图7-10所示。
- ◉　选择"窗口→画笔"命令。
- ◉　按F5键。

1. 设置画笔笔尖形状

打开"画笔"面板，选择"画笔笔尖形状"选项，调整其中参数即可对画笔的笔尖形态进行设置，对应的"画笔"面板如图7-11所示。

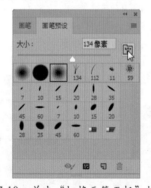
图7-10　单击"切换画笔面板"按钮

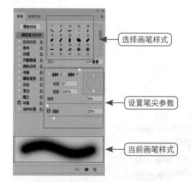
图7-11　设置画笔笔尖形状

设置画笔笔尖形态的主要选项含义如下。

- ◉　大小：用来设置笔尖的大小。
- ◉　翻转：画笔翻转可分为水平翻转和垂直翻转，分别对应"翻转X"和"翻转Y"复选框，例如对草状的画笔进行垂直翻转，前后的对比效果如图7-12和图7-13所示。

图7-12　垂直翻转前

图7-13　垂直翻转后

◉ 角度：用来设置画笔旋转的角度，值越大，则旋转的效果越明显。如图7-14和图7-15所示为角度分别为0度和90度时的画笔效果。

图7-14　角度为0度　　　　　　　　　　图7-15　角度为90度

◉ 圆度：用来设置画笔垂直方向和水平方向的比例关系，值越大，画笔趋于正圆显示，值越小则趋于椭圆显示。如图7-16和图7-17所示为圆度分别为80%和30%时的画笔效果。

图7-16　圆度为80%　　　　　　　　　　图7-17　圆度为30%

◉ 硬度：用来设置画笔绘图时的边缘羽化程度，值越大，画笔边缘越清晰，值越小则边缘越柔和。如图7-18和图7-19所示为硬度分别为90%和20%时的画笔效果。

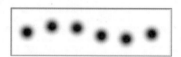

图7-18　硬度为90%　　　　　　　　　　图7-19　硬度为20%

◉ 间距：用来设置连续运用画笔工具绘制时，前一个产生的画笔和后一个产生的画笔之间的距离，只需在"间距"数值框中输入相应的百分比数值即可，值越大，间距就越大。如图7-20和图7-21所示为间距分别为100%和200%的间距效果。

图7-20　间距为100%　　　　　　　　　　图7-21　间距为200%

2．设置形状动态画笔

设置画笔形状动态效果，可以绘制出具有渐隐效果的图像。选择"画笔"面板中的"形状动态"复选框后，此时的面板显示如图7-22所示。

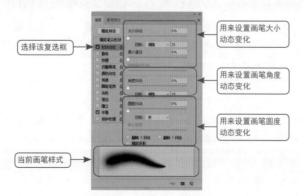

图7-22　形状动态对应面板

◉ 大小抖动：用来控制画笔产生的画笔大小的动态效果，值越大抖动越明显，如图7-23和图7-24所示为大小抖动分别为50%和100%时的抖动效果。

图7-23　抖动为50%

图7-24　抖动为100%

◎ 抖动方式：在面板中的"控制"下拉列表框中可以选择用来控制画笔抖动的方式。在"控制"下拉列表中选择某种抖动方式后，如果其右侧的数值框可用，表示当前设置的抖动方式有效，否则该抖动方式无效。

◎ 大小抖动方式：当设置大小抖动方式为渐隐时，其右侧的数值框用来设置渐隐的步数，值越小，渐隐就越明显。如图7-25和图7-26所示为渐隐步数分别为2和10时的效果。

图7-25　渐隐步数为2

图7-26　渐隐步数为10

◎ 角度抖动方式：当设置角度抖动方式为渐隐时，其右侧的数值框用来设置画笔旋转的步数，如图7-27和图7-28所示为分别在15步和50步时的旋转效果。

图7-27　15步旋转效果

图7-28　50步旋转效果

◎ 圆度抖动方式：当设置圆度抖动方式为渐隐时，其右侧的数值框用来设置画笔圆度抖动的步数，如图7-29和图7-30所示为分别在5步和50步时的圆度抖动效果。

图7-29　5步圆度抖动效果

图7-30　50步圆度抖动效果

专家提示

在"控制"选项下拉列表框中有"关"、"钢笔压力"、"钢笔斜度"、"光笔轮"等多个选项。"关"选项是指将不指定画笔的抖动效果；"渐隐"是指设置笔迹逐渐消失效果；"钢笔压力"、"钢笔斜度"、"光笔轮"选项是指在0~360度之间改变画笔笔迹的角度。

3. 设置散布画笔

通过为画笔设置散布可以使绘制后的画笔图像在图像窗口随机分布。选择"画笔"面板中的"散布"复选框后，此时的面板显示如图7-31所示。

◎ 散布：用来设置画笔散布的距离，值越大，散布范围越宽。
◎ 数量：用来控制画笔产生的数量，值越大，数量越多。

4. 设置纹理画笔

通过为画笔设置纹理可以使绘制后的画笔图像在图像产生纹理化效果。选择"画笔"面板中的"纹理"复选框后，此时的面板显示如图7-32所示。

图7-31　散布对应的面板

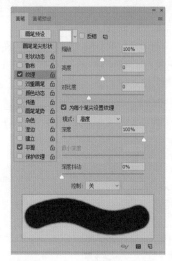

图7-32　纹理对应的面板

- ◉ 缩放：用来设置纹理在画笔中的大小显示，值越大，纹理显示面积就越大。
- ◉ 深度：用来设置纹理在画笔中溶入的深度，值越小，显示就越不明显。
- ◉ 深度抖动：用来设置纹理融入到画笔中的变化，值越大，抖动越强，效果越明显。

5．设置双重画笔

通过为画笔设置双重画笔可以使绘制后的画笔图像中具有两种画笔样式的融入效果。其操作步骤如下。

01　先在"画笔笔尖"面板中的画笔预览框中选择一种画笔样式作为双重画笔中的一种画笔样式，如图7-33所示。

02　选择"双重画笔"复选框，在面板中选择一种画笔样式作为双重画笔中的第二种画笔样式。

03　设置第二种画笔样式的直径、间距、散布、数量，以及与第一种画笔样式间的混合模式，如图7-34所示，即可绘制出具有两种画笔混合的图像效果。

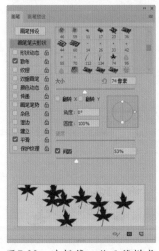

图7-33　选择第一种画笔样式

图7-34　设置第二种画笔样式

6．设置颜色动态

通过为画笔设置颜色动态，可以使绘制后的画笔图像在两种颜色之间产生渐变过渡。其操作步骤如下。

01 在工具箱中设置前景色为黄色，背景色为白色。选择画笔工具，并在"画笔"面板中选择树叶样式画笔，如图7-35所示。

02 选择"颜色动态"复选框，然后在面板右方选中"应用每笔尖"复选框，并设置颜色的色相、饱和度、亮度和纯度产生渐隐样式，如图7-36所示。

03 在图像中拖动鼠标进行绘制，绘制后的图像颜色将在前景色和背景色之间过渡，如图7-37所示。

图7-35　选择画笔颜色

图7-36　设置颜色动态

图7-37　颜色动态变化

7．设置传递画笔

选择"传递"复选框，可以显示对应的画笔面板，如图7-38所示。传递画笔选项用于确定油彩在描边路线中的改变方式。其中的"不透明度抖动"和"控制"选项用于指定画笔描边中油彩不透明度如何变化。

8．设置画笔笔势

画笔笔势的作用是通过设置画笔笔势的效果后，在使用鼠标绘制图形时就可以模拟该笔势的效果进行绘图。选择"画笔笔势"复选框，可以设置画笔笔势的相关参数，如图7-39所示。

图7-38　传递画笔的对应面板

图7-39　画笔笔势的对应面板

9．设置其他画笔

其他画笔包括杂色、湿边、建立、平滑和保护纹理，这些画笔选项都没有参数设置，只是在画笔中产生相应的效果而已。各种画笔的功能如下。

- ◉ 杂色：可以为画笔透明的区域添加杂点。
- ◉ 湿边：可以使画笔的边缘增加油彩量，从而可以绘制得到水彩效果。
- ◉ 建立：可以用于对图像应用渐变色调，与属性栏中的喷枪按钮使用方法相同。
- ◉ 平滑：可以在画笔描边中产生较为平滑的曲线。
- ◉ 保护纹理：可以对所有具有纹理的画笔预设应用相同的图案和比例。

7.1.4 使用铅笔工具绘图

选中工具箱中的铅笔工具 ✏，其应用与现实生活中的铅笔绘图一样，绘制出的线条效果比较生硬，主要用于直线和曲线的绘制，其操作方式与画笔工具相同。不同的是在工具属性栏中增加了一个"自动抹除"参数设置，如图7-40所示。使用铅笔工具绘制图形的操作方法如下。

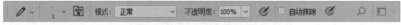

图7-40　铅笔工具属性栏

01　单击并按住工具箱中的"画笔工具"按钮 ✏，在弹出的工具列表中选择铅笔工具 ✏。

02　在铅笔工具属性栏中单击左侧的三角形按钮，打开画笔样式面板，然后选择一种画笔样式，如图7-41所示。

03　设置前景色为绿色，在画面中按住鼠标拖动，绘制一个"+"形状图像，如图7-42所示。

图7-41　设置画笔样式

图7-42　绘制图像

04　设置背景色为黄色，选择"自动抹除"选项，然后使用同样的方法绘制一个"+"图像，效果如图7-43和图7-44所示。

图7-43　抹除第一笔

图7-44　抹除第二笔

专家提示

选择"自动抹除"选项，铅笔工具具有擦除功能，即在绘制过程中笔头经过与前景色一致的图像区域时，将自动擦除前景色而填入背景色。

7.1.5 使用自定义画笔

在Photoshop 中,用户可以自己创建画笔的样式,然后定义为画笔样式,供以后使用,该功能对于用户十分有用。在定义画笔的过程中,首先要选择创建好的画笔样式,然后选择"编辑→定义画笔预设"命令即可。下面详细介绍一下自定义画笔的具体操作和应用。

01 打开一个图像文件,绘制一个图形,然后载入该图像选区,如图7-45所示。

02 选择"编辑→定义画笔预设"命令,在打开的"画笔名称"对话框中输入画笔的名称并确定,如图7-46所示。

图7-45 选择图形　　　　　　　　图7-46 定义画笔

03 在工具箱中选择画笔工具,然后在工具属性栏中的样式列表框中可以找到并选择定义的画笔样式,如图7-47所示。

04 按F5键,打开"画笔"面板,设置画笔的大小和间距等参数,如图7-48所示。

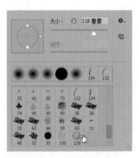

图7-47 选择样式　　　　　　　　图7-48 设置画笔笔尖

05 选择"散布"复选框,设置画笔的形状动态效果,如图7-49所示。设置前景色为黑色,然后在图像上拖动鼠标,即可使用定义的画笔样式绘制出图形效果,如图7-50所示。

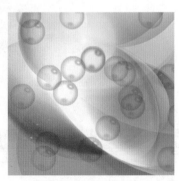

图7-49 设置形状动态　　　　　　图7-50 绘制图形

7.1.6　融会贯通——制作书籍封面

本实例将制作一个书籍封面，主要练习画笔工具的运用，以及自定义画笔的操作，本实例的效果如图7-51所示。

实例文件：	实例文件\第7章\书籍封面.psd
素材文件：	素材文件\第7章\家居.jpg
视频教程：	视频教程\第7章\制作书籍封面.mp4

图7-51　实例效果

创作思路：

本实例所制作的书籍封面图像，首先新建背景为透明的图像文件，然后使用椭圆选框工具绘制出花瓣图像，再将花瓣图像自定义为画笔样式，绘制出多个花瓣图像，再对图像添加图层样式，最后添加文字，得到封面效果。

01　选择"文件→新建"命令，在打开的对话框右侧设置文件大小，如图7-52所示。

图7-52　新建文件

02　新建一个图层，并删除背景图层，选择工具箱中的椭圆选框工具◯，按住Shift键不放在窗口中绘制正圆选区，填充为黑色，如图7-53所示。

03　按方向键↓多次，垂直向下移动选区，再按Ctrl+Shift+I组合键反选选区，然后删除选区内容，如图7-54所示。

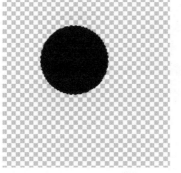

图7-53　绘制圆形

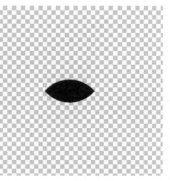

图7-54　图像效果

04 按住Ctrl键单击图层1，载入图像选区，将选区水平向左移动，将选区移动到黑色图像左侧尖部，如图7-55所示。

05 按Delete键删除选区内容，得到一枚花瓣图形，如图7-56所示。

06 按Ctrl+T组合键，图像四周出现调节框，拖移调节框的中心到调节框外部右侧节点偏下位置，在属性栏中设置旋转为72°，效果如图7-57所示。

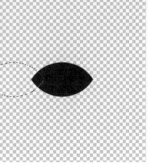

图7-55　移动选区　　　　　图7-56　花瓣图形　　　　　图7-57　旋转图像

07 按Ctrl+Alt+Shift+T组合键4次，在图层1内连续复制图形直到花瓣旋转一周，图像效果如图7-58所示。

08 选择橡皮擦工具，设置画笔为柔角125像素，不透明度为20%。在花朵的中心位置单击两次，擦除花心的部分像素。再使用画笔工具，选择柔角画笔，在空白区域单击，绘制朦胧的黑色圆点，绘制过程中按 [键或] 键可随意改变画笔的主直径大小，效果如图7-59所示。

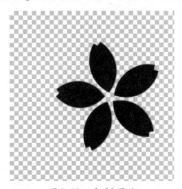

图7-58　复制图像　　　　　图7-59　绘制圆点

09 选择"编辑→定义画笔预设"命令，打开对话框，名称自动设置为文件名称，单击"确定"按钮，如图7-60所示。

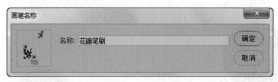

图7-60　定义画笔

10 打开素材文件"家居.jpg"，新建图层1，设置前景色为白色，选择画笔工具，此时系统将自动选择新定义的花瓣笔刷画笔。在窗口左下角和右上角单击绘制花朵图案，绘制过程中按 [键或] 键可以随意改变画笔的主直径大小，如图7-61所示。

11 选择"图层→图层样式→外发光"命令，设置其混合模式为正常，发光颜色为橙色

(R255,G120,B0)，大小为8像素，如图7-62所示，单击"确定"按钮，效果如图7-63所示。

图7-61 绘制图案

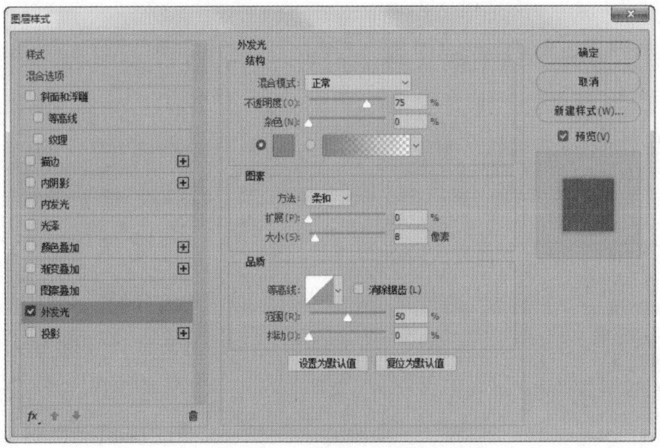

图7-62 设置外发光参数

图7-63 图像效果

12 选择矩形选框工具在画面左上方绘制一个矩形选区，并将选区填充为土黄色（R195,G123,B64），并对其应用外发光图层样式，如图7-64所示。

13 在矩形中输入3行文字，填充为白色，然后在属性栏中设置合适的字体，排列成如图7-65所示的样式。

图7-64 绘制矩形

图7-65 输入文字

14 选择花瓣图像所在的图层1，按Ctrl+J组合键复制该图层，然后使用橡皮擦工具擦除图像，保留其中一个花瓣图像，放到文字左侧，并调整图像的大小如图7-66所示。

15 使用矩形选框工具在封面右下方绘制一个白色矩形，降低图层不透明度为40%。

16 使用横排文字工具在透明矩形中输入几行杂志内容标题文字，调整大小和位置如图7-67所示。

图7-66 调整图像

图7-67 输入文字

7.2 绘制形状图形

在运用Photoshop处理图像的过程中，常常会用到一些基本图形，如人物、动物、植物以及其他常见符号，在Photoshop中提供了大量的形状工具，可以帮助用户快速准确地绘制出相应图形。

7.2.1 形状工具

Photoshop CC 2017自带了6种形状绘制工具，其中包括矩形工具、圆角矩形工具、椭圆工具、多边形工具、直线工具和自定形状工具，如图7-68所示。

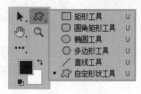

图7-68 形状工具

1. 矩形工具

使用矩形工具可以绘制任意方形或具有固定长宽的矩形形状，并且可以根据属性栏中的选项绘制出具有特殊样式的矩形，其对应的工具属性栏如图7-69所示。

图7-69 矩形工具属性栏

◉ 绘图方式 路径 ：在此下拉列表中选择"路径"选项时可以直接绘制路径；选择"形状"选项，可以在绘制图形的同时创建一个形状图层，在"图层"面板中将显示形状图层缩略图，如图7-70和图7-71所示；选择"像素"选项时，在图像中绘制图像，如同使用画笔工具在图像中填充颜色一样。

图7-70 绘制形状　　图7-71 形状图层

◉ "选区"按钮：选择绘图方式为"路径"选项时，绘制出路径，单击"选

区"按钮，将弹出"建立选区"对话框，如图7-72所示，设置羽化半径和其他选项后，单击"确定"按钮，即可将路径转换为选区。

◉ 工具选项按钮 ⚙：单击属性栏右侧的按钮 ⚙，可以弹出当前工具的选项面板，在面板中可以设置绘制具有固定大小和比例的矩形，如同使用矩形选框工具绘制具有固定大小和比例的矩形选区一样。

◉ "形状"按钮：选择绘图方式为"路径"选项时，绘制出路径，单击"形状"按钮，即可将路径直接转换为形状。

◉ 形状操作 🔲：选择形状后，单击该按钮，在弹出的面板中可以对形状进行合并、减去、相交等操作，如图7-73所示。

图7-72 "建立选区"对话框　图7-73 形状操作

◉ 形状对齐方式 ：选择形状，单击该按钮，在弹出的面板中可以对形状进行各种对齐操作，如图7-74所示。

◉ 形状排列方式 ：选择形状，单击该按钮，在弹出的面板中可以调整形状的前后排列顺序，如图7-75所示。

图7-74 形状对齐方式　　图7-75 形状排列方式

Q：使用形状工具可以绘制出固定的图形，但是如何对这些图形进行编辑呢？

A：形状工具绘制出的都是路径图形、矢量图形，在绘制之前，单击属性栏中的"路径操作"按钮，绘制好图形后，可以选择钢笔工具组中的编辑工具对其进行变换。

2．圆角矩形工具

使用圆角矩形工具可以绘制具有圆角半径的矩形形状，其工具属性栏与矩形工具相似，只是增加了一个"半径"文本框，该选项用于设置圆角矩形圆角半径的大小，如图7-76所示，绘制的图形如图7-77所示。

图7-76　圆角矩形工具属性栏

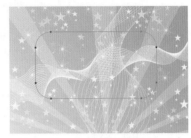

图7-77　圆角矩形形状

3．椭圆工具

使用椭圆工具可以绘制正圆或椭圆形状，它与矩形工具对应工具属性栏中的参数设置相同，如图7-78所示，绘制的图形如图7-79所示。

图7-78　椭圆工具属性栏

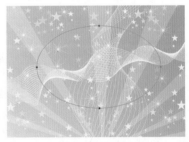

图7-79　椭圆形状

4．多边形工具

使用多边形工具可以绘制具有不同边数的多边形形状，其工具属性栏如图7-80所示，绘制的图形如图7-81所示。

图7-80　多边形工具属性栏

图7-81　多边形形状

◉ 边：在此输入数值，可以确定多边形的边数或星形的顶角数。

◉ 半径：用来定义星形或多边形的半径。

- ◉ 平滑拐角：选择该复选框后，所绘制的星形或多边形具有圆滑型拐角。
- ◉ 星形：选择该复选框后，即可绘制星形形状。
- ◉ 缩进边依据：用来定义星形的缩进量，当选择"星形"选项时可以使用，如图7-82和图7-83所示为不同缩进量时绘制的星形形状。
- ◉ 平滑缩进：选择"星形"选项时可以使用，选择该复选框后所绘制的星形将尽量保持平滑。

图7-82　缩进量为50%

图7-83　缩进量为80%

5．直线工具

使用直线工具可以绘制具有不同粗细的直线形状，还可以根据需要为直线增加单向或双向箭头，其工具属性栏如图7-84所示。

- ◉ 粗细：用于设置线的宽度。
- ◉ 起点/终点：如果要绘制带箭头，则应选中对应的复选框。选中"起点"复选框，表示在箭头产生在直线起点，选中"终点"复选框，则表示箭头产生在直线末端，如图7-85所示。
- ◉ 宽度/长度：用来设置箭头的宽度和长度的比例。
- ◉ 凹度：用来定义箭头的尖锐程度。

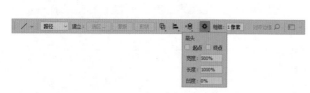
图7-84　直线工具属性栏

图7-85　绘制直线形状

6．自定形状工具

使用自定形状工具可以绘制系统自带的不同形状，例如人物、动物和植物等，大大降低了绘制复杂形状的难度。选择自定形状工具并在工具属性栏中的"形状"下拉列表框中选择一种形状，并设置使用样式、绘制方式和颜色等参数，如图7-86所示。然后在图像窗口单击并拖动绘制即可绘制选择的形状，如图7-87所示。

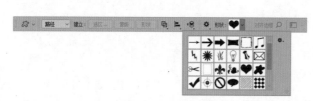
图7-86　选择样式

图7-87　绘制自定义形状

7.2.2　编辑形状图形

为了更好地使用创建的形状对象，在创建好形状图层后可以对其进行再编辑，例如改变其形状、重新设置其颜色，或者将其转换为普通图层等。

1. 改变形状的颜色

一个形状图层由图层缩略图和图层名称两部分组成。图层缩略图用来显示形状图层中的图形内容，如图7-88所示，双击该缩略图可以在打开的"拾色器(纯色)"对话框中为形状调制出新的颜色，如图7-89所示。

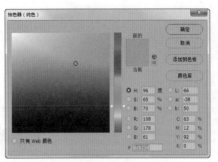

图7-88　形状图层　　　　　　　　　图7-89　调整颜色

2. 栅格化形状图层

由于形状图层具有矢量特征，使得用户在该图层中无法使用对像素进行处理的各种工具，如画笔工具、渐变工具、加深工具、模糊工具等，这样就在某种程度上限制了对图像进行处理的可能性。因此，要对形状图层中的图像进行处理，首先要将形状图层转换为普通图层。

在"图层"面板中右击形状图层右侧的空白处，然后在弹出的快捷菜单中选择"栅格化图层"命令，如图7-90所示，即可将形状图层转换为普通图层。图7-91所示是栅格化图层后的"图层"面板。

图7-90　选择命令　　　　　　　　　图7-91　栅格化图层

新手问答

Q：将形状图层进行栅格化处理后，就可以进行更多的图像处理，但是处理完图像后，还能将栅格化后的图层恢复形状图层属性吗？

A：不能。将形状图层转换为普通图层后，该图层就永久拥有了普通图层的各种编辑状态。如果要保留其形状图层属性，可以在形状图层时将其转换为智能对象。

7.2.3 自定义形状

在Photoshop中，用户可以将自己创建的图案定义为形状样式，供以后使用。在定义形状的过程中，首先要选择创建好的图案，然后选择"编辑→定义自定形状"命令即可。下面详细介绍一下自定义形状的具体操作和应用。

01 打开一个图像文件，使用钢笔工具 ✐ 绘制一个形状路径，如图7-92所示。

02 选择"编辑→定义自定形状"命令，在打开的"形状名称"对话框中输入形状的名称并确定，如图7-93所示。

图7-92 绘制形状路径

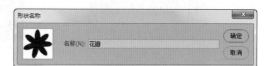

图7-93 定义形状

新手问答

在创建路径形状时，用户可以使用选区工具选择需要的图案，然后在"路径"面板中单击下方的"从选区中生成工作路径"按钮 ◇，即可将选区转换为路径形状。

03 在工具箱中选择形状工具，然后在工具属性栏中的自定形状列表框中选择自定义的花瓣形状，如图7-94所示。

04 在图像上拖动鼠标，即可使用定义的自定形状绘制出形状图层效果，如图7-95所示。

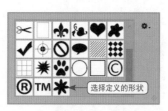

图7-94 选择形状

图7-95 绘制图形

7.2.4 融会贯通——制作环保标志

本实例将制作一个环保标志，主要练习自定形状工具的运用，实例效果如图7-96所示。

实例文件：	实例文件\第7章\环保标志.psd
素材文件：	素材文件\第7章\背景图像.jpg
视频教程：	视频教程\第7章\制作环保标志.mp4

创作思路：

　　本实例所制作的环保标志，首先使用"自定形状工具"面板中的自带图形绘制几个基本造型，然后再适当地对图形路径进行编辑，最后转换为选区并填充颜色。

图7-96　实例效果

　　其具体操作如下。

01　选择"文件→打开"命令，打开"背景图像.jpg"文件，如图7-97所示。

02　选择工具箱中的自定形状工具，单击属性栏中"形状"旁边的三角形按钮，打开"自定义形状"面板，载入"自然"形状样例，然后选择"叶子3"图形，如图7-98所示。

图7-97　素材图形

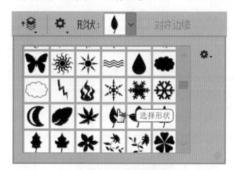

图7-98　选择图形

03　按住鼠标在画面中进行拖动绘制出树叶图形，如图7-99所示。

04　按Ctrl＋T组合键将图形旋转90度，完成后按Enter键确定。然后选择钢笔工具，适当编辑树叶图形，得到如图7-100所示的造型。

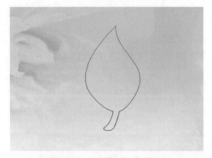

图7-99　绘制矢量图形

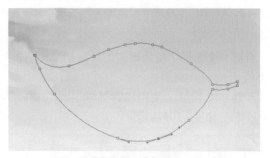

图7-100　编辑路径

新手问答

Q：在自定义形状中可以找到绘制出星光效果的图形吗？

A：在"自定义形状"列表中可以找到星光效果样式的笔触，用户可以选择星形、星爆形状，在图像中绘制不同的星光效果。

05　设置前景色为绿色(R61,G134,B17)，切换到"图层"面板中，单击面板下方的"创建新图层"按钮 ，新建图层1。然后按Ctrl＋Enter组合键将路径转换为选区，再按Alt＋Delete组合键为选区填充颜色，如图7-101所示。

06　参照树叶图形，使用钢笔工具绘制出树叶的上半部分造型，如图7-102所示。

图7-101　填充颜色

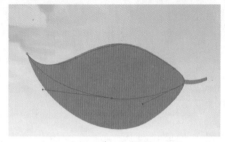
图7-102　绘制路径

07　单击"路径"面板下方的"将路径作为选区载入"按钮 ，接着选择"渐变工具"，在属性栏中设置渐变类型为"线性渐变"，渐变颜色为从浅绿色(R155,G205,B98)到绿色(R105,G165,B61)，渐变填充效果如图7-103所示。

08　使用同样的方法绘制树叶下半部分造型，并为其设置"线性渐变"填充，颜色从淡绿色(R192,G236,B138)到翠绿色(R96,G176,B14)，效果如图7-104所示。

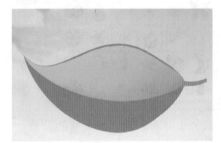
图7-103　填充上半部分树叶颜色

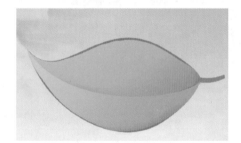
图7-104　填充下半部分树叶颜色

高手技巧

> 在为树叶填充颜色后，可以选择"减淡工具"或"加深工具"为图像边缘做适当的涂抹，让树叶的立体效果更明显。

09　新建一个图层，使用钢笔工具绘制几个树茎图形，转换为选区后填充为绿色(R67,G146,B5)，如图7-105所示。

10　新建一个图层，使用椭圆选框工具在树叶下方绘制一个椭圆形选区，填充选区颜色为绿色(R67,G146,B5)，如图7-106所示。

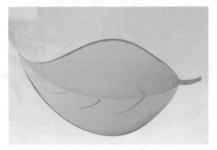
图7-105　绘制树茎图形

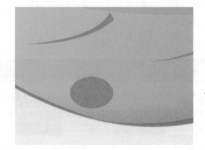
图7-106　绘制椭圆形

⓫ 再绘制一个较小的椭圆形放到绿色椭圆形中，然后选择渐变工具，在属性栏中单击"径向渐变"按钮▇为选区应用渐变，设置颜色为从绿色(R80,G122,B20)到淡绿色(R2067,G246,B175)，如图7-107所示。

⓬ 设置前景色为白色，选择铅笔工具，在属性栏中设置画笔大小为10，绘制两个高光图形，完成水滴图像的制作，如图7-108所示。

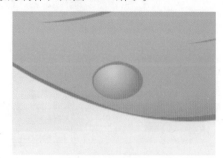
图7-107 填充渐变色

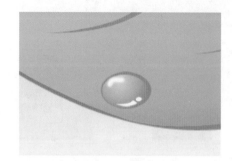
图7-108 绘制高光图形

⓭ 选择移动工具▇，按住Alt键拖动鼠标，复制一个水滴图像，选择"编辑→变换→缩放"命令，适当放大水滴图像，放到如图7-109所示的位置。

⓮ 新建一个图层，选择自定形状工具▇，在属性栏中打开"自定义形状"面板，选择"窄边圆形边框"图形，如图7-110所示。

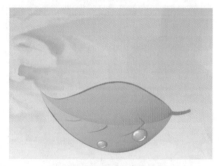
图7-109 复制并放大图像

图7-110 选择形状样式

⓯ 按住Ctrl键，在图像窗口中按住鼠标拖动即可绘制出圆环图形，如图7-111所示。

⓰ 将路径转换为选区，使用渐变工具为选区做线性渐变填充，按住鼠标从右上角向左下角拖动，设置渐变颜色从绿色(R107,G180,B40)到淡绿色(R237,G251,B222)，如图7-112所示。

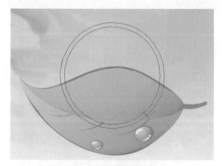
图7-111 绘制图形

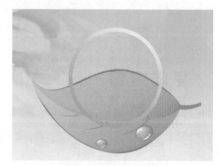
图7-112 填充选区颜色

⓱ 新建一个图层，在圆环图形中间绘制一个正圆形，使用渐变工具为选区做线性渐变填充，设置颜色为从浅绿色到白色，然后从选区中心向外拖动鼠标，得到的效果如图7-113所示。

18 保持椭圆选区不变，选择"选择→修改→边界"命令，打开"边界选区"对话框，设置"宽度"为3，如图7-114所示，进行确定后，为得到的选区填充深绿色(R62,G126,B5)，效果如图7-115所示。

图7-113　设置渐变颜色填充　　　图7-114　设置边界选区宽度　　　图7-115　填充颜色

19 选择橡皮擦工具 ，在属性栏中设置"不透明度"为50%，在刚刚绘制的深绿色圆环图形右上方做适当的涂抹，擦除一部分图像，使其有色泽变化效果，如图7-116所示。

20 新建一个图层，在圆环图像中绘制一个正圆形选区，使用与步骤18、19相同的方法，通过"边界"命令得到一个圆环图像，并填充为白色，然后使用橡皮擦工具擦除左下方的部分图像，效果如图7-117所示。

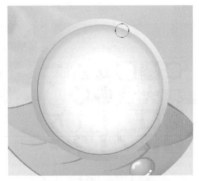
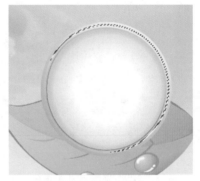

图7-116　设置边界选区宽度　　　　　图7-117　填充颜色

21 新建一个图层，选择自定形状工具，在其"自定义形状"面板中选择"回收2"图形，如图7-118所示，然后按住Ctrl键在图像窗口中拖动鼠标绘制出图形，如图7-119所示。

图7-118　选择形状　　　　　　　图7-119　绘制图形

22 将路径转换为选区后填充为淡绿色，如图7-120所示。然后使用魔棒工具单击其中一块颜色，载入该颜色的选区，如图7-121所示。

图7-120 填充颜色　　　　　　　　　图7-121　载入选区

23　选择渐变工具，在其属性栏中单击"径向渐变"按钮▣，设置颜色从深绿色(R51,G128,B0)到浅绿色(R131,G205,B58)，然后在选区中从左上角到右下角拖动鼠标，得到的效果如图7-122所示。

24　使用同样的方法，使用魔棒工具分别单击其他几个浅绿色图形获取选区，然后使用渐变工具为其应用径向渐变填充，如图7-123所示。

图7-122　填充选区颜色　　　　　　　图7-123　使用相同的方法填充颜色

25　下面绘制一个水晶遮罩图像。新建一个图层，并将其放到背景图层的上方，所有图层的下方。使用椭圆选框工具绘制一个正圆形选区，如图7-124所示。

26　设置前景色为白色，选择画笔工具，在属性栏中设置"画笔大小"为300，"不透明度"为40%，在选区上半圆部分适当地涂抹，如图7-125所示。

27　设置画笔工具属性栏中的"画笔大小"为30，"不透明度"为70%，为水晶遮罩图像添加高光效果，完成效果如图7-126所示。

图7-124　绘制选区　　　　　　图7-125　填充选区颜色　　　　　　图7-126　完成效果

7.3　绘制艺术图像

在Photoshop中，历史记录画笔工具✎可以将图像的一个状态或快照的备份绘制到当前图像窗口中；历史记录艺术画笔工具✎可以使用指定历史记录状态或快照中的源数据，以风格化描边进行绘画，使图像产生抽象的艺术风格。

7.3.1 使用历史记录画笔工具

历史记录画笔工具 能够依照"历史记录"面板中的快照和某个状态，将图像的局部或全部还原到以前的状态。选择该工具，其属性栏与画笔工具类似，如图7-127所示。

图7-127 历史记录画笔工具属性栏

使用历史记录画笔工具的具体操作及应用如下。

01 打开本书配套光盘中"素材文件\第7章\摩托车.jpg"图像，如图7-128所示。

02 选择"滤镜→模糊→动感模糊"命令，在打开的"动感模糊"对话框中为图像添加动感模糊效果，如图7-129所示。

图7-128 汽车图像

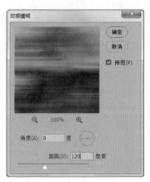

图7-129 设置动感模糊效果

03 选择历史记录画笔工具，在属性栏中选择一个画笔样式，设置画笔大小为80，如图7-130所示，然后在图像中涂抹人物图像，得到部分恢复的图像，效果如图7-131所示。

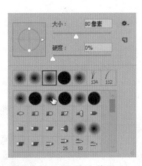

图7-130 设置画笔属性

图7-131 涂抹效果

7.3.2 使用历史记录艺术画笔工具

历史记录艺术画笔工具与历史记录画笔工具的操作方法类似，其工具属性栏也相似。但历史记录艺术画笔工具能够绘制出更加丰富的图像效果，如油画效果。

01 打开本书配套光盘中"素材文件\第7章\西瓜.jpg"图像，单击"历史"面板中的"创建新快照"按钮创建快照，如图7-132所示。

02 选择历史记录艺术画笔工具，单击属性栏中画笔旁边的三角形按钮，选择"喷溅"画笔，设置样式为"绷紧中"，如图7-133所示。

图7-132 新建快照　　　　　　　　图7-133 设置画笔属性

03 按F5键打开"画笔"面板，选中"湿边"、"杂色"选项，如图7-134所示。

04 按Ctrl＋J键复制图像得到图层1，如图7-135所示。

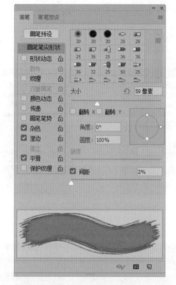

图7-134 调整画笔　　　　　　　　图7-135 复制背景图层

05 在图像中进行粗略的涂抹，大面积涂抹完后，适当缩小画笔，然后对图像细节部分进行涂抹，效果如图7-136所示。

06 选择橡皮擦工具，在属性栏中设置"不透明度"为35%，然后对水果的轮廓进行擦除，得到满意的图像即可，效果如图7-137所示。

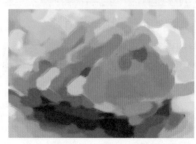

图7-136 涂抹画面　　　　　　　　图7-137 擦除图像

新手问答

Q：历史记录画笔工具和历史记录艺术画笔工具有何异同？

A：历史记录画笔工具可以将图像的一个状态或快照的备份绘制到当前图像窗口中；而历史记录艺术画笔工具可以使用指定历史记录状态或快照中的源数据，并以风格化描边进行绘画，使图像产生抽象的艺术风格。历史记录画笔工具和历史记录艺术画笔工具操作方法相同。

7.4 上机实训

下面练习手绘一个香水瓶图像，主要练习画笔工具的使用方法，以及使用模糊工具对图像进行修饰等，本实例的效果如图7-138所示。

实例文件：	实例文件\第7章\香水瓶.psd

创作指导：

01 使用钢笔工具绘制出香水瓶的基本外形，然后使用画笔工具为香水瓶逐渐上色，如图7-139所示。

02 在香水瓶中绘制矩形选区，并填充为白色，然后使用模糊工具对这些白色图像进行模糊处理，使香水瓶具有质感，如图7-140所示。

03 在"画笔"面板中设置柔角画笔，并调整画笔大小，在香水瓶中绘制点点星光效果，如图7-141所示。

图7-138　实例效果　　图7-139　为香水瓶上色　　图7-140　模糊图像　　图7-141　绘制星光图像

7.5 知识拓展

在 Photoshop 中，可以使用任何形状工具、钢笔工具或自由钢笔工具进行形状绘制。在Photoshop中开始进行绘图之前，必须从选项栏中选取绘图模式。选取的绘图模式将决定是在自身图层上创建矢量形状、还是在现有图层上创建工作路径或是在现有图层上创建栅格化形状。

矢量形状是使用形状或钢笔工具绘制的直线和曲线。矢量形状与分辨率无关，因此，它们在调整大小、打印到 PostScript 打印机、存储为 PDF 文件或导入到基于矢量的图形应用程序时，会保持清晰的边缘。可以创建自定形状库和编辑形状的轮廓(称作路径)和属性(如描边、填充颜色和样式)。

工作路径是出现在"路径"面板中的临时路径，用于定义形状的轮廓。路径是可以转换为选区或者使用颜色填充和描边的轮廓。通过编辑路径的锚点，用户可以很方便地改变路径的形状。可以用以下几种方式使用路径。

◉ 可以使用路径作为矢量蒙版来隐藏图层区域。

◉ 将路径转换为选区。

◉ 使用颜色填充或描边路径。

◉ 将图像导出到页面排版或矢量编辑程序时，将已存储的路径指定为剪贴路径以使图像的一部分变得透明。

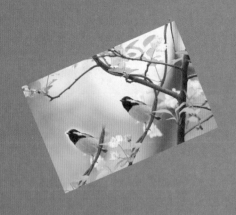

第8章　图像编辑与修饰

本章展现

　　使用Photoshop中的编辑和修饰工具可以对图像进行复制和颜色修饰等处理，其中编辑工具主要包括擦除工具和裁剪工具，修饰工具主要包括图章工具组、修复工具组、模糊工具组和减淡工具组。通过对图像进行修饰，可以使用户创作出更多更精美的图像，也可以让整个图像更具感染力。

　　本章主要内容如下。

- 复制图像
- 修复图像
- 修饰图像
- 编辑图像
- 擦除图像

8.1 复制图像

在Photoshop中，可以使用图章工具组复制图像，该工具组包括仿制图章工具 ![]和图案图章工具 ![]，可以使用颜色或图案填充图像或选区，以得到图像的复制或替换。

8.1.1 使用仿制图章工具

使用仿制图章工具 ![] 可以从图像中取样，并将样本复制到其他的图像或同一图像的其他部分中。在工具箱中选择仿制图章工具 ![]，在属性栏中可以调整仿制图章的画笔大小、不透明度、模式和流量等参数，如图8-1所示。

图8-1 仿制图章工具属性栏

使用仿制图章工具的具体操作如下。

01 打开光盘中的"素材文件\第8章\小鸟.jpg"图像文件，可以看到画面中只有一只小鸟，如图8-2所示，下面将复制一只小鸟到图像的左边。

02 在工具箱中选择仿制图章工具 ![]，适当调整仿制图章的画笔大小，然后将光标移至小鸟的头部图像中，按住Alt键，当光标变成 ⊕ 形状时，单击鼠标左键进行取样，如图8-3所示。

图8-2 打开图像　　　　　　　　　　　　图8-3 取样图像

03 松开Alt键，将鼠标移动到图像左侧适当的位置，单击并拖动鼠标即可进行复制，如图8-4所示，继续拖动鼠标在周围进行涂抹，即可完成小鸟的复制，效果如图8-5所示。

图8-4 复制图像　　　　　　　　　　　　图8-5 复制效果

新手问答

Q：除了复制图像外，可以使用仿制图章工具来擦除图像吗？
A：当然可以。对于图像中需要擦除的部分，可以对它周围近似的图像进行取样，然后将周围的图像覆盖到需要擦除的图像中，即可得到所需的效果。

8.1.2　使用图案图章工具

使用图案图章工具 ，可以将Photoshop 提供的图案或自定义的图案应用到图像中。选择工具箱中的图案图章工具 ，其工具属性栏如图8-6所示。

图8-6　图案图章工具属性栏

图案图章工具属性栏中部分选项的作用如下。

- 图案拾色器 ：单击图案缩览图右侧的三角形按钮打开图案拾色器，在此可选择所应用的图案样式。
- 印象派效果：选中此选项，绘制的图案具有印象派绘画的抽象效果。

使用图案图章工具的具体操作如下。

01　打开光盘中的"素材文件\第8章\花鸟.jpg"图像文件，如图8-7所示。在工具箱中单击并按住"仿制图章工具"按钮 ，然后在弹出的工具列表中选择图案图章工具 。

02　在图案图章工具属性栏中单击图案缩览图，在弹出的图案面板中单击 按钮，然后选择一种图案类型命令，如图8-8所示。

图8-7　打开图像

图8-8　选择图案类型

03　加载图案后，在图案面板中选择一种图案样式，如图8-9所示。然后在图像中拖动鼠标就可以使用选择的图案进行绘画，如图8-10所示。

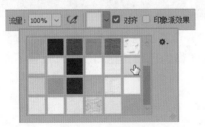

图8-9　选择图案

图8-10　绘制图案

高手技巧

绘制图像后，若想恢复以前的操作，按Ctrl＋Z组合键即可向上恢复一步。如果想恢复多个操作步骤，可以多次按Ctrl＋Alt＋Z组合键。

8.1.3　定义图案

除了可以使用Photoshop中预设的图案样式外，还可以在创建好图案后，选择"编辑→定义图案"命令，进行自定义图案操作。定义图案的具体操作方法如下。

01　打开光盘中的"素材文件\第8章\木地板.jpg"图像文件，如图8-11所示。然后选择"编辑→定义图案"命令，在打开的"图案名称"对话框设置图案的名称并确定，即可自定义图案，如图8-12所示。

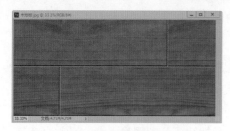
图8-11　打开素材

图8-12　设置图案名称

02　新建一个文档，选择"编辑→填充"命令，打开"填充"对话框，在"自定图案"下拉列表框中找到自定义的"木地板.jpg"图案，然后选择该图案，如图8-13所示。

03　选择图案后进行确定，即可用自定义的图案填充当前的文档，效果如图8-14所示。

图8-13　选择图案

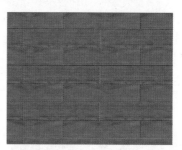
图8-14　填充图案

8.2　修复图像

在Photoshop中，可以使用修复工具组对破损或有污渍的图像进行编辑。该工具组可以将取样点的像素信息非常自然地复制到图像其他区域，并保持图像的色相、饱和度以及纹理等属性，是一组快捷高效的图像修饰工具。

8.2.1　使用污点修复画笔工具

污点修复画笔工具 🖊 可以移去图像中的污点。它能取样图像中某一点的图像，将该图像覆盖到需要应用的位置。在复制图像时，能将样本像素的纹理、光照、透明度和阴影与所修复的像素相匹配，产生自然的修复效果。污点修复画笔工具不需要指定基准点，它能自动从所修饰区域的周围进行像素的取样。选择污点修复画笔工具后，其属性栏如图8-15所示。

图8-15　污点修复画笔工具属性栏

污点修复画笔工具属性栏中各选项含义如下。

◎　画笔：与画笔工具属性栏对应的选项一样，用来设置画笔的大小和样式等。

- ◉ 模式：用于设置绘制后生成图像与底色之间的混合模型。
- ◉ 类型：用于设置修复图像区域修复过程中采用的修复类型。
- ◉ 近似匹配：使用要修复区域周围的像素来修复图像。
- ◉ 创建纹理：使用被修复图像区域中的像素来创建修复纹理，并使纹理与周围纹理相协调。
- ◉ 内容识别：比较附近的图像内容，不留痕迹地填充选区，同时保留让图像栩栩如生的关键细节，如阴影和对象边缘。
- ◉ 对所有图层取样：选中该复选框将从所有可见图层中对数据进行取样。

打开光盘中的"素材文件\第8章\小孩.jpg"图像文件，选择污点修复画笔工具后，在图像中小孩的手臂上有污点的地方单击或拖动鼠标，如图8-16所示，即可自动地对图像进行修复，如图8-17所示。

图8-16 单击污点

图8-17 修复图像

8.2.2 使用修复画笔工具

修复画笔工具 ✎ 与污点修复画笔工具相似，主要用于修复图像中的瑕疵。使用修复画笔工具可以利用图像或图形中的样本像素来绘制，它还可以将样本像素的纹理、光照、透明度和阴影与所修复的像素进行匹配，使修复后的像素自然地融入图形图像中。选择修复画笔工具，其属性栏如图8-18所示。

图8-18 修复画笔工具属性栏

修复画笔工具属性栏中各选项含义如下。

- ◉ 源：选择"取样"选项，即可使用当前图像中的像素修复图像，在修复前需定位取样点；选择"图案"选项，可以在右侧的"图案"下拉列表框中选择图案来修复。
- ◉ 对齐：选中该选项，将以同一基准点对齐，即使多次复制图像，复制出来的图像仍然是同一幅图像；若取消该选项，则多次复制出来的图像将是多幅以基准点为模板的相同图像。

修复画笔工具的具体使用方法如下。

01 打开光盘中的"素材文件\第8章\孔雀.jpg"图像文件，下面消除图像中左上角的脚印图像，如图8-19所示。

02 选择修复画笔工具，按住Alt键单击脚印图像旁边的羽毛图像进行取样，如图8-20所示。

图8-19 打开图像

图8-20 取样图像

03 取样结束后，单击脚印图像，并拖动鼠标进行涂抹，慢慢地将羽毛图像修复到脚印图像中，如图8-21所示。

04 修复到适当的效果后，释放鼠标即可完成修复图像的操作，修复后的区域会与周围区域有机地融合在一起，如图8-22所示。

图8-21 修复图像

图8-22 修复后的图像

新手问答

Q：在使用修复工具修复图像后，如何使图像的效果更真实呢？

A：在修复图像时，通常需要放大要处理的图片，在处理图像的过程中，应多取样，多涂抹，让处理的对象和周边的环境相符合，这样即可让处理的图片更真实。

8.2.3 使用修补工具

修补工具 ■ 也是一种相当实用的修复工具，其使用方法和作用与修复画笔工具相似，不同之处是修补工具必须要建立选区，在选区范围内修补图像。修补工具的具体使用方法如下。

01 打开光盘中的"素材文件\第8章\海边.jpg"图像文件，选择修补工具 ■ ，在其属性栏中选择"源"选项，如图8-23所示。

图8-23 修补工具属性栏

- ◉ 修补：如果选中"源"选项，在修补选区内显示原位置的图像；选中"目标"选项，修补区域的图像被移动后，使用选择区域内的图像进行覆盖。
- ◉ 透明：设置应用透明的图案。
- ◉ 使用图案：当图像中建立了选区后此项即可被激活。在选区中应用图案样式后，可以保留图像原来的质感。

02 在图像中的石头图像上按住鼠标左键拖动，绘制出一个不规则选区，如图8-24所示。

03 将鼠标放到选区中，按住鼠标左键拖动到左侧的海水图像中，如图8-25所示。

图8-24 绘制选区

图8-25 拖动选区

04 释放鼠标后，海水图像将覆盖原有的石头图像，并且周围图像会自然地过渡，按Ctrl+D键取消选区，效果如图8-26所示。

05 再对另一块石头框选，获取选区，然后按住鼠标向右侧拖动，得到如图8-27所示的效果。

图8-26　修补图像　　　　　　　　　图8-27　再次修补图像

高手技巧

在使用修补工具创建选区时，其操作方式与套索工具一样。此外，还可以通过矩形选框工具和椭圆选框工具等选区工具对图像创建选区，再使用修补工具进行修复。

8.2.4　使用红眼工具

使用红眼工具 可以移去使用闪光灯拍摄的照片中的红眼效果，还可以移去动物照片中的白色或绿色反光，但它对"位图"、"索引颜色"、"多通道"颜色模式的图像不起作用。红眼工具的具体使用方法如下。

01 打开光盘中的"素材文件\第8章\红眼.jpg"图像文件，如图8-28所示，选择红眼工具 ，在其属性栏中适当设置"瞳孔大小"和"变暗量"参数，如图8-29所示。

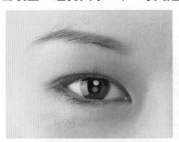

图8-28　素材图像　　　　　　　　　图8-29　红眼工具属性栏

◉ 瞳孔大小：用于设置瞳孔(眼睛暗色的中心)的大小。

◉ 变暗量：用于设置瞳孔的暗度。

02 使用红眼工具绘制一个选框将红眼选中，如图8-30所示。释放鼠标后即可得到修复红眼后的效果，如图8-31所示。

图8-30　框选红眼　　　　　　　　　图8-31　修复红眼效果

8.2.5 融会贯通——修复人物照片

本实例介绍修复人物照片的方法，主要练习图像的修复和复制等操作，本实例的前后对比效果如图8-32和图8-33所示。

实例文件：	实例文件\第8章\照片.jpg
素材文件：	素材文件\第8章\照片.jpg
视频教程：	视频教程\第8章\修复人物照片.mp4

图8-32　原图像　　　　　图8-33　修复后的效果

创作思路：

本实例所修复的是人物照片，首先使用修补工具清除日期图像，然后使用红眼工具消除人物的红眼，使用仿制图章工具修复人物的青春痘，最后使用海绵工具在人物面部和嘴唇处进行涂抹，以增加局部颜色的饱和度。

其具体操作如下。

01　选择"文件→打开"命令，打开"照片.jpg"文件，如图8-34所示。

02　在工具箱中选择修补工具，在其属性栏中选择"源"选项，然后在图像左下方的日期处按住鼠标左键拖动，绘制出一个选区，如图8-35所示。

图8-34　素材图形　　　　　图8-35　绘制选区

03　将鼠标放到选区中，按住鼠标左键向上拖动图像，如图8-36所示，得到的效果如图8-37所示。

图8-36　移动图像　　　　　图8-37　消除日期效果

高手技巧

在使用修补工具 🔲 修补图像时，并不是一定要在原图像附近获取修补图像，只要获取的图像与要修补的图像相近即可，系统会自动融合两者之间的图像。

04 在工具箱中选择红眼工具 👁，在其属性栏中设置"瞳孔大小"为50%，设置"变暗量"为50%，然后在人物眼睛的红眼处拖出一个矩形框，如图8-38所示，得到的效果如图8-39所示。

图8-38　在红眼处拖动鼠标　　　　图8-39　图像效果

05 选择工具箱中的仿制图章工具 🖳，在按住Alt键的同时单击青春痘旁边的脸部皮肤，如图8-40所示。

06 取样完成后，在人物脸部的青春痘图像上单击鼠标，从而消除青春痘，如图8-41所示。

图8-40　图像取样　　　　　图8-41　消除青春痘

07 使用同样的方法，使用仿制图章工具 🖳 消除人物面部的另一颗青春痘，效果如图8-42所示。

08 选择工具箱中的海绵工具 ⬤，在属性栏的"模式"下拉列表框中选择"加色"选项，设置"流量"为60%，然后在人物面部进行涂抹，增加图像局部的饱和度，如图8-43所示。

09 使用海绵工具 ⬤ 涂抹人物嘴唇，使嘴唇颜色更鲜艳，如图8-44所示，完成实例的制作。

图8-42　消除青春痘　　　图8-43　增加面部饱和度　　　图8-44　涂抹嘴唇

8.3　修饰图像

使用模糊工具组和减淡工具组可以对图像局部进行修饰。模糊工具组主要由模糊工具、锐化工具和涂抹工具组成，用于降低或增强图像的对比度和饱和度，使图像变得模糊或更清晰。减淡工具组主要由减淡工具、加深工具和海绵工具组成，用于调整图像的亮度或饱和度。

8.3.1 使用模糊工具

使用模糊工具 ◑ 可以对图像进行模糊处理，使图像中的色彩过渡平滑，从而使图像产生模糊的效果。选取模糊工具后，对图像应用模糊处理的具体操作如下。

01　打开光盘中的"素材文件\第8章\玩耍.tif"图像文件，如图8-45所示，下面将对该图像做景深效果。

02　选择工具箱中的模糊工具 ◑ ，在其属性栏中设置画笔大小为160，其余设置保持不变，如图8-46所示。

图8-45　打开图像

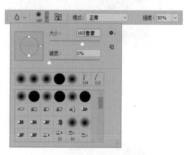

图8-46　设置模糊工具属性

模糊工具属性栏中主要选项的含义如下。

◉　模式：用于选择模糊图像的模式。

◉　强度：用于设置模糊的压力程度。数值越大，模糊效果越明显；数值越小，模糊效果越弱。

03　在画面上方拖动鼠标进行涂抹，将后面的背景图像做模糊处理，如图8-47所示。

04　继续使用模糊工具对图像后方的草地和一些图像细节进行模糊处理，得到更加自然的景深效果，如图8-48所示。

图8-47　模糊图像

图8-48　模糊其他图像

新手问答

Q：使用模糊工具对图像进行模糊，与"滤镜"菜单中的"高斯模糊"命令有什么不同呢？

A：模糊工具可以针对局部图像进行模糊处理，而"高斯模糊"命令会对整幅图像或所选区域中的图像进行模糊处理。

8.3.2 使用锐化工具

使用锐化工具 △ 可以使图像更加清晰，它能增大图像中的色彩反差，其作用与模糊工具刚好相反。锐化工具对应的工具属性栏与模糊工具属性栏相似,如图8-49所示。

图8-49 锐化工具属性栏

选取锐化工具后,使用鼠标在图像中拖动,即可对图形进行锐化,如图8-50和图8-51所示是锐化前后的对比效果。

图8-50 原图像

图8-51 锐化后的效果

选择"保护细节"复选框可以增强细节并使因像素化而产生的不自然感最小化。如果取消此选项,可以产生更夸张的锐化效果。

新手问答

Q:为什么在使用了模糊工具和锐化工具修饰图像后,效果都不明显呢?

A:这两个工具要反复在图像上进行涂抹,才能有较为明显的效果。用户还可以通过调整属性栏中的"强度"来增强效果。

8.3.3 使用涂抹工具

涂抹工具 可以模拟在湿的颜料画布上涂抹而使图像产生的变形效果,其使用方法与模糊工具一样,选择工具箱中的涂抹工具 ,其工具属性栏如图8-52所示。

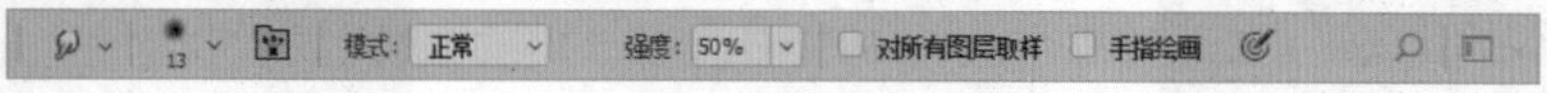

图8-52 涂抹工具属性栏

打开一幅素材图像,如图8-53所示,选择工具箱中的涂抹工具 ,然后按住鼠标向右上方拖动,可以得到如图8-54所示的涂抹效果。

图8-53 素材图像

图8-54 涂抹后的效果

如果选中工具属性栏中的"手指绘画"复选框,在涂抹过程中,将使用前景色填充涂抹的图像。例如,设置前景色为红色,按住鼠标左键在如图8-55所示的图像中拖动,得到的效果如图8-56所示。

图8-55 原图像　　　　　　　　图8-56 涂抹后的图像

8.3.4 使用减淡工具

使用减淡工具 █可以提高图像中色彩的亮度，该工具主要是根据照片特定区域曝光度的传统摄影技术原理使图像变亮。选择减淡工具 █，其属性栏如图8-57所示。

图8-57 减淡工具属性栏

- 范围：用于设置图像颜色提高亮度的范围，其下拉列表框中有3个选项。"中间调"表示更改图像中颜色呈灰色显示的区域；"阴影"表示更改图像中颜色显示较暗的区域；"高光"表示只对图像颜色显示较亮区域进行更改。
- 曝光度：用于设置应用画笔时的力度。

使用减淡工具的具体操作如下。

01 打开一幅素材图像，如图8-58所示，下面对图像中的背景做减淡处理。

02 选择减淡工具 █显示其属性栏，设置画笔大小为175，然后在"范围"下拉列表框中选择"中间调"选项，再设置"曝光度"为60%，如图8-59所示。

03 使用鼠标在左上方和右下方的图像中多次单击并拖动，鼠标所单击到的图像将慢慢地变淡，从而提高图像的亮度，如图8-60所示。

 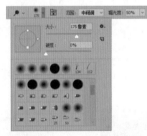 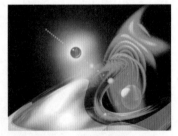

图8-58 素材图像　　　图8-59 设置减淡工具属性　　　图8-60 减淡的图像

专家提示

使用减淡工具可以调节图像特定区域的曝光度，图像的颜色虽然减淡了，但是图像区域的亮度却增加了。

8.3.5 使用加深工具

加深工具 █用于降低图像的曝光度。它的作用与减淡工具的作用相反，其工具属性栏中的参数设置方法与减淡工具一样。

使用加深工具为图像周围做加深的操作方式与减淡工具也相同，将鼠标放在图像上单击并拖动鼠标即可，对图像进行加深的前后对比效果如图8-61和图8-62所示。

图8-61　原图像　　　　　　　　　　图8-62　加深图像

8.3.6　使用海绵工具

海绵工具 可以精确地更改图像区域中的色彩饱和度，产生像海绵吸水一样的效果，使图像失去光泽感。选择工具箱中的海绵工具 ，其属性栏如图8-63所示，在"模式"下拉列表框中包括两种模式。

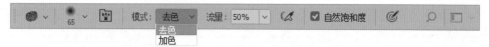

图8-63　海绵工具属性栏

◎　去色：该模式能降低图像色彩的饱和度。
◎　加色：该模式能提高图像色彩的饱和度。
使用海绵工具的具体操作如下。

01 打开一幅素材图像，如图8-64所示，选择工具箱中的海绵工具 ，在属性栏的"模式"下拉列表框中选择"去色"选项，设置"流量"为60%。

02 使用海绵工具在汽车图像中单击并拖动鼠标，将汽车图像的饱和度降低，如图8-65所示。

03 按F12键将图像恢复到原始状态，在海绵工具属性栏中重新设置"模式"为"加色"，然后在图像中拖动鼠标，将加深图像的颜色，效果如图8-66所示。

图8-64　素材图像　　　　　　图8-65　降低图像饱和度　　　　　　图8-66　加深图像饱和度

8.3.7　融会贯通——绘制播放器按钮

本实例制作一个播放器按钮，主要练习画笔工具、加深工具以及减淡工具在图像中的运用，实例效果如图8-67所示。

实例文件：	实例文件\第8章\播放器按钮.psd
素材文件：	素材文件\第8章\背景.jpg
视频教程：	视频教程\第8章\绘制播放器按钮.mp4

图8-67　实例效果

创作思路：

　　本实例制作播放器按钮。首先绘制出按钮的基本外形，然后对图像做渐变填充，并通过添加图层样式得到较为立体的效果，再结合减淡工具刻画细节图像，绘制出一个立体、时尚、具有质感的播放器按钮。

　　其具体操作如下。

01　打开"背景.jpg"素材图像，新建一个图层，选择椭圆选框工具在画面中间绘制一个圆形选区，填充为粉红色（R251,G147,B213），如图8-68所示。

02　保持选区状态，选择减淡工具 ，在属性栏中设置画笔大小为150，设置"曝光度"为50%，在圆形左侧做涂抹，减淡图像颜色，效果如图8-69所示。

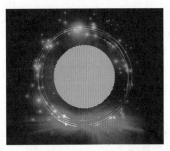

图8-68　绘制圆形

图8-69　减淡图像颜色

03　选择"图层→图层样式→斜面和浮雕"命令，打开"图层样式"对话框，设置样式为"内斜面"，再设置其他参数如图8-70所示，单击"确定"按钮，得到的图像效果如图8-71所示。

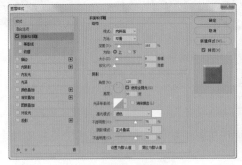

图8-70　添加图层样式

图8-71　内斜面效果

04 新建图层2，使用椭圆选框工具，绘制一个较小的圆形选区，填充为白色，如图8-72所示。

05 选择"图层→图层样式→投影"命令，打开"图层样式"对话框，设置投影颜色为黑色，其他参数设置如图8-73所示。

06 单击"确定"按钮，得到白色圆形的投影效果，如图8-74所示，这里投影效果较轻微，目的是为了让白色圆形周围有一层黑色柔边。

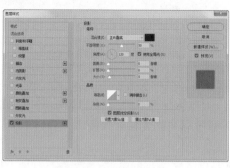

图8-72 绘制选区　　　　　　　图8-73 设置图层样式　　　　　　图8-74 图像效果

07 新建一个图层，再绘制一个圆形选区，将其填充为深紫色（R68,G13,B43），如图8-75所示。

08 选择减淡工具，在紫色图像中做涂抹，制作出高光和反光图像，如图8-76所示。

09 新建一个图层，使用钢笔工具在紫色图像中绘制一个圆角三角形，并填充为粉红色（R250,G138,B201），如图8-77所示。

图8-75 填充选区　　　　　　　图8-76 涂抹图像　　　　　　　图8-77 绘制三角形

10 选择"图层→图层样式→斜面和浮雕"命令，打开"图层样式"对话框，设置样式为内斜面，再设置"高光模式"和"阴影模式"，并填充不同深浅的橘黄色，如图8-78所示。

11 单击"确定"按钮，得到浮雕图像效果，如图8-79所示。

12 新建一个图层，选择椭圆选框工具绘制一个较大的圆形选区，并使用画笔工具在选区左上方和右下方绘制白色柔光图像，如图8-80所示，得到透明白色光环效果。

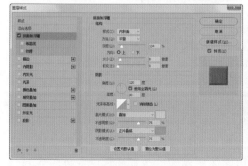

图8-78 设置浮雕样式　　　　　图8-79 图像效果　　　　　图8-80 绘制白色柔光图像

8.4　编辑图像

完成图像的绘制后，用户根据需要可以对图像进行深入编辑。对图像的编辑主要包括移动图像、复制图像、裁切和变换图像等。

8.4.1　复制对象

通过工具箱中的移动工具 ✛ 可以实现对图像整体或是局部区域进行移动或复制，移动和复制图像的具体操作如下。

01　新建一个图像文档，设置宽度和高度都为10厘米，分辨率为150像素/英寸，背景色为白色，如图8-81所示。

02　打开光盘中的"素材文件\第8章\水果.jpg"图像文件，选择工具箱中的椭圆选框工具，在图像中选择左边的柠檬图像，如图8-82所示。

图8-81　新建文档　　　　　　　　图8-82　选择柠檬图像

03　选择工具箱中的移动工具 ✛，在图像窗口中按鼠标左键拖动选区内的柠檬图像到新建图像窗口后释放鼠标，这样就在移动图像的过程中复制了图像，如图8-83所示。

04　按住Alt键的同时拖动复制柠檬图像，这样就在新建图像中又复制生成一个柠檬图像，该图像自动位于"图层1副本"图层上，如图8-84所示。

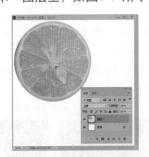

图8-83　移动复制选区内的图像　　　　图8-84　移动复制柠檬图像

8.4.2　合并拷贝图像

合并拷贝可以在不影响原图像的情况下，将所有图层中的图像进行复制，而不像普通的复制，只能复制当前某个图层中的内容。合并拷贝的优点就在于它可以在不破坏图层关系的基础上进行复制。合并拷贝图像的具体操作如下。

01 打开光盘中的“素材文件\第8章\发光箭头.psd”图像文件，选择图层2，使用工具箱中的椭圆选框工具，在图像中创建一个椭圆选区，如图8-85所示。

02 新建一个图像文档，设置宽度和高度分别为15厘米、12厘米，分辨率为200像素/英寸，使用移动工具将“发光箭头.psd”图像选区内的图像拖动到该文档中，如图8-86所示。可以看到拖入的图像只是所选图层中的图像。

03 切换到“发光箭头.psd”文件，选择“编辑→选择性拷贝→合并拷贝”命令，然后切换到新建文档中，删除刚复制得到的图层，再选择“粘贴”命令，得到的效果如图8-87所示，可以看到拷贝到的图像是选区内所有图层的图像。

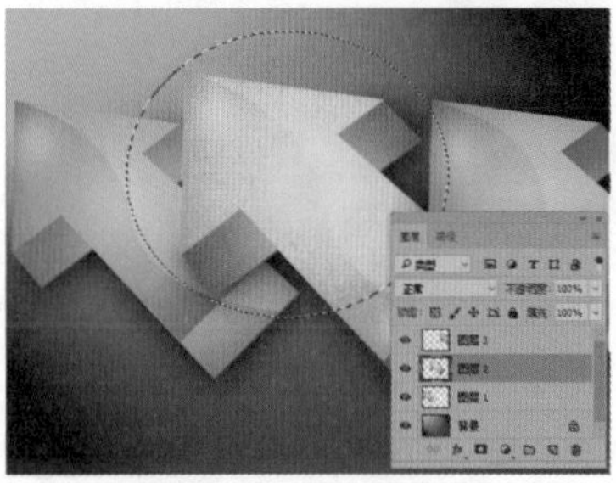

图8-85　创建选区

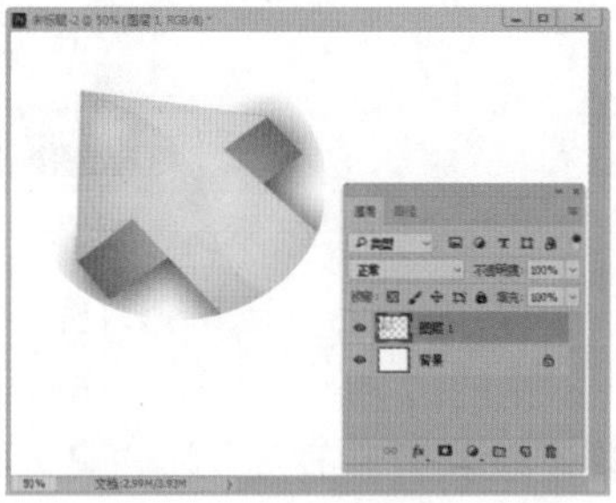

图8-86　新建文档

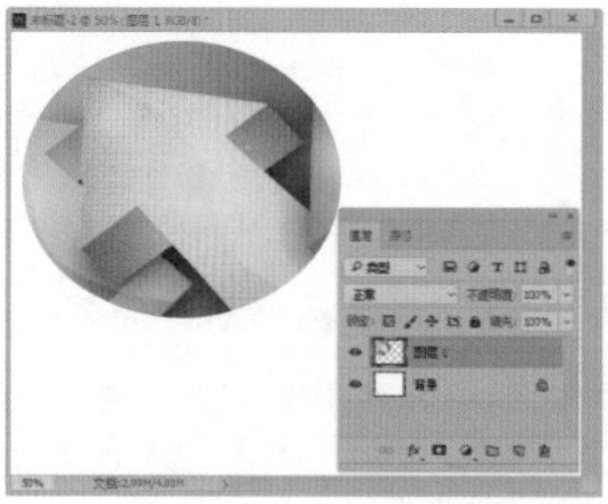

图8-87　合并拷贝图像

8.4.3 变换图像

在编辑图像的过程中，通常需要对图像进行变形操作，从而使图像产生缩放、旋转与斜切、扭曲与透视等效果。选择“编辑→变换”命令，在弹出的子菜单中即可选择相应的变换命令，如图8-88所示。

变换图像与变换选区操作一致。所不同的是，变换图像可以直接对图像进行变换，并且增添了旋转对象与翻转对象功能。使用翻转命令可以让图像水平或垂直变换为对称的图像，如图8-89和图8-90所示是垂直翻转图像的前后对比效果。

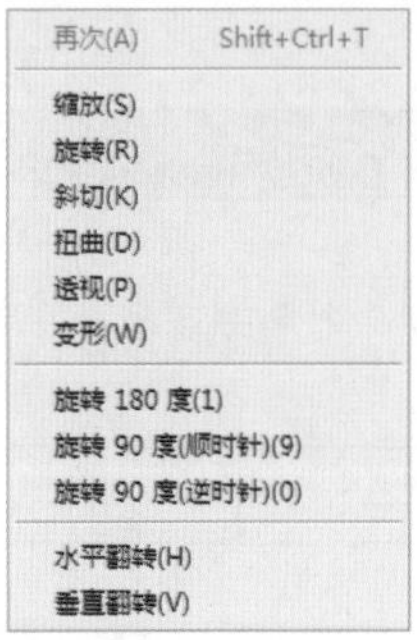

图8-88　变换命令

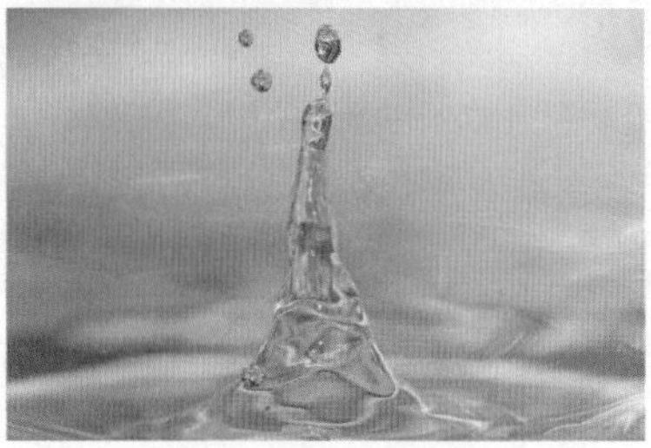

图8-89　原图像

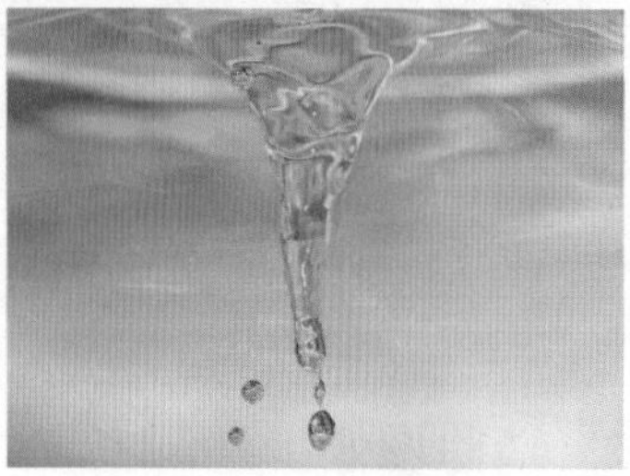

图8-90　垂直翻转效果

8.4.4 裁剪图像

使用裁剪工具可以将多余部分图像裁剪掉，得到需要的那部分图像。使用裁剪工具在图像中拖动绘制出一个矩形区域，矩形区域内部代表裁剪后图像保留部分，矩形区域外的部分将被删除掉。

下面以修正一幅倾斜的图片为例来讲解裁剪工具的使用方法，其操作步骤如下。

01 打开光盘中的"素材文件\第8章\杯子.jpg"图像文件，如图8-91所示，可以看到该图片有明显倾斜的现象。

02 选择裁剪工具 ，在图像中拖动绘制出初步裁剪矩形区域，如图8-92所示。

图8-91 打开图像　　　　图8-92 绘制裁切区域

03 将鼠标移动到裁剪矩形框的右方中点上，当其变为旋转箭头时拖动鼠标旋转裁剪矩形框，使其效果如图8-93所示。

04 按Enter键，或单击工具属性栏中的"提交"按钮✔进行确定，修正后的图片效果如图8-94所示。

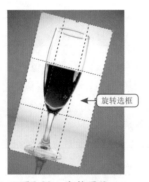

旋转选框

图8-93 变换图像　　　　图8-94 修正后的图片

新手问答

Q：为什么有时候在使用裁切工具时不能改变裁切框的大小呢？

A：这是因为在裁切工具属性栏中设置了固定的宽度和高度值造成的，只需在裁切前先单击属性栏中的"清除"按钮，清除设置后再拖动鼠标进行图像的裁切即可。

8.4.5 清除图像

对于不需要的图像区域可以将其删除。删除图像的操作非常简单，只需要在删除的图像内容上创建一个选区，然后选择"编辑→清除"命令或者按Delete键即可清除选区内的图像。

新手问答

Q：在户外拍摄照片，或多或少总会拍摄到一些多余的图像。应该如何在电脑中删除照片中多余的图像呢？

A：删除照片中多余的图像方法很多，可以根据具体的情况，选择修复工具组或仿制图章工具组来完成。如果照片足够大，也可以直接使用裁剪工具将多余的内容裁剪掉。

8.5　擦除图像

使用橡皮擦工具组中的工具可以方便地擦除图像中的局部图像。橡皮擦工具组包括橡皮擦工具 ，背景橡皮擦工具 和魔术橡皮擦工具 。

8.5.1　使用橡皮擦工具

橡皮擦工具 主要用来擦除当前图像中的颜色。选择橡皮擦工具 后，可以在图像中拖动鼠标，根据画笔形状对图像进行擦除。橡皮擦工具属性栏如图8-95所示。

图8-95　橡皮擦工具属性栏

- 模式：单击该选项右侧的三角形按钮，在弹出的下拉列表中可以选择3种擦除模式，分别是画笔、铅笔和块。
- 抹到历史记录：选中此复选框，可以将图像擦除至历史记录调板中的恢复点外的图像效果。

高手技巧

在图像中按住鼠标左键，然后按住Alt键的同时拖动鼠标，这样可以在取消"抹到历史记录"选项的情况下达到同样的效果。

8.5.2　使用背景橡皮擦工具

背景橡皮擦工具 可在拖动时将图层上的像素抹成透明，从而可以在抹除背景的同时在前景中保留对象的边缘。通过指定不同的取样和容差选项，可以控制透明度的范围和边界的锐化程度。其属性选项栏中显示各种属性，如图8-96所示。

图8-96　背景橡皮擦工具属性栏

- 连续 ：按下此按钮，在擦除图像过程中将连续地采集取样点。
- 一次 ：按下此按钮，将第一次单击鼠标位置的颜色作为取样点。
- 背景色板 ：按下此按钮，将当前背景色作为取样色。
- 限制：单击右侧的三角按钮，打开下拉列表，其中"不连续"指擦除不连续的图像色彩区域；"连续"指擦除连续的图像色彩区域；"查找边缘"指自动查找与取样色彩区域连接的边界，也能在擦除过程中更好地保持边缘的锐化效果。
- 容差：用于调整需要擦除的与取样点色彩相近的颜色范围。
- 保护前景色：选择此选项，可以保护图像中与前景色一致的区域不被擦除。

使用背景橡皮擦工具 在擦除背景图层的图像时，擦除后的图像将显示为透明效果，背景图层也将自动转换为普通图层，如图8-97和图8-98所示是擦除背景图层图像时的前后对比效果。

图8-97　原图像　　　　　　　　　图8-98　擦除图像后的效果

8.5.3　使用魔术橡皮擦工具

魔术橡皮擦工具 是一种根据像素颜色来擦除图像的工具，使用魔术橡皮擦工具 在图层中单击时，所有相似的颜色区域被擦掉而变成透明的区域。魔术橡皮擦工具属性栏如图8-99所示。

图8-99　魔术橡皮擦工具属性栏

- ◎　消除锯齿：选中该复选框，会使擦除区域的边缘更加光滑。
- ◎　连续：选中该复选框，则只擦除与临近区域中颜色类似的部分，否则，会擦除图像中所有颜色类似的区域。
- ◎　对所有图层取样：选中该复选框，可以利用所有可见图层中的组合数据来采集色样，否则只采集当前图层的颜色信息。

同背景橡皮擦工具一样，使用魔术橡皮擦工具擦除背景图层的图像时，擦除后的图像将显示为透明效果，背景图层也将自动转换为普通图层。与背景橡皮擦工具不同的是，使用魔术橡皮擦工具擦除图像时，可以擦除相似颜色区域的图像，如图8-100和图8-101所示。

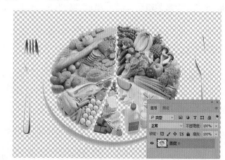

图8-100　原图像　　　　　　　　　图8-101　擦除红色后的效果

8.6　上机实训

下面练习制作一个炉火效果，首先使用画笔工具和涂抹工具绘制出火焰的形状，然后使用"索引颜色"和"颜色表"命令创建出火焰效果，再将火焰复制到"壁炉.jpg"文件中，最后使用涂抹工具和橡皮擦工具对火焰进行编辑处理，实例效果如图8-102所示。

实例文件:	实例文件\第8章\壁炉.psd
素材文件:	素材文件\第8章\壁炉.jpg

图8-102 实例效果

创作指导:

01 新建一个图像文件,填充背景为黑色,然后设置前景色为灰色(R180,G180,B180),使用画笔工具绘制一条粗线段图像,效果如图8-103所示。

02 使用涂抹工具 在灰色图像上进行涂抹,绘制出如图8-104所示的效果。

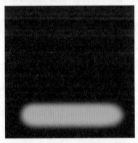

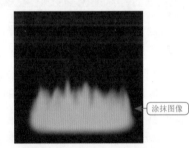
涂抹图像

图8-103 绘制图像

图8-104 涂抹图像

03 选择"图像→模式→索引颜色"命令,再选择"图像→模式→颜色表"命令,打开"颜色表"对话框,然后在"颜色表"下拉列表框中选择"黑体"选项,如图8-105所示,单击"确定"按钮,即可生成火焰效果,如图8-106所示。

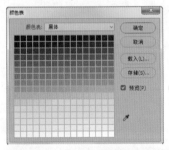

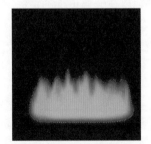

图8-105 选择"黑体"选项

图8-106 生成火焰效果

04 使用魔棒工具 选择黑色区域,然后选择"选择→反向"命令进行反选。

05 打开"壁炉.jpg"图像文件,切换到新建的文件中,选择工具箱中的移动工具 ,在图像窗口中按住鼠标左键将选区内的火焰图像拖动到"壁炉.jpg"图像文件中,然后对火焰图像进行适当缩放，效果如图8-107所示。

06 使用缩放工具 对火焰图像进行放大，再使用涂抹工具 在火焰图像上进行涂抹，以改变火焰图像的形状，效果如图8-108所示。

07 使用橡皮擦工具对火焰的多余部分进行擦除，完成实例的制作。

图8-107　拖入火焰图像

图8-108　涂抹火焰图像

8.7　知识拓展

　　裁剪工具包含一个变换选项，可让用户变换图像中的透视。这在处理包含扭曲的图像时非常有用。当从一定角度而不是以平直视角拍摄对象时，会发生扭曲。例如，如果从地面拍摄高楼的照片，则楼房顶部的边缘看起来比底部的边缘要更近一些。变换透视图像的操作步骤如下。

01 选择裁剪工具并设置裁剪模式。围绕一个在原始场景中为矩形的对象拖动裁剪选框(尽管它在图像中并不显示为矩形)。将使用该对象的边缘来定义图像中的透视。创建的选框不必精确，可以在后面调整它。注意，必须选择在原始场景中为矩形的对象，否则 Photoshop 可能不会产生所需的透视变换。

02 在属性栏中选择"透视"选项，并根据需要设置其他选项。

03 移动裁剪选框的角手柄以匹配对象的边缘。这将定义图像中的透视，因此精确匹配对象的边缘很重要。

04 拖动边手柄以在保留透视的情况下扩展裁剪边界。要执行透视校正，中心点需要位于其原始位置。

05 按Enter键或单击属性栏中的"提交"按钮，或者在裁剪选框内双击鼠标进行确定。

第9章   路径的应用

本章展现

本章将学习使用路径工具绘制矢量图形，用户可以通过对路径的编辑绘制出各种造型的图形，再将路径转换为选区，从而方便地对图像进行各种处理。

本章主要内容如下。

- 认识路径
- 钢笔工具的使用
- 自由钢笔工具的使用
- 编辑路径

9.1 认识路径

路径是Photoshop 中非常重要的一个工具，它是可以转换为选区或使用颜色填充和描边的轮廓。由于路径的灵活多变和强大的图像处理功能，所以深受设计人员的喜爱。

9.1.1 路径的特点

路径在Photoshop中是使用贝赛尔曲线所构成的一段闭合或者开放的曲线段，主要由钢笔工具和形状工具绘制而成，它与选区一样本身是没有颜色和宽度的，不会被打印出来。路径包括闭合路径和开放路径，闭合路径没有明显的起点和终点，如图9-1所示，开放路径则有明显的起点和终点，如图9-2所示。

图9-1 闭合路径

图9-2 开放路径

9.1.2 路径的结构

路径由锚点、直线段和曲线段以及控制手柄等部分构成，直线型路径中的锚点无控制手柄，曲线型路径中的锚点由两个控制手柄来控制曲线的形状，如图9-3所示。

- ◉ 锚点：锚点由空心小方格表示，分别在路径中每条线段的两个端点，黑色实心的小方格表示当前选择的定位点。定位点有平滑点和拐点两种，平滑点是平滑连接两条线段的定位点；拐点是非平滑连接两条线段的定位点。
- ◉ 控制手柄：当选择一个锚点后，会在该锚点上显示1～2条控制手柄，拖动控制手柄一端的小圆点就可调整与之关联的线段的形状和曲率。
- ◉ 线段：由多条线段依次连接而成的一条路径。

专家提示

路径的基本操作都是通过"路径"面板来进行的，选择"窗口→路径"命令可以打开该面板，如图9-4所示。

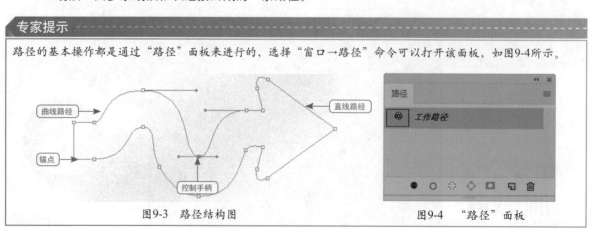

图9-3 路径结构图

图9-4 "路径"面板

9.2 绘制路径

在Photoshop中，使用钢笔工具可以绘制出平滑的曲线，在缩放或者变形之后仍能保持平滑效果，利用钢笔工具可以绘制直线路径和曲线路径。

9.2.1 绘制直线路径

钢笔工具属于矢量绘图工具，绘制出来的图形为矢量图形。使用钢笔工具绘制直线段的方法较为简单，在画面中单击作为起点，然后到适当的位置再次单击即可绘制出直线路径。

选择钢笔工具 ◢，其对应的工具属性栏如图9-5所示，各选项含义如下。

图9-5　钢笔工具属性栏

- ◉ 路径 ∨：在该下拉列表中有3种选项，形状、路径和像素，它们分别用于创建形状图层、工作路径和填充区域，选择不同的选项，属性栏中将显示相应的选项内容。
- ◉ 建立：选区… 蒙版 形状：该组按钮用于在创建选区后，将路径转换为选区或者形状等。
- ◉ 🔲 📄 ·🔷·：该组按钮用于编辑路径，包括形状的合并、重叠、对齐方式以及前后顺序等。
- ◉ ✅ 自动添加/删除：该复选框用于设置是否自动添加/删除锚点。

当用户在属性栏左侧选择绘图方式为"形状"选项后，还可以为绘制后的形状添加一种特殊样式，其对应的工具属性栏如图9-6所示。

图9-6　钢笔工具对应的工具属性栏

- ◉ 绘图方式 路径 ∨：单击该图标，可以打开一个下拉列表，用户可以在其中选择绘图方式，有【路径】、【形状】和【像素】3种命令，选择【形状】命令所绘制的图形可以自动在【图层】面板中创建一个形状图层，如图9-7和图9-8所示；选择【路径】命令时可以直接绘制路径；选择【像素】命令时，可以直接绘制出图像，而不是路径图形，如同使用画笔工具在图像中填充颜色一样。

图9-7　绘制的形状

图9-8　形状图层

- ◉ 【填充】选项：单击该选项中的色块，将打开相应的面板，用户可以选择填充类型，再选择预设颜色，如图9-9所示，单击面板右上角的 ▣ 按钮可以打开【拾色器(填充颜色)】对话框，用户可以自由设置所需的颜色，如图9-10所示。

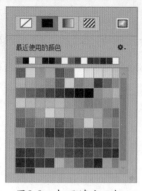

图9-9　打开填充面板　　　　　　　　　　图9-10　自定义颜色

- ◉ 　【描边】选项：单击该选项后面的色块，在弹出的面板中可以设置描边的颜色和类型，包括无颜色、纯色、渐变和图案。
- ◉ 　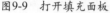：单击该选项后面的按钮，可以调整滑块设置宽度，也可以直接在该文本框中输入参数设置形状描边宽度。
- ◉ 　━━━∨：单击该按钮即可弹出对应的面板，如图9-11所示，用户可以在其中设置绘制形状的描边类型，还可以选择描边类型、对齐方式，端点和角点的方式，单击【更多选项】按钮，在打开的【描边】对话框中设置更加精确的选项设置，如图9-12所示。

图9-11　描边选项　　　　　　　　　　　图9-12　【描边】对话框

- ◉ 　W: 533.25 ⊖ H: 674.31：在该选项中输入参数，可以设置形状的宽度和高度。
- ◉ 　▫ ▪ ▪∶该组按钮用于编辑路径，包括形状的合并、重叠、对齐方式以及前后顺序等。
- ◉ 　✿：单击该按钮，用户可以在弹出的面板中选中或取消"橡皮带"复选框，如图9-13所示。

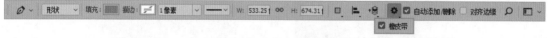

图9-13　"橡皮带"复选框

使用钢笔工具绘制直线的具体操作方法如下。

01　选择"文件→打开"命令，打开一幅图像文件。

02　在工具箱中单击"钢笔工具"按钮 ✎，在其属性栏中选择"路径"选项，然后在图像中单击鼠标左键作为路径起点，如图9-14所示，再拖动鼠标到该线段的终点处单击，即可得到一条直线路径，如图9-15所示。

高手技巧

在Photoshop中绘制直线段路径时，按住Shift键可以绘制出水平、垂直和45°方向上的直线路径。

03　移动鼠标在另一个适合的位置单击，即可继续绘制路径，得到折线路径，如图9-16所示。

04　当鼠标回到起点处时，单击起点处的方块，即可完成直线段闭合路径的绘制，如图9-17所示。

图9-14　单击鼠标作为起点　　图9-15　再次单击鼠标　　图9-16　继续绘制路径　　图9-17　直线段闭合路径

9.2.2　绘制曲线路径

在使用钢笔工具绘制直线段时，按住鼠标进行拖动，即可绘制出曲线路径。下面介绍使用钢笔工具绘制曲线的方法。

01　使用钢笔工具在图像中单击鼠标创建路径的起始点，如图9-18所示。将鼠标移动到适当的位置，按住鼠标并拖动可以创建带有方向线的平滑锚点，通过鼠标拖动的方向和距离可以设置方向线的方向，如图9-19所示。

02　按住Alt键单击控制柄中间的节点，可以减去一端的控制柄，如图9-20所示。

03　移动鼠标，在绘制曲线的过程中按住Alt键的同时拖动鼠标，即可将平滑点变为角点，如图9-21所示。

图9-18　创建路径起点　　图9-19　按住鼠标拖动　　图9-20　删除控制柄　　图9-21　平滑点变为角点

04　使用相同的方法绘制曲线，绘制完成后，将光标移动到路径线的起始点，当光标变成形状时，单击鼠标，即可完成封闭的曲线型路径的绘制，如图9-22所示。

图9-22　闭合路径

9.2.3　应用橡皮带

在钢笔工具属性栏中单击 按钮，在弹出的面板可以看到有一个"橡皮带"复选框，选中该复选框后，在绘制路径时将出现预览状态。

应用"橡皮带"功能绘制路径的具体方法如下。

01 选择工具箱中的钢笔工具，然后单击工具属性栏中的 ⚙ 按钮，在弹出的选项中选中"橡皮带"复选框。

02 在画面中绘制路径，可以看到在钢笔工具所到之处将出现预览的路径形态，如图9-23所示。

03 根据出现预览的路径形态，继续指定路径的其他锚点，即可完成路径的绘制。

图9-23　绘制路径

9.3　编辑路径

当用户在创建完路径后，有时不能达到理想状态，这时就需要对其进行编辑。路径的编辑主要包括复制与删除路径、添加与删除锚点、路径与选区的互换、填充和描边路径以及在路径中输入文字等。

9.3.1　复制与删除路径

在Photoshop中绘制一段路径后，如果还需要一条或多条相同的路径，那么可以将路径进行复制；如果有不需要的路径，可以将其删除。

下面具体介绍复制路径的操作方法。

01 打开需要编辑路径的图像文件，选择"窗口→路径"命令，打开"路径"面板，选择一个路径，如路径2，如图9-24所示。

02 在路径2中单击鼠标右键，在弹出的菜单中选择"复制路径"命令，如图9-25所示。

图9-24　选择路径

图9-25　选择命令

高手技巧

如果"路径"面板中的路径为工作路径，在复制前需要将其拖动到"创建新路径"按钮 ▣ 中，转换为普通路径。

03 选择"复制路径"命令后，弹出"复制路径"对话框，如图9-26所示，在"名称"文本框中为路径命名后单击"确定"按钮，即可得到复制的路径，如图9-27所示。

04 按Ctrl＋Z组合键向前恢复一步。拖动路径2到"路径"面板下方的"创建新路径" ▣ 按钮中，也可以得到复制的路径，如图9-28所示。

图9-26　为路径命名　　　　　图9-27　复制路径　　　　图9-28　选择路径进行拖动

删除路径的方法和复制路径相似，可以有以下几种方法来操作。

- 选择需要删除的路径，单击"路径"面板底部的"删除当前路径"按钮 🗑，打开提示对话框，选择"是"按钮即可。
- 选择需要删除的路径，将其拖动到"路径"面板底部的"删除当前路径"按钮中即可删除路径。
- 选择需要删除的路径，单击鼠标右键，在弹出的菜单中选择"删除路径"命令即可。
- 选择需要删除的路径，按Delete键即可删除该路径。

9.3.2　重命名路径

　　用户在绘制图形时，常常会保留多个路径来方便以后图形的修改，可以为路径重命名来增加其辨识度。选择需要重命名的路径，如"路径2"，双击该路径名称将其激活，如图9-29所示，然后在其中输入新的路径名称即可，如图9-30所示。

图9-29　双击路径名称　　　　图9-30　重命名路径

9.3.3　添加与删除路径锚点

　　用户在编辑路径时，可以对路径进行添加和删除锚点的操作。锚点可以控制路径的平滑度，适当地添加或删除锚点更有助于路径的编辑。

　　添加与删除锚点的具体操作方式如下。

　　01　打开一幅图像文件，使用钢笔工具绘制一段曲线路径，如图9-31所示。

　　02　选择工具箱中的添加锚点工具 ✒，将鼠标指针移动到路径上单击，即可增加一个锚点，如图9-32所示。

图9-31　绘制路径　　　　　　图9-32　添加锚点

03 继续添加锚点，并将鼠标指针放到添加的锚点中，按住鼠标进行拖动，对路径进行调整，如图9-33所示。

04 如果觉得锚点位置不对，可以删除了重新进行编辑，选择钢笔工具或者删除锚点工具 ，将鼠标指针移动到路径要删除的锚点处并单击，即可删除该锚点，如图9-34所示。

图9-33 编辑路径

图9-34 删除锚点

9.3.4 路径和选区互换

在Photoshop中，用户可以将路径转换为选区，也可以将选区转换为路径，这大大方便了用户的绘图操作。下面详细介绍路径和选区互换的操作。

01 打开一幅图像文件，绘制好路径后，在"路径"面板中将自动显示工作路径，如图9-35所示。

02 单击"路径"面板右上方的三角形按钮 ，在弹出的菜单中选择"建立选区"命令，如图9-36所示。

图9-35 显示路径

图9-36 选择"建立选区"命令

03 选择"建立选区"命令后，弹出"建立选区"对话框，如图9-37所示。保持对话框中的默认设置，单击"确定"按钮，即可将路径转换为选区，如图9-38所示。

图9-37 "建立选区"对话框

图9-38 创建的选区

新手问答

Q：为什么"建立选区"对话框中的一些选项是灰色的呢？

A：这是因为在使用"建立选区"命令之前，画面中没有已经建立的选区，只有在画面中有选区时，该对话框中的选项才可以全部使用。

04 保持选区状态，再次单击"路径"面板右上方的三角形按钮 ，在弹出的菜单中选择"建立工作路径"命令，如图9-39所示，打开"建立工作路径"对话框，调整容差值可以设置选区转换为路径的精确度，如图9-40所示。

05 单击"确定"按钮，即可将画面中的选区转换为工作路径。

图9-39 选择命令　　　　　　　　图9-40 设置容差值

9.3.5 填充路径

用户绘制好路径后，可以为路径填充颜色。路径的填充与图像选区的填充相似，用户可以用颜色或图案填充路径内部的区域。

下面详细介绍填充路径的操作方法。

01 打开一个图像文件，然后绘制一个路径，如图9-41所示。

02 在"路径"面板中选中需要填充的路径，然后单击鼠标右键，在弹出的菜单中选择"填充路径"命令，如图9-42所示。

图9-41 绘制路径　　　　图9-42 选择"填充路径"命令

03 在打开的"填充路径"对话框中设置用于填充的颜色和图案样式，如在"使用"下拉列表中选择"图案"选项，然后选择一个图案样式，如图9-43所示。

04 单击"确定"按钮，即可将图案填充到路径中，如图9-44所示。

图9-43 选择图案样式　　　　图9-44 图案填充效果

"填充路径"对话框中主要选项的含义如下。

◉ "内容"：设置填充路径的方法。

◉ "羽化半径"：设置填充后的羽化效果，数值越大，羽化效果越明显。

9.3.6 描边路径

描边路径就是沿着路径的轨迹绘制或修饰图像，在"路径"面板中单击"用画笔描边路径"按钮 ⟲ 可以快速为路径绘制边框。

下面具体介绍描边路径的操作方法。

01 在工具箱中设置用于描边的前景色，如设置为红色，然后选择画笔工具，在属性栏中设置画笔大小、不透明度和笔尖形状等各项参数，如图9-45所示。

图9-45 设置画笔工具属性栏

02 在"路径"面板中选择需要描边的路径，单击鼠标右键，在弹出的快捷菜单中选择"描边路径"命令，如图9-46所示。

03 打开"描边路径"对话框，在"工具"下拉列表中选择"画笔"选项，如图9-47所示。

图9-46 选择"描边路径"命令

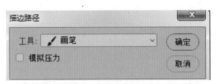

图9-47 选择"画笔"选项

04 单击"确定"按钮回到画面中，得到图像的描边效果，如图9-48所示。

9.3.7 创建并编辑文本路径

Photoshop CC 2017允许文字沿着路径输入，使文字绕路径排列，从而制作出各种形状的弯曲文字效果，此功能在广告设计中应用十分广泛。

下面介绍文本路径的操作方法。

01 打开一幅图像文件，然后使用钢笔工具 ⌀ 在图像中绘制一条曲线路径，如图9-49所示。

图9-48 路径描边效果

图9-49 绘制曲线路径

02 选择工具箱中的横排文字工具 T，在属性栏中设置字体为"方正粗圆简体"，将光标移动到绘制的曲线路径上，当光标变为 ✗ 状态时单击鼠标，在出现输入文字的光标后，输入文字即可，如图9-50所示。

| (a) 单击鼠标 | (b) 输入文字 |

图9-50 在路径上输入文字

03 在输入文字后，如果文字未被完全显示出来，可在按住Ctrl键的同时，将光标移动到显示的末尾文字上，当光标变为⚡形状时，按住鼠标拖动，直到显示所有的文字为止，如图9-51所示。

| (a) 拖动鼠标 | (b) 显示所有文字 |

图9-51 完成路径文字的编辑

专家提示

在路径上输入文字后，用户还可以对路径进行编辑和调整，在改变路径线的形状后，文字也会随之发生改变。

9.3.8 融会贯通——制作企业标志

本实例将制作企业标志效果，主要练习使用钢笔工具绘制路径，并将路径转换为选区，从而得到对象的基本造型，实例效果如图9-52所示。

| 实例文件： | 实例文件\第9章\企业标志.psd |
| 视频教程： | 视频教程\第9章\制作企业标志.mp4 |

图9-52 实例效果

创作思路：

本实例所制作的企业标志，首先使用钢笔工具绘制标志的基本造型，然后将路径转换为选区，接着使用渐变工具为选区添加颜色，并且通过黄色和蓝色的反差对比，让图像更具有视觉冲击力。

其具体操作如下。

01 选择"文件→新建"命令，打开"新建"对话框，设置"名称"为"企业标志"，"宽度"为8厘米，"高度"为8厘米，其余设置如图9-53所示。

02 单击"图层"面板下方的"创建新图层"按钮 ，新建图层1。选择椭圆工具，按住Shift键绘制一个正圆形路径图像，如图9-54所示。

03 选择钢笔工具，在圆形图像周围绘制多个三角形，并围绕圆形图像排列，如图9-55所示。

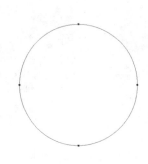

图9-53　新建文件　　　　　　图9-54　绘制圆形　　　　　　图9-55　绘制三角形

04 切换到"路径"面板中，单击下方的"将路径作为选区载入"按钮 ，将路径转换为选区，如图9-56所示，并将选区填充为任意颜色，如图9-57所示。

05 选择钢笔工具，在图像中绘制如图9-58所示的路径图形，按Ctrl+Enter组合键将路径转换为选区，然后按Delete键删除选区中的图像。

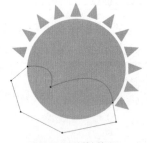

图9-56　转换路径　　　　　　图9-57　填充颜色　　　　　　图9-58　绘制路径

06 按住Ctrl键单击图层1，载入该图层选区，如图9-59所示。

07 选择渐变工具 ，单击属性栏中的渐变色条，打开"渐变编辑器"对话框，设置渐变颜色从黄色（R255，G226，B0）到橘黄色（R255，G162，B0），如图9-60所示。

图9-59　载入选区　　　　　　图9-60　设置渐变颜色

08　单击"确定"按钮，在渐变工具属性栏中单击"径向渐变"按钮 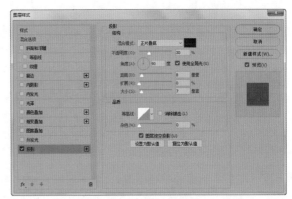对选区应用径向渐变填充，在选区中从中间向上拖动，效果如图9-61所示。

09　选择"图层→图层样式→投影"命令，打开"图层样式"对话框，设置投影颜色为黑色，其他参数设置如图9-62所示。

图9-61　渐变效果

图9-62　设置投影颜色

10　单击"确定"按钮得到图像投影效果，如图9-63所示。

11　新建图层2，选择钢笔工具，在图像下方绘制一个波浪图形，效果如图9-64所示。

12　按Ctrl+Enter组合键将路径转换为选区，使用渐变工具对其应用线性渐变填充，设置颜色从蓝色（R32G89,B163）到天蓝色（R83,G171,B234），如图9-65所示。

图9-63　投影效果　　　　图9-64　绘制路径　　　　图9-65　填充渐变颜色

13　在"图层"面板中选择图层1，单击鼠标右键，在弹出的菜单中选择"拷贝图层样式"命令，如图9-66所示。

14　在"图层"面板中选择图层2，单击鼠标右键，在弹出的菜单中选择"粘贴图层样式"命令，如图9-67所示，图像将得到投影的效果，如图9-68所示。

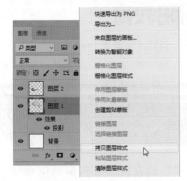　　

图9-66　拷贝图层样式　　　图9-67　粘贴图层样式　　　图9-68　投影效果

15 新建图层3，选择钢笔工具在波浪图形下方再绘制一个较小的波浪图形，如图9-69所示。

16 单击"路径"面板下方的"将路径作为选区载入"按钮 ，得到选区状态，使用渐变工具对其应用线性渐变填充，设置颜色从蓝色（R32G89,B163）到天蓝色（R83,G171,B234），如图9-70所示。

图9-69　绘制路径　　　　　　　　　　　图9-70　渐变填充图像

17 在"图层"面板中选择图层2，单击鼠标右键，在弹出的菜单中复制一次图层中的图层样式，然后选择图层3，粘贴图层样式，得到投影图像效果，如图9-71所示。

18 选择横排文字工具在标志下方输入文字，在属性栏中设置字体为方正正中黑简体，大小为34点，填充为深蓝色（R14,G43,B83），如图9-72所示。

图9-71　添加投影　　　　　　　　　　　图9-72　输入文字

19 选择文字图层，单击鼠标右键，在弹出的菜单中选择"粘贴图层样式"命令，得到文字的投影效果，如图9-73所示，完成本实例的制作。

图9-73　粘贴图层样式

9.4　上机实训

下面将制作一个邮票图像，主要练习填充路径的操作以及画笔属性的设置。本实例的效果如图9-74所示。

实例文件：	实例文件\第9章\邮票.psd
素材文件：	素材文件\第9章\水墨画.jpg

图9-74 实例效果

创作指导：

01 新建一个图像文件，设置前景色为土黄色(R197, G150,B24)，然后按Alt+Delete组合键对文档背景填充前景色，如图9-75所示。

02 打开"水墨画.jpg"图像文件，将图像拖入新建文档中，如图9-76所示。

图9-75 填充颜色

图9-76 拖入素材

03 创建图层2，并将图层2放在图层1下方，绘制一个矩形，填充为白色，如图9-77所示。

04 在"路径"面板中单击"从选区生成工作路径"按钮，将选区转换为工作路径。单击工具箱中的"橡皮擦工具"按钮，然后按F5键，打开"画笔"面板，设置画笔的属性如图9-78所示。

图9-77 创建并填充矩形

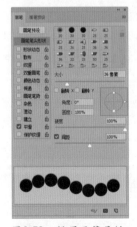

图9-78 设置画笔属性

05 在"路径"面板中单击"用画笔描边路径"按钮 ⊙ ，用画笔描边路径的效果如图9-79所示。

06 使用横排文字工具创建邮票中的文字内容，邮票的最终效果如图9-80所示。

图9-79 描边效果　　　　　　　图9-80 最终效果

9.5 知识拓展

　　在Photoshop中，使用钢笔工具可以绘制企业标志图像。标志是一种具有象征性的大众传播符号，它以精练的形象表达一定的含义，并借助人们的符号识别、联想等思维能力，传达特定的信息。标志传达信息的功能很强，在一定条件下，甚至超过语言文字，因此它被广泛应用于现代社会的各个方面。

　　在商业社会，标志对于企业具有以下几种重要的作用。

1. 统一性

　　标志代表企业的经营理念、文化特色、价值等，并且反映企业的产业特性、影响力，经营思路，它是企业精神的具体象征。大众对企业标志的认同等于对企业的认同，标志不能脱开企业的理论情况，违背企业宗旨。只作内心形式工作的标志，失掉了标志本身的意义，以致对企业会构成负面影响。

2. 识别性

　　识别性是企业标志的重要功能之一。市场经济体制下，各种标志商标符号数不胜数，只有特点鲜明、容易辨认、含义深刻、造型优美的标志，才能在众多标志中突现出来。它能够差异于其他企业、产品或服务，使受众对企业留下深刻印象，从而提升了标志设计的重要性。

3. 领导性

　　标志是企业开展信息传播的自导力量，在视觉识别系统中，标志的造型、色彩、应用方式，直接决定了其他辨认要素的形式，其其他因素的建立，皆是围绕标志为中心而展开的。

4. 涵盖性

　　随着企业的运营和企业信用的不断传播，标志所代表的内涵日渐丰富，企业的经营活动、广告宣传、文化建设都会被人们接受，并通过关于标志符号的记忆刻画在脑海内，当大众再次见到标志时，即会联想到曾经购买的产品、曾经受到的服务，从而将企业与大众自动建立联系，成为连接企业与大众的桥梁。

5. 革新性

　　标志确定后，并不是一成不变的，随着时代的变迁，历史潮流的演变，以及社会背景的变化，原来的标志，可能已经不适应现在的环境；而企业经营方针的变更，也会使标志产生改变的必要。总之，标志是适合企业的，并紧密结合企业运营的重要元素。

第10章　文字的创建与编辑

本章展现

本章将学习Photoshop中文字的使用方法，在图像中输入文字可以表述画面中的图像含义，还可以运用各种文字的属性，以丰富画面的效果。

本章主要内容如下。

- 认识文字工具
- 输入文字
- 创建文字选区
- 文字的编辑

10.1 输入文字

在Photoshop CC 2017中，使用文字工具可以在图像中输入文字，输入的文字分为两种内容，分别是点文字和段落文字。其中点文字的使用非常广泛，用户可以对文字的颜色、字体、大小、字距和行距等属性进行调整。

10.1.1 认识文字工具

输入文字首先需要使用的就是文字工具。单击工具箱中的 T. 工具不放，将显示出如图10-1所示的下拉列表工具组，其中各按钮的作用如下。

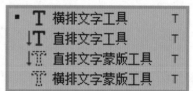

图10-1 文字工具组

- 横排文字工具 T. : 可在图像文件中创建水平文字，同时在"图层"面板中建立新的文字图层。
- 直排文字工具 IT. : 可在图像文件中创建垂直文字，同时在"图层"面板中建立新的文字图层。
- 直排文字蒙版工具 IT. : 可在图像文件中创建垂直文字形状的选区，但不能创建新的图层。
- 横排文字蒙版工具 T. : 可在图像文件中创建水平文字形状的选区，但不能创建新的图层。

10.1.2 输入横排点文字

点文字主要用于创建和编辑内容较少的文本信息。创建点文字可以使用横排文字工具 T. 和直排文字工具 IT. ，这两种文字工具的使用方法一样，只是排列方式有所区别。在本章中将详细介绍横排文字的使用方法。

选择横排文字工具，其属性栏如图10-2所示。

| T · | IT | 汉真广标 | | T 36点 | aa 犀利 | | 三 三 三 | | I | | 🔍 | |

图10-2 横排文字工具属性栏

属性栏中各选项的含义如下。

- ⊡ ：输入文字时，单击该按钮可以在文字的水平排列和垂直排列之间进行切换。
- 汉真广标 ：在该下拉列表框中可选择输入字体的样式。
- 36点 ：单击右侧的下拉按钮，在下拉列表中可以选择字体的大小，可直接输入字体的大小。
- aa 犀利 ：在其下拉列表框中可以设置消除锯齿的方法。
- 三 三 三 ：这3个按钮分别用于设置多行文本的对齐方式。 三 按钮为左对齐、 三 按钮为居中对齐； 三 按钮为右对齐。
- ▬ ：单击该按钮可打开"选择文本颜色"对话框，在其中可设置字体颜色。
- I ：单击该按钮，将弹出"变形文字"对话框，在其中可以设置变形文字的样式和扭曲程度。
- 🔲 ：单击该按钮，可弹出"字符/段落"面板。

使用横排文字工具输入文字的具体操作方法如下。

01 选择"文件→打开"命令，打开一幅图像文件，如图10-3所示。

02 选择工具箱中的横排文字工具 T，在天空图像中单击一次鼠标左键，这时"图层"面板中将自动添加一个文字图层，如图10-4所示。

图10-3 图像文件　　　　图10-4 添加文字图层

03 输入文字，然后按Enter键即可完成文字的输入，如图10-5所示。

图10-5 输入文字

专家提示

默认状况下，系统会根据前景色来设置文字颜色，用户可以先设置好前景色再输入文字。

10.1.3 输入直排点文字

使用直排文字工具 T 可以在图像中沿垂直方向输入文本，也可输入垂直向下显示的段落文本，其输入方法与使用横排文字工具一样。

单击工具箱中的直排文字工具 T，然后在图像编辑区单击鼠标，在单击处会出现闪烁的文字光标，这时输入需要的文字即可，如图10-6所示。

图10-6 输入直排文字

10.1.4 输入段落文字

段落文字最大的特点是段落文本框的创建，文字可以根据外框的尺寸在段落中自动换行，其操作方法与一般排版软件类似，如Word、PageMaker等。

下面具体介绍段落文字的使用方法。

01 选择一个文本工具，如横排文本工具，将鼠标光标移动到图像文件中拖动，生成一个段落文本框，如图10-7所示。

02 在段落文本框内输入文字，即可创建段落文字，如图10-8所示。可以看到，在段落文本框中，输入的文字到了文本框的下边缘位置处，文字会自动换行。

图10-7 绘制文本框　　　　　　　　图10-8 输入文字

03 把鼠标放在定界边框的控制点上，当光标变成双向箭头↖时，可以方便地调整段落文本框的大小，如图10-9所示。

04 当光标变成双向箭头↙时，按住鼠标进行拖动，可旋转段落文本框，如图10-10所示。

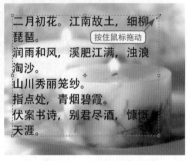

图10-9 拖动文本框　　　　　　　　图10-10 旋转文本框

高手技巧

创建段落文字后，按住Ctrl键拖动段落文本框的任意一个控制点，可在调整段落文本框大小的同时缩放文字。

10.1.5　沿路径输入文字

在Photoshop CC 2017中编辑文本时，可以沿钢笔工具或形状工具创建的工作路径输入文字，使文字产生特殊的排列效果。

下面详细介绍在路径上放置文字的方法。

01 打开一幅图像文件，选择椭圆工具〇，在属性栏中选择"路径"选项，然后在图像窗口中绘制一个椭圆形，如图10-11所示。

02 选择工具箱中的横排文字工具并设置文字属性，将鼠标移动到椭圆形中，当鼠标变成Ĩ形状时，单击鼠标左键即可在路径上输入文字，如图10-12所示，在图形中创建的文字会自动根据图形进行排列，形成段落文字。

图10-11 绘制椭圆形　　　　　　　　图10-12 输入文字

03 按Enter键确定文字的输入，然后选择钢笔工具在草坪图像上方绘制一条曲线路径，如图10-13所示。

04 选择横排文字工具，将鼠标移动到路径上，当光标变成↓形状时，单击鼠标左键，即可沿着路径输入文字，其默认的状态是与基线垂直对齐，如图10-14所示。

图10-13　绘制路径

图10-14　输入文字

05 打开"字符"面板，设置基线偏移为20点，如图10-15所示，这时得到的文字效果如图10-16所示，按Enter键确定即可。

图10-15　设置基线偏移

图10-16　文字效果

06 如果用户改变路径的曲线造型，路径上的文字也将随着发生变化，如图10-17所示。

图10-17　调整路径后的文字效果

10.1.6 融会贯通——制作公益广告

本实例将制作一个公益广告——诚信中国，主要练习如何在图中输入文字，实例效果如图10-18所示。

实例文件：	实例文件\第10章\诚信中国.psd
素材文件：	素材文件\第10章\山.jpg、鸽子1.psd、鸽子2.psd、文字.psd
视频教程：	视频教程\第10章\制作公益广告.mp4

创作思路：

本实例所制作的公益广告——诚信中国，主要是一种形象宣传广告，所以在设计上需要体现出简洁、大气的感觉，画面中运用了山峦作为主要背景，然后使用文字工具输入横排文字和直排文字，对画面起到画龙点睛的作用。

图10-18　实例效果

其具体操作如下。

01　选择"文件→打开"命令，打开"长城.jpg"素材文件，如图10-19所示。

02　单击"图层"面板底部的"创建新图层"按钮 ，得到图层1，选择钢笔工具绘制一个飘带图形，如图10-20所示。

图10-19　素材图像

图10-20　绘制路径

03　按Ctrl+Enter组合键，将路径转换为选区，填充为白色，如图10-21所示。

04　设置图层1的图层不透明度为22%，得到的图像效果如图10-22所示。

图10-21　填充选区

图10-22　设置透明度

05　按Ctrl+J组合键，复制图层1得到图层1拷贝，使用移动工具将复制的图像适当向右移动，得到重叠效果，如图10-23所示。

06　新建图层2，选择自定形状工具 ，在属性栏中的"形状"面板中选择"窄边圆形边框"，如图10-24所示。

图10-23　复制图像

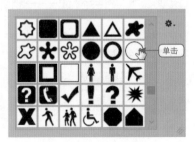

图10-24　选择图形

07 在图像中绘制出圆形边框，按Ctrl+Enter组合键，将路径转换为选区，填充为白色，如图10-25所示。

08 选择"图层→图层样式→外发光"命令，打开"图层样式"对话框，设置外发光颜色为白色，其余参数设置如图10-26所示。

图10-25 绘制圆图像

图10-26 设置外发光

09 单击"确定"按钮，得到圆形的外发光效果，然后复制几次该图像，按Ctrl+T组合键适当缩小图像，参照如图10-27所示的样式排放。

10 打开"鸽子1.psd"图像，使用移动工具将其拖动到当前编辑的图像文件中，放到画面的左侧，如图10-28所示。

图10-27 复制图像

图10-28 导入素材

11 为"鸽子1"图像应用外发光效果，设置外发光颜色为白色，其余参数与圆形边框一致，效果如图10-29所示。

12 在"图层"面板中设置该图层的混合模式为"明度"，效果如图10-30所示。

图10-29 制作外发光效果

图10-30 设置图层混合模式

13 复制一次鸽子图像，设置该图层混合模式为"滤色"，得到的图像效果如图10-31所示。

14 打开"鸽子2.psd"素材图像，将其拖动到当前图像中，适当调整图像大小后，放到如图10-32所示的位置。

图10-31 图像效果

图10-32 导入素材图像

15 选择横排文字工具 T.在画面右上方输入数字"2017"，并在属性栏中设置字体为Monotype Cor，字体大小为30.4，颜色为蓝色(R0,G77,B160)，如图10-33所示。

16 再次输入几行文字，设置第一行文字字体为宋体，颜色为黑色，后面几行文字字体为宋体，颜色为蓝色(R0,G77,B160)，然后适当调整文字大小，如图10-34所示。

图10-33 输入文字　　　　　　　　　　图10-34 输入其他文字

17 选择直排文字工具 IT.，在英文下方输入一行中文文字，并在属性栏中设置字体为方正中等线简体，大小为10.7，如图10-35所示。

18 新建图层，选择矩形选框工具在文字上方绘制两个矩形，填充为深蓝色(R0,G38,B68)，如图10-36所示。

19 打开"文字.psd"素材图像，将其中的"中国"和"诚信"两个图像拖动到当前图像中，适当调整大小后，放到如图10-37所示的位置，完成实例的制作。

图10-35 输入文字　　　　图10-36 绘制矩形　　　　图10-37 完成效果

10.2 创建文字选区

在Photoshop中，用户可以使用横排和直排文字蒙版工具创建文字选区，这也是对选区的进一步拓展，在广告制作方面有很大的用处。

下面介绍文字蒙版工具的具体使用方法。

01 打开一幅图像文件，选择工具箱中的横排文字蒙版工具 T.，将鼠标移动到画面中单击，将出现闪动的光标，而画面将变成一层透明红色遮罩的状态，如图10-38所示。

02 在闪动的光标后输入所需的文字，完成输入后单击属性栏右侧的✓按钮，即可退出文字的输入状态，得到文字选区，如图10-39所示。

图10-38 进入蒙版状态

图10-39 创建文字选区

03 在"图层"面板中新建一个图层，然后选择渐变工具，打开"渐变编辑器"对话框，选择"色谱"预设颜色，再单击"确定"按钮，如图10-40所示。

04 选择渐变工具属性栏中的"线性渐变"按钮，在选区中拖动鼠标做渐变填充，完成后按Ctrl+D组合键取消选区，效果如图10-41所示。

图10-40 设置渐变颜色

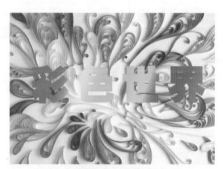

图10-41 填充文字选区

专家提示

使用横排和直排文字蒙版工具创建的文字选区，可以填充颜色，但是它已经不是文字属性，不能再改变其字体样式，只能像编辑图像一样进行处理。

10.3 编辑文本

当用户在图像中输入文字后，可以通过"字符"或"段落"面板对文字设置其属性，包括调整文字的颜色、大小、字体等。

10.3.1 设置字符属性

字符属性可以直接在文字工具属性栏中设置，用户还可以打开"字符"面板，在其中除了设置文字的字体、字号、样式和颜色外，还可以设置字符间距、垂直缩放、水平缩放，以及是否加粗、加下划线、加上标等。

下面详细介绍字符属性的设置：

01 打开一幅图像文件，选择横排文字工具，在图像中输入文字，如图10-42所示。由于前景色默认为黑色，所以输入的文字也为黑色。

02 将光标插入最后一个文字的后方，然后按住鼠标左键向右方拖动，直至选择所有文字，如图10-43所示。

图10-42 输入文字

图10-43 选择文字

03 单击文字工具属性栏中的"切换字符和段落面板"按钮▣，打开"字符"面板，在"设置字体样式"下拉列表框中选择字体样式、在"字体大小"文本框中输入数值，如图10-44所示，接着再单击"颜色"右侧的色块，打开"拾色器（文本颜色）"对话框，设置一种颜色即可，如图10-45所示。

图10-44 设置字符属性

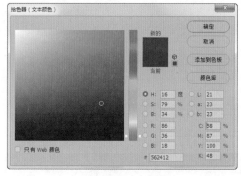

图10-45 选择颜色

"字符"面板中各选项的含义如下。

◎ 方正琥珀简体▾：单击右侧的三角形按钮，可在下拉列表中选择字体。

◎ T 80点▾：用于设置字符的大小。

◎ A 72点▾：用于设置文本行间距，值越大，间距越大。如果数值小到超过一定范围，文本行与行之间将重合在一起，在应用该选项前应先选择至少两行的文本。

◎ IT 100%：用于设置文本在垂直方向上的缩放比例。

◎ T 100%：用于设置文本在水平方向上的缩放比例。

◎ 0%▾：根据文本的比例大小来设置文字的间距。

◎ VA 520▾：用于设置字符之间的距离，数值越大文本间距越大。

◎ VA 0▾：用于对文字间距进行细微的调整。设置该项只需将文字输入光标移到需要设置的位置即可。

◎ A⁺ 0点：用于设置选择文本的偏移量，当文本为横排输入状态时，输入正数时往上移，输入负数时往下移；当文本为竖排输入状态时，输入正数时往右移，输入负数时往左移。

◎ 文本颜色块▇▇：单击该颜色块，在打开的对话框中可以重新设置字体的颜色。

○ **T** *T* **TT** Tᴛ T¹ T₁ T 〒：这里面的按钮主要用于对文字进行仿粗体、仿斜体、全部大写字母、小型大写字母、上标、下标、添加下划线和添加删除线的设置。

04 设置好后单击"确定"按钮回到画面中，即可得到如图10-46所示的文字效果。

图10-46 文字效果

05 使用光标选择"映像"两个字，然后在"字符"面板中设置基线偏移为50点，垂直缩放为70%，如图10-47所示，得到的图像效果如图10-48所示。

图10-47 调整字符属性

图10-48 文字效果

06 分别按下"字符"面板中的"仿斜体" *T* 和"下划线" T 按钮，如图10-49所示，设置完成后，按Enter键将得到如图10-50所示的文字效果。

图10-49 设置文字属性

图10-50 文字效果

10.3.2 设置段落属性

在Photoshop 中除了可以设置文字的基本属性外，还可以对段落文本的对齐和缩进方式进行设置。要设置段落文字属性必须先创建段落文字，然后在面板组中选择"段落"面板进行设置。

下面具体介绍设置文字段落属性的方法。

01 打开一幅图像文件，然后创建一个段落文本，在其中输入一段文字，如图10-51所示。

02 选择"窗口→段落"命令，即可打开"段落"面板，如图10-52所示，其中文本对齐方式默认为"左对齐文本"，这里单击"居中对齐文本"█按钮，即可得到如图10-53所示的文字效果。

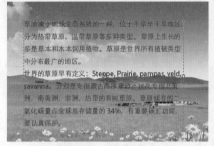
图10-51　创建段落文字

图10-52　设置文字对齐方式

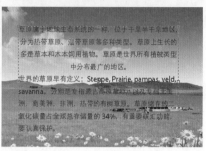
图10-53　居中对齐文本

- ⊙ ▆▆▆ ▆▆▆▆▆▆▆：其中的按钮分别用于设置文本的对齐方式。█按钮可将文本左对齐；█按钮可将文本居中对齐；█按钮可将文本右对齐；█按钮可将文本的最后一行左对齐；█按钮可将文本的最后一行居中对齐；█按钮可将文本的最后一行右对齐。

- ⊙ ▆ 0点 ▆：用于设置段落文字左边向右缩进的距离。对于直排文字，该选项用于控制文本从段落顶端向底部缩进。

- ⊙ ▆ 0点 ▆：用于设置段落文字由右边向左缩进的距离。对于直排文字，该选项则控制文本由段落底部向顶端缩进。

- ⊙ ▆ 0点 ▆：用于设置文本首行缩进的空白距离。

- ⊙ ▆ 0点 ▆ ▆ 0点 ▆：用于设置段前和段后的距离。

03 在"段落"面板中设置"左缩进"和"首行缩进"的数值，如图10-54所示。设置完成后，文本框中如果显示不了所有文字，可以使用鼠标拖动文本框下方的边线，扩大文本框，显示所有文字，如图10-55所示。

图10-54　设置文字其他属性

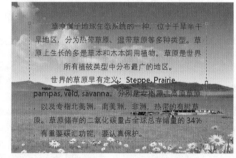
图10-55　显示所有文字

10.3.3　编辑变形文字

　　Photoshop CC 2017的文字工具属性栏中有一个文字变形工具，其中提供了15种变形样式供选用，可以用来创作艺术字体。

　　使文字弯曲变形的具体操作方法如下。

01 打开一幅图像文件，选择横排文字工具，在图像中输入文字，如图10-56所示。

02 在属性栏中单击"创建变形文字"按钮█，打开"变形文字"对话框，单击样式右侧的三角形按钮，将弹出下拉列表，其中提供了多种文字样式，这里选择"扇形"样式，然后再分别设置其他选项，如图10-57所示。

图10-56 输入文字

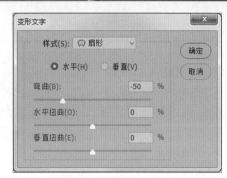

图10-57 设置变形文字

"变形文字"对话框中各选项含义如下。

- ⊙ **水平(H)** ○ 垂直(V)：用于设置文本是沿水平还是垂直方向进行变形，系统默认为沿水平方向变形。
- ⊙ "弯曲"：用于设置文本弯曲的程度，当为0时表示没有任何弯曲。
- ⊙ "水平扭曲"：用于设置文本在水平方向上的扭曲程度。
- ⊙ "垂直扭曲"：用于设置文本在垂直方向上的扭曲程度。

03 单击"确定"按钮回到画面中，文字已经变成扇形造型，效果如图10-58所示。

04 再次单击"创建变形文字"按钮 ，在打开的"变形文字"对话框中选择"旗帜"样式，然后再进行各项设置，如图10-59所示，这时得到的文字效果有了新的变化，如图10-60所示。

图10-58 变形文字

图10-59 设置选项

图10-60 文字效果

10.3.4 文字转换

在Photoshop中输入文字后，可以将文字转换为路径和形状。将文字转换为路径后，就可以像操作任何其他路径那样存储和编辑该路径，同时还能保持原文字图层不变。

下面介绍将文字转换为路径的操作方法。

01 打开一幅图像文件，选择横排文字工具在其中输入文字，如图10-61所示。

02 选择"文字→创建工作路径"命令，即可得到工作路径，这里隐藏文字图层，可以更好地观察路径，如图10-62所示。

图10-61 输入文字

图10-62 创建路径

03 切换到"路径"面板中也可以看到我们所创建的工作路径，如图10-63所示。使用直接选择工具调整该工作路径，原来的文字将保持不变，如图10-64所示。

图10-63　"路径"面板

图10-64　编辑路径

在Photoshop中，除了可以将文字转换为路径外，还可以将其转换为图形，以便对文字进行更加精确的编辑。这就需要将文字图层转换为形状图层，其具体操作方式如下。

01 使用横排文字工具 **T** 在图像中输入一行文字，在"字符"面板中设置文字属性后，得到的文字如图10-65所示，这时"图层"面板将自动出现一个文字图层，如图10-66所示。

图10-65　输入文字

图10-66　显示文字图层

02 选择"文字→转换为形状"命令，在"图层"面板可以看出文字图层转换为形状图层的效果，如图10-67所示。

03 当文字为矢量蒙版选择状态时，使用直接选择工具 **R** 对文字形状的部分节点进行调整，可以改变文字的形状，如图10-68所示。

图10-67　转换文字

图10-68　改变文字形状

10.3.5　栅格化文字

当用户在图像中输入文字后，不能直接对文字应用绘图和滤镜命令等操作，只有将其进行栅格化处理后，才能做进一步的编辑。

选择"图层"面板中的文字图层，如图10-69所示，选择"文字→栅格化文字图层"命令，即可将文字图层转换为普通图层，将文字图层栅格化后，图层缩览图将发生变化，如图10-70所示。

图10-69　文字图层

图10-70　栅格化效果

10.3.6　融会贯通——制作个人名片

本实例制作一个名片，主要练习在图像中输入文字后，对文字属性的设置，实例效果如图10-71所示。

实例文件:	实例文件\第10章\名片.psd
视频教程:	视频教程\第10章\制作个人名片.mp4

创作思路:

本实例所制作的个人名片，在绘制背景时使用了钢笔工具绘制曲线图形，再填充颜色，然后再使用画笔工具对选区做涂抹，得到较为立体的图像效果，最后再输入文字。在制作该实例时，除了掌握文字工具的运用外，还应掌握一些排版方式。

图10-71　实例效果

本实例的具体操作如下。

01　选择"文件→新建"命令，打开"新建"对话框，设置文件名称为名片，然后分别设置宽度和高度为9厘米×5.5厘米，如图10-72所示，单击"创建"按钮得到新建文件。

02　新建一个图层，选择工具箱中的矩形选框工具，在图像底部绘制一个矩形选区，效果如图10-73所示。

图10-72　新建文件

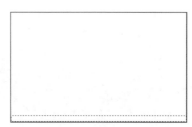

图10-73　绘制矩形选区

03　设置前景色为蓝色(R0,G137,B208)，按Alt+Delete键填充选区，效果如图10-74所示。

04　新建一个图层，选择钢笔工具，在名片顶部绘制一个曲线图形，如图10-75所示。

图10-74　填充颜色

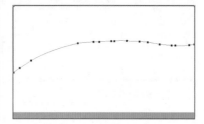

图10-75　绘制曲线路径

05　按Ctrl+Enter组合键将路径转换为选区，填充为蓝色(R0,G137,B208)，如图10-76所示。

06　新建一个图层，再次使用钢笔工具在名片中白色与蓝色交接的位置绘制一个曲线图形，转换为选区后，填充为深蓝色(R44,G107,B180)，如图10-77所示。

07　选择钢笔工具，在深蓝色图形中再次绘制一个较小的曲线图形，并将其转换为选区，如图10-78所示。

  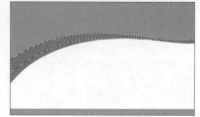

图10-76　绘制蓝色图形　　　　　图10-77　再次绘制图形　　　　　图10-78　绘制较小的图形

08　选择画笔工具，分别使用天蓝色(R80,G165,B219)和浅蓝色(R235,G246,B253)在选区中做涂抹，得到较为立体的图像效果，如图10-79所示。

09　新建一个图层，选择自定形状工具，在其属性栏中打开"形状"面板，选择"星形"图形，如图10-80所示。

10　在名片左上方绘制出该图形，按Ctrl+Enter键将路径转换为选区，然后将选区填充为白色，如图10-81所示。

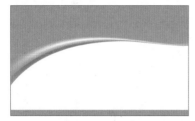  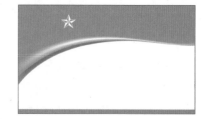

图10-79　涂抹图像　　　　　图10-80　选择"星形"　　　　　图10-81　绘制图形

11　选择横排文字工具在图形中分别输入一行中文文字和英文文字，在属性栏中设置中文字体为方正大黑简体，颜色为白色，设置英文字体为Easy Street，颜色为白色，如图10-82所示。

12　使用横排文字工具在画面中输入人物名称和职位，设置名称字体为华文行楷、职位字体为黑体，颜色都为黑色，如图10-83所示。

13　使用横排文字工具在人名下方拖动，绘制一个文本框，输入公司信息，设置字体为黑体，如图10-84所示，完成本实例的制作。

图10-82　输入文字　　　　　图10-83　输入其他文字　　　　　图10-84　完成效果

10.4　上机实训

下面练习制作一个钻石巡展宣传单效果，首先使用矩形选框工具在背景图像中绘制出紫色矩形，然后使用文字工具输入文字，并将文字的排列方式做了多种版式设计，实例效果如图10-85所示。

实例文件:	实例文件\第10章\钻石巡展宣传单.psd
素材文件:	素材文件\第10章\裸钻.psd、紫色背景.jpg

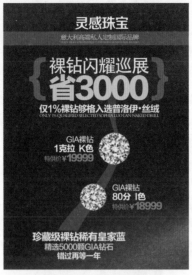

图10-85　实例效果

创作指导:

01 打开"紫色背景.jpg"素材图像,新建一个图层,选择矩形选框工具在画面上方绘制一个矩形选区,填充为淡紫色(R80,G52,B118),如图10-86所示。

02 选择横排文字工具,在淡紫色矩形上方输入文字"灵感珠宝",并在属性栏中设置字体为方正正中黑简体,填充为白色,如图10-87所示。

03 在淡紫色矩形中输入一行中文和一行英文,分别在属性栏中设置字体为宋体,并设置英文文字较小,效果如图10-88所示。

图10-86　绘制矩形选区

图10-87　输入文字

图10-88　输入文字

04 新建一个图层,选择钢笔工具,在图像中绘制一个飘带路径,按Ctrl+Enter组合键将路径转换为选区,填充为紫红色(R75,G9,B96),如图10-89所示。

05 使用橡皮擦工具对紫色飘带图像顶部做一些涂抹,使其与背景自然融合,然后使用横排文字工具在图像中输入文字和两侧的括号,并参照如图10-90所示的效果排列文字和填充颜色。

06 打开"裸钻.psd"素材图像,使用移动工具将其拖动到当前编辑的图像中,并复制一次,将两个图像放到紫色飘带图像中,排列效果如图10-91所示。

图10-89　绘制路径并转换为选区　　图10-90　输入文字和符号　　图10-91　移动素材图像至当前图像

07 选择横排文字工具，在图像中分别输入其他文字，并打开"字符"面板，设置字体为微软雅黑，并单击加粗按钮，如图10-92所示，参照如图10-93所示的方式排放。

08 使用横排文字工具，在两颗钻石旁边输入说明性文字，完成实例的制作，如图10-94所示。

图10-92　设置文字属性　　　　图10-93　输入文字　　　　图10-94　完成效果

10.5　知识拓展

　　文字是人类文化的重要组成部分。文字和图片是设计的两大构成要素，文字排列组合的好坏，直接影响其版面的视觉传达效果。因此，文字设计是增强视觉传达效果，提高作品的诉求力，赋予作品版面审美价值的一种重要构成技术。

　　文字在排版设计中，不仅仅局限于信息传达意义上的概念，而更是一种高尚的艺术表现形式。文字已提升到启迪性和宣传性、引领人们的审美时尚的新视角。文字是任何版面的核心，也是视觉传达最直接的方式，运用经过精心处理的文字材料，完全可以制作出效果很好的版面，而不需要任何图形。

第11章　图层的高级应用

本章展现

本章将学习调整图层和图层样式的应用，通过调整图层可以在不修改原图像的情况下为该图像进行颜色调整；使用图层样式可以创建出图像的投影、外发光、浮雕等特殊效果，再结合曲线的调整，可以使图像产生多种变化。

本章主要内容如下。

- 调整图层的应用
- 混合选项的设置
- 各种图层样式的使用
- 复制和粘贴图层样式
- 缩放图层样式

11.1　调整图层的应用

在Photoshop CC 2017中有一个调整图层，它是较为特殊的图层，在这些图层中可以包含一个图像调整命令，进而可以使用该命令对图像进行调整。

11.1.1　认识调整图层

调整图层由调整缩略图和图层蒙版缩略图组成，如图11-1所示。调整图层的缩略图由于在创建调整图层时选择的色调或色彩命令不一样而显示出不同的图像效果；图层蒙版随调整图层的创建而创建，默认情况下填充为白色，即表示调整图层对图像中的所有区域起作用；调整图层名称会随着创建调整图层时选择的调整命令来显示，例如当创建的调整图层用来调整图像的色彩平衡时，则名称为"色彩平衡1"。

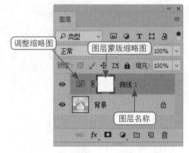

图11-1　调整图层

11.1.2　创建调整图层

调整图层中包含一个色彩调整命令，可以对其下图层的色调进行调整。在任何情况下都可以再次打开调整图层中包含的色彩调整命令。

创建调整图层的具体操作方法如下。

01 选择"图层→新建调整图层"命令，并在弹出的子菜单中选择一个调整命令，如图11-2所示，例如这里选择"色彩平衡"命令。

02 在打开的"新建图层"对话框中单击"确定"按钮，如图11-3所示，完成调整图层的创建，在"图层"面板中将显示创建的调整图层，如图11-4所示。

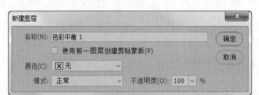

图11-3　"新建图层"对话框

图11-2　选择调整图层命令

图11-4　创建色调分离调整图层

11.1.3　编辑调整图层

调整图层创建完成后，如果用户觉得图像不理想，还可以通过调整图层继续调整图像。下面以一个具体实例来介绍调整图层的使用方法。

编辑调整图层的具体操作方法如下。

01 打开一幅需要调整色调的图像，如图11-5所示，可以看到该图像整体偏红，色调较暗。下面以通过创建曲线调整图层来加以调整。

02 使用鼠标右键单击"图层"面板底部的 ⊘ 按钮，在弹出的快捷菜单中选择"曲线"命令，为图像创建曲线调整图层，如图11-6所示。

图11-5 打开图像

图11-6 选择"曲线"命令

03 这时将打开"属性"面板，在曲线上方单击鼠标左键，按住鼠标向上拖动曲线，调整图像的亮度，如图11-7所示，得到的图像效果如图11-8所示。

图11-7 调整曲线

图11-8 调整后的效果

04 选择"图层→新建调整图层→色彩平衡"命令，在"属性"面板中拖动滑块，降低红色调，增加黄色调，如图11-9所示，完成图像的调整，效果如图11-10所示。

图11-9 调整色彩平衡

图11-10 最终效果

11.2 图层样式混合设置

利用图层样式可以制作出许多丰富的图像效果，而图层混合选项是图层样式的默认选项，选择"图层→图层样式→混合选项"命令，或者单击图层面板底部的"添加图层样式"按钮 *fx.*，在弹出的快捷菜单中选择"混合选项"命令，即可打开"图层样式"对话框，如图11-11所示。在对话框中可以调节整个图层的透明度与混合模式参数，其中有些设置可以直接在"图层"面板上调节。

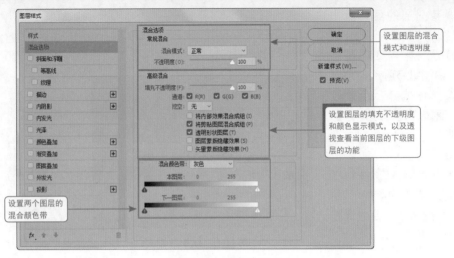

图11-11　混合选项

11.2.1　常规混合

"常规混合"选项包括"混合模式"和"不透明度"选项，与"图层"面板中的"混合模式"和"不透明度"选项一样，使用方法与作用都相同。

使用常规混合的具体操作方法如下。

01 选择"文件→打开"命令，打开光盘中的"素材\第11章\LOVE.psd"文件，如图11-12所示。

02 在"图层"面板中选择文字图层，单击"图层"面板底部的"添加图层样式"按钮 **fx.**，在弹出的菜单中选择"混合选项"命令，如图11-13所示。

03 打开"图层样式"对话框，在"常规混合"中设置图层混合模式为"溶解"，并降低"不透明度"为42%，如图11-14所示，单击"确定"按钮即可得到图像效果，如图11-15所示。

图11-12　素材文件

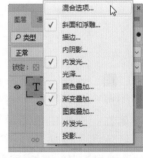

图11-13　选择命令

图11-14　设置常规混合选项

图11-15　图像效果

11.2.2　高级混合

在"高级混合"选项中不仅可以设置图层的填充透明程度，还可以设置透视查看当前图层的下级图层的功能。

使用高级混合的具体操作方法如下。

01 打开光盘中的"素材\第11章\LOVE.psd"文件，打开"图层样式"对话框，在"高级混合"选项中设置"填充不透明度"为0%，如图11-16所示，可以看到图案虽然隐藏了，但保留了浮雕样式。

图11-16 设置填充不透明度

图11-17 设置通道

02 取消"B"选项，这时蓝色通道将不在图像中显示，可以得到指定通道内的混合效果，如图11-17所示。

03 在"LOVE"图层下方创建一个图层，填充为蓝色，如图11-18所示。然后在"混合选项"中设置选中"B"选项，接着在"挖空"下拉列表中选择"浅"选项，可以将背景图层中的内容显示出来，如图11-19所示。

图11-18 添加蓝色图层

图11-19 图像效果

04 在"图层"面板中隐藏图层1，选择文字图层，在"图层样式"对话框中设置"混合颜色带"，如图11-20所示，得到本图层和下一图层的显示效果，如图11-21所示。

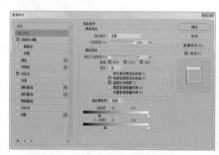

图11-20 设置混合颜色带

图11-21 图像效果

专家提示 -

在"混合选项"中还有一些其他设置，用户可以根据需要进行选择，得到一些特殊的图像效果。

11.2.3 融会贯通——制作艺术展海报

本实例制作一个艺术展海报效果，主要练习图层混合模式在图像中的运用，实例效果如图11-22所示。

实例文件：	实例文件\第11章/艺术展海报.psd
素材文件：	素材文件\第11章\木门.psd、花朵.psd、美女.psd、鸟.psd、文字.psd
视频教程：	视频教程\第11章\制作艺术展海报.mp4

创作思路：

本实例所制作的艺术展海报，首先为背景填充渐变色，然后通过滤镜功能为背景创建光照和杂点效果，接着加入素材图像，分别调整不同的图层混合模式，为图像创建出别样的色彩效果。

图11-22　实例效果

其具体操作方法如下。

01 选择"文件→新建"命令，打开"新建"对话框，设置文件名为"艺术展海报"，宽度和高度为20厘米×16厘米，分辨率为150像素/英寸，如图11-23所示。

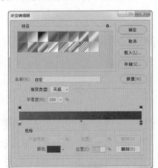

图11-23　新建文件

02 选择渐变工具，单击属性栏中渐变编辑条右侧的三角形按钮，打开"渐变编辑器"对话框，设置渐变颜色为从绿色(R13,G80,B60)到深绿色(R29,G44,B39)，如图11-24所示。

03 单击"确定"按钮回到画面中，在图像中按住鼠标左键从图像左上方向右下方拖动，对图像应用线性渐变填充，效果如图11-25所示。

图11-24　设置渐变颜色

图11-25　填充渐变颜色

04 选择"滤镜→渲染→光照效果"命令，进入"属性"面板，保持各项默认设置，然后在预览框中调整光照的角度和大小，如图11-26所示。

05 单击"确定"按钮，即可回到画面中，图像的光照效果如图11-27所示。

图11-26　设置光照效果　　图11-27　图像光照效果

06 选择"滤镜→杂色→添加杂色"命令，打开"添加杂色"对话框，设置"数量"为15，然后再选择"高斯分布"和"单色"选项，如图11-28所示，单击"确定"按钮，得到的添加杂色效果如图11-29所示。

图11-28　设置添加杂色参数

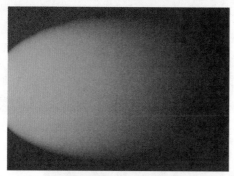

图11-29 添加杂色效果

07 打开"木门.psd"素材文件，如图11-30所示。使用移动工具直接将该图像文件拖动到当前文件中，得到图层1，然后设置图层1的图层不透明度为50%，如图11-31所示。

图11-30 素材文件　　图11-31 设置图层不透明度

08 选择"图层→图层样式→投影"命令，打开"图层样式"对话框，设置投影颜色为黑色，其余设置如图11-32所示，单击"确定"按钮得到图像投影效果，如图11-33所示。

09 在"图层"面板中按住图层1，将其拖动到"创建新图层" 按钮上，如图11-34所示，得到复制的图层1拷贝，接着将复制的图像放到如图11-35所示的位置。

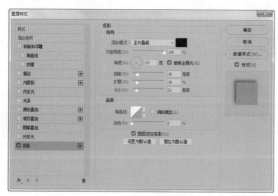

图11-32 设置投影样式

图11-33 图像投影效果

 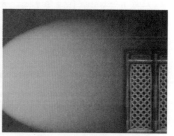

图11-34 复制图层　　　图11-35 移动图像

10 打开"鸟.psd"文件，如图11-36所示，将素材图像拖动到当前图形的左下方，并且设置该图像的图层混合模式为"颜色加深"，效果如图11-37所示。

图11-36 素材图像

图11-37 添加图像

11 打开光盘中的"素材/第11章/花朵.psd"文件，如图11-38所示，选择"图像→调整→色相/饱和度"命令，在打开的"色相/饱和度"对话框中选中"着色"选项，然后设置色相参数，如图11-39所示。

图11-38　素材图像

图11-39　设置色相/饱和度

12 单击"确定"按钮，将调整颜色后的图像拖动到当前文件中，放到画面的右下方，然后按住Alt键复制一次对象，适当调整大小后，排列成如图11-40所示的样式。

图11-40　调整图像位置

13 打开"花纹.psd"文件，如图11-41所示，参照步骤10和步骤11的操作，调整图像颜色后，将该图像拖到当前文件中，放到画面的右上角，如图11-42所示。

图11-41　素材图像

图11-42　调整素材图像

14 打开"美女.psd"文件，如图11-43所示，同样在"色相/饱和度"对话框中调整图像的颜色，如图11-44所示。

图11-43　素材图像

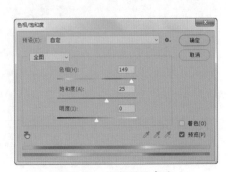

图11-44　调整图像颜色

⓯ 将美女图像拖动到当前文件中，放到画面中间，按Ctrl＋T组合键缩小图像，然后调整该图层的不透明度为80%，得到的图像效果如图11-45所示。

⓰ 选择直排文字工具，在美女图像右侧分别输入一行点文字和一段段落文字，并且设置点文字的字体为宋体，段落文字字体为方正行楷简体，颜色均为白色，如图11-46所示。

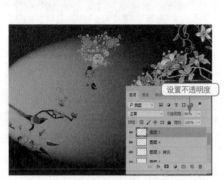 

图11-45 调整图层不透明度　　　　　　　图11-46 输入文字

⓱ 打开"文字.psd"文件，将文字拖动到当前文件中，然后使用矩形选框工具框选如图11-47所示的图像。

⓲ 选择移动工具，按住鼠标移动选区中的图像，可以直接调整图像位置，如图11-48所示。

图11-47 框选图像　　　　　　　图11-48 移动选区中的图像

⓳ 接着再框选"情"，同样使用移动工具将其放到"水"的下方，然后取消选区，调整"山水情"图像的位置，如图11-49所示。

图11-49 移动图像

20 　新建一个图层，选择套索工具 ⬚ 在"山水情"图像左侧手绘一个选区，并且填充为红色，如图11-50所示。

21 　按Ctrl＋D组合键取消选区，然后在红色图像中输入直排文字"山水情"，并且在属性栏中设置文字颜色为白色，字体为文鼎古印繁体，如图11-51所示。

图11-50　绘制选区

图11-51　输入文字

22 　双击抓手工具 🖐 显示全部图像，完成本实例的制作，效果如图11-52所示。

图11-52　完成效果

11.3　为图层添加图层样式

对某个图层应用了图层样式后，样式中定义的各种图层效果会应用到该图像中，并且为图像增强层次感、透明感和立体感。

11.3.1　投影样式

"投影"是图层样式中最常用的一种图层样式效果，应用"投影"样式可以为图层增加类似影子的效果。

下面以在文字中添加投影为例，详细介绍"投影"样式的具体操作。

01 　打开一幅素材图像，设置前景色为白色，然后输入一行文字，如图11-53所示。

02 　选择"图层→图层样式→投影"命令，即可打开"图层样式"对话框，在其中将显示"投影"选项参数，如图11-54所示。

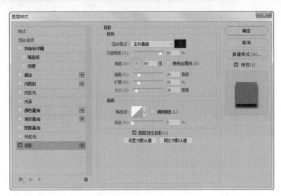

图11-53　输入文字　　　　　　　　　　　图11-54　"投影"选项

对话框中主要选项含义如下。

- "混合模式"：用于设置投影图像与原图像间的混合模式。单击后面的小三角，可在弹出的菜单中选择不同的混合模式，通常默认模式产生的效果最理想。其右侧的颜色块用来控制投影的颜色，单击它可在打开的"选择阴影颜色"对话框中设置另一种颜色，系统默认为黑色。
- "不透明度"：用于设置投影的不透明度，可以拖动滑块或直接输入数值进行设置。
- "角度"：用于设置光照的方向，投影在该方向的对面出现。
- "使用全局光"：选中该选项，图像中所有图层效果使用相同光线照入角度。
- "距离"：用于设置投影与原图像间的距离，值越大，距离越远。
- "扩展"：用于设置投影的扩散程度，值越大，扩散越多。
- "大小"：用于调整阴影模糊的程度，值越大，越模糊。
- "等高线"：用于设置投影的轮廓形状。
- "消除锯齿"：用于消除投影边缘的锯齿。
- "杂色"：用于设置是否使用噪声点来对投影进行填充。

03 设置投影颜色为默认的黑色，不透明度为100%，其他设置如图11-55所示，得到的文字投影效果如图11-56所示。

图11-55　设置投影各参数　　　　　　　　图11-56　文字投影效果

04 单击"等高线"右侧的三角形按钮，在弹出的面板中有默认的等高线设置，选择其中一种样式，如"锥形-反转"，如图11-57所示，得到的图像效果如图11-58所示。

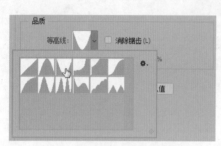

图11-57　选择等高线样式　　　　　　　　　　图11-58　等高线效果

05 用户还可以自行设置等高线的样式，单击"等高线"缩览图，打开"等高线编辑器"对话框，使用鼠标按住控制点进行拖动，对投影图像进行调整，如图11-59所示。

06 单击"确定"按钮，回到"图层样式"对话框，编辑好的等高线样式即可显示在等高线缩览图中，图像投影效果如图11-60所示。

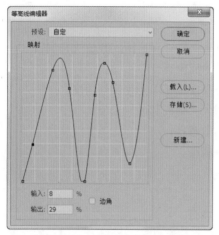

图11-59　编辑等高线样式　　　　　　　　　　图11-60　文字效果

07 设置"杂色"选项为60%，然后单击"确定"按钮回到画面中，得到添加杂色的图像效果，如图11-61所示。

图11-61　添加杂色效果

高手技巧

在"图层样式"对话框中设置投影的过程中，用户可以在图像窗口中预览投影的效果。

11.3.2 内阴影样式

"内阴影"样式可以为图层内容增加阴影效果，就是沿图像边缘向内产生投影效果，使图像产生一定的立体感和凹陷感。

"内阴影"样式的设置方法和选项与"投影"样式相同，为图像添加内投影效果如图11-62所示。

图11-62　内投影效果

11.3.3 外发光样式

在Photoshop图层样式中提供了两种光照样式，即"外发光"样式和"内发光"样式。使用"外发光"样式，可以为图像添加从图层外边缘发光的效果。

为图像设置外发光效果的具体操作如下。

01　打开一幅素材图像，新建一个图层，在图像中绘制一个椭圆形选区，填充为白色，如图11-63所示。

02　选择"图层→图层样式→混合选项"命令，打开"图层样式"对话框，设置"填充不透明度"为0%，然后单击"外发光"选项，进入外发光各选项设置，如图11-64所示。

图11-63　绘制椭圆形

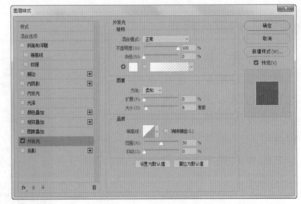

图11-64　"外发光"选项

对话框中主要选项含义如下。

◎ ◎□：选中该单选按钮，单击颜色图标，将打开"拾色器"对话框，可在其中选择一种颜色。

◎ ◎▭：选中该单选按钮，单击渐变条，可以在打开的对话框中自定义渐变色或在下拉列表框中选择一种渐变色作为发光色。

◎ "方法"：用于设置对外发光效果应用的柔和技术，可以选择"柔和"和"精确"选项。

◎ "范围"：用于设置图像外发光的轮廓范围。

◎ "抖动"：用于改变渐变的颜色和不透明度的应用。

03 单击 ◉▢ 色块，设置外发光颜色为浅蓝色(R158，G255,B239)，其余设置如图11-65所示，得到的图像效果如图11-66所示。

图11-65　设置外发光参数　　　　图11-66　外发光效果

04 在"外发光"样式中同样可以设置"等高线"选项，单击"等高线"缩略图，打开"等高线编辑器"对话框编辑曲线，如图11-67所示。

05 单击"确定"按钮，得到编辑等高线后的图像外发光效果如图11-68所示。

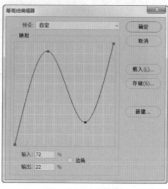

图11-67　调整曲线　　　　图11-68　编辑等高线图像效果

专家提示 -

在"图层样式"对话框中，多个图层样式选项都可以设置等高线效果，用户可以根据需要调整不同的设置，得到各项特殊图像效果。

11.3.4　内发光样式

"内发光"样式与"外发光"样式刚好相反，是指在图层内容的边缘以内添加发光效果。"内发光"样式的设置方法和选项与"外发光"样式相同，为图像设置内发光效果如图11-69所示。

图11-69　设置内发光效果

11.3.5　斜面和浮雕样式

设置"斜面和浮雕"样式可在图层图像上产生立体的倾斜效果，整个图像出现浮雕般的效果。

为图像应用斜面和浮雕的具体操作如下。

01 打开一幅素材图像，绘制一条弧线路径，然后在路径上输入文字，并且填充为紫色(R235,G16,B240)，如图11-70所示。

02 选择"图层→图层样式→斜面和浮雕"命令，打开"图层样式"对话框，"斜面和浮雕"样式的各项参数如图11-71所示。

图11-70　输入文字

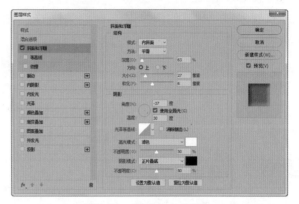

图11-71　"斜面和浮雕"

对话框中各选项的含义如下。

◎ "样式"：用于选择斜面和浮雕的样式。其中"外斜面"选项可产生一种从图层图像的边缘向外侧呈斜面状的效果；"内斜面"选项可在图层内容的内边缘上创建斜面的效果；"浮雕效果"选项可产生一种凸出于图像平面的效果；"枕状浮雕"选项可产生一种凹陷于图像内部的效果；"描边浮雕"选项可将浮雕效果仅应用于图层的边界。

◎ "方法"：用于设置斜面和浮雕的雕刻方式。其中"平滑"选项可产生一种平滑的浮雕效果；"雕刻清晰"选项可产生一种硬的雕刻效果；"雕刻柔和"选项可产生一种柔和的雕刻效果。

◎ "深度"：用于设置斜面和浮雕的效果深浅程度，值越大，浮雕效果越明显。

◎ "方向"：选中◎上单选按钮，表示高光区在上，阴影区在下；选中◎下单选按钮，表示高光区在下，阴影区在上。

◎ "角度"：用于设置光源照射的角度。

◎ "高度"：用于设置光源照射的高度。

◎ "高光模式"：用于设置高光区域的混合模式。单击右侧的颜色块可设置高光区域的颜色，"不透明度"用于设置高光区域的不透明度。

◎ "阴影模式"：用于设置阴影区域的混合模式。单击右侧的颜色块可设置阴影区域的颜色，下侧的"不透明度"数值框用于设置阴影区域的不透明度。

03 单击"样式"选项右侧的三角形按钮，选择一种样式，如"外斜面"，然后再设置其他参数，如图11-72所示，得到的图像效果如图11-73所示。

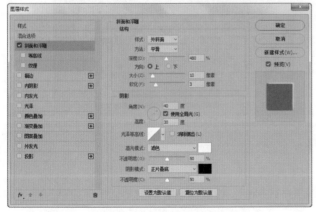

图11-72　设置外斜面样式

图11-73　外斜面效果

04 选择"内斜面"样式
的图像效果如图11-74所示，选
择 "枕状浮雕"样式的图像效
果如图11-75所示。

图11-74　内斜面效果　　　　图11-75　枕状浮雕效果

11.3.6　光泽样式

通过为图层添加光泽样式，可以在图像表面添加一层反射光效果，使图像产生类似绸缎的感觉。
设置光泽效果的具体操作如下。

01 在一幅图像文件中输入文字，并且填充文字颜色为白色，如图11-76所示。

02 选择"图层→图层样式→光泽"命令，在"图层样式"对话框中可以设置光泽颜色为黑色，
其余各项参数如图11-77所示。

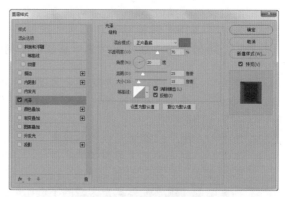

图11-76　输入文字　　　　　　图11-77　设置光泽参数

03 单击"确定"按钮
可以得到图像光泽效果，如图
11-78所示。

图11-78　光泽效果

11.3.7　颜色叠加样式

颜色叠加样式就是为图层中的图像内容叠加覆盖一层颜色。设置颜色叠加的具体操作如下。

01 打开一个图像文件，绘制一个飞鸟图像，并且填充颜色为白色，如图11-79所示。

02 选择"图层→图层样式→颜色叠加"命令，在打开的对话框中进行参数设置，设置叠加颜色为黄色(R253,G255,B87)，如图11-80所示。

图11-79 绘制的图像

图11-80 "图层样式"对话框

03 设置叠加颜色后，即可得到图像的叠加效果，如图11-81所示，在对话框中改变"不透明度"为60%，叠加的颜色将与图像本来的颜色进行融合，得到新的颜色，如图11-82所示。

图11-81 叠加图像

图11-82 设置不透明度

11.3.8 渐变叠加样式

"渐变叠加"样式就是使用一种渐变颜色覆盖在图像表面，选择"图层→图层样式→渐变叠加"命令，在打开的对话框中进行参数设置，如图11-83所示，选择一种渐变叠加样式，得到的叠加效果如图11-84所示。

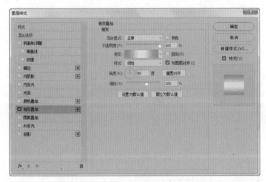

图11-83 设置渐变叠加参数

图11-84 渐变叠加效果

对话框中主要选项含义如下。

- ◉　"渐变"：用于选择渐变的颜色，与渐变工具中的相应选项完全相同。
- ◉　"样式"：用于选择渐变的样式，包括线性、径向、角度、对称和菱形5个选项。
- ◉　"缩放"：用于设置渐变色之间的融合程度，数值越小，融合度越低。

11.3.9　图案叠加样式

"图案叠加"样式就是使用一种图案覆盖在图像表面，选择"图层→图层样式→渐变叠加"命令，在打开的对话框中进行相应的参数设置，如图11-85所示，选择一种图案叠加样式后得到的效果如图11-86所示。

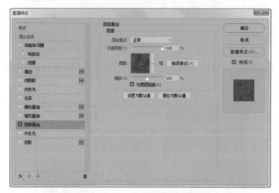

图11-85　设置图案叠加

图11-86　图案叠加效果

高手技巧 ------------------------------------

在设置图案叠加时，在"图案"下拉列表框中可以选择叠加的图案样式，"缩放"选项则用于设置填充图案的纹理大小，值越大，其纹理越大。

11.3.10　描边样式

"描边"样式是指使用颜色、渐变色或图案为图像制作轮廓效果，适用于处理边缘效果清晰的形状。

下面以为文字添加描边效果为例，介绍描边的具体操作。

01　打开一幅图像文件，在其中输入文字，并且填充文字颜色为白色，如图11-87所示。

02　选择"图层→图层样式→描边"命令，打开"图层样式"对话框，用户可在其中设置"描边"选项，如图11-88所示。

图11-87　输入文字

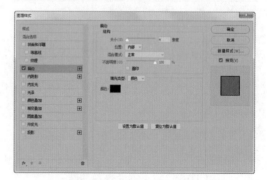

图11-88　"描边"选项

◉ "大小"：用于设置描边的宽度。

◉ "位置"：用于设置描边的位置，可以选择"外部"、"内部"或"居中"3个选项。

◉ "填充类型"：用于设置描边填充的内容类型，包括"颜色"、"渐变"和"图案"3种类型。

◉ "颜色"：单击该色块，可以在打开的对话框中选择描边颜色。

03 设置描边的"大小"为5，"位置"为"外部"，然后单击"颜色"右侧的色块，选择粉红色(R234,G83,B136)，其余设置如图11-89所示，得到的图像效果如图11-90所示。

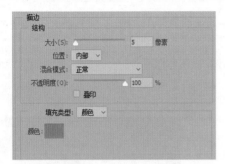

图11-89 设置描边参数　　　　　　　　图11-90 文字描边效果

04 在"填充类型"下拉列表中选择"渐变"选项，然后设置渐变颜色为从紫色到橙色，其余设置如图11-91所示，得到的渐变描边效果如图11-92所示。

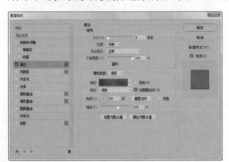

图11-91 设置渐变描边参数　　　　　　图11-92 渐变描边效果

专家提示

填充类型中的"渐变"类型，与工具箱中的渐变工具的设置是一样的。

05 在"填充类型"下拉列表中选择"图案"选项，单击图案预览图，在弹出的面板中可以选择一种图案样式，如图11-93所示。

06 设置完成后，单击"确定"按钮，得到如图11-94所示的图案描边效果。

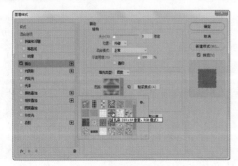

图11-93 设置图案描边参数　　　　　　图11-94 图案描边效果

选择"编辑→填充"命令,打开"填充"对话框,其中的"使用"下拉列表框中的"图案"与"图层样式"对话框中的"图案"设置一样。

11.3.11　融会贯通——制作楼盘广告

本实例将制作一个房地产广告,主要练习图层样式在图像中的运用,实例效果如图11-95所示。

实例文件:	实例文件\第11章\楼盘广告.psd
素材文件:	素材文件\第11章\蓝天.psd、房子.psd、花边.psd
视频教程:	视频教程\第11章\制作楼盘广告.mp4

创作思路:

本实例所制作的房地产开盘广告,首先制作了一个杂点背景,然后将素材图像融入其中,使画面背景呈现一种大气、舒适的感觉,然后制作出一个灵动的圆形图案,配上添加了图层样式的文字效果,让整个设计充分体现出楼盘的格调和品质。

图11-95　实例效果

其具体操作如下。

01 选择"文件→新建"命令,打开"新建"对话框,设置文件名为"楼盘广告",宽度与高度为13厘米×12厘米,其余设置如图11-96所示,单击"确定"按钮。

02 选择"滤镜→杂色→添加杂色"命令,打开"添加杂色"对话框,设置"数量"为36,然后再选择"高斯分布"和"单色"选项,如图11-97所示。

03 完成设置后,单击"确定"按钮得到杂点图像,如图11-98所示。

04 打开光盘中的"素材\第11章\蓝天.psd"文件,使用移动工具将该图像拖动到当前编辑的图像文件中,如图11-99所示。

图11-96　新建文件

图11-97　设置杂色选项

图11-98　图像效果

图11-99　添加素材图像

05 这时"图层"面板中将自动生成图层1，单击"图层"面板底部的"添加图层蒙版"按钮 ⬚，然后使用画笔工具对蓝天图像底部做涂抹，隐藏部分图像，如图11-100所示。

06 新建一个图层，使用椭圆选框工具绘制一个椭圆形选区，选择"选择→变换选区"命令，适当旋转选区，如图11-101所示。

图11-100　隐藏部分图像　　　　　　　　图11-101　变换选区

07 选择渐变工具 ▭，打开"渐变编辑器"对话框，设置渐变颜色从浅蓝色(R26,G171,B203)到蓝色(R42,G61,B115)到深蓝色(R21,G32,B23)，如图11-102所示。

08 单击属性栏中的径向渐变按钮 ▦，然后在选区中间按住鼠标向外拖动，得到如图11-103所示的填充效果。

图11-102　设置渐变颜色　　　　　　　　图11-103　渐变填充选区

09 设置前景色为湖蓝色(R16,G109,B112)，使用画笔工具在圆形右下方绘制反光图像，效果如图11-104所示。

10 选择"选择→变换选区"命令，适当缩小选区，设置前景色为白色，使用画笔工具绘制白色高光图像，如图11-105所示。

图11-104　绘制反光　　　　　　　　图11-105　绘制高光

⑪　在白色高光图像下方再绘制一个椭圆形选区，使用画笔工具对选区做涂抹，绘制出另一块高光图像，如图11-106所示。

⑫　按Ctrl+D组合键取消选区。选择横排文字工具输入文字"OPEN"，填充为黄色(R255,G255,B0)，如图11-107所示。

图11-106　绘制高光

图11-107　输入文字

⑬　选择"图层→图层样式→投影"命令，打开"图层样式"对话框，设置投影颜色为黑色，距离为11，大小为2，如图11-108所示，单击"确定"按钮，得到如图11-109所示的图像效果。

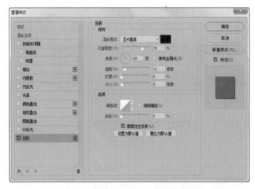
图11-108　设置投影参数

图11-109　投影效果

⑭　按住Ctrl键单击文字图层，载入文字选区，选择"选择→变换选区"命令，略微缩小选区，使用渐变工具为选区做线性渐变填充，设置填充颜色从土黄色(R200,G141,B0)到黄色(R255,G255,B0)，如图11-110所示。

⑮　选择套索工具，按住Alt键选中文字上方选区，得到减选后的选区，如图11-111所示。

图11-110　渐变填充选区

图11-111　减选选区

16　使用渐变工具为选区做线性渐变填充，设置颜色从土红色(R144,G51,B22)到透明，效果如图11-112所示。

17　使用与前面两步相同的操作方法，对文字上半部分选区应用从白色到透明的渐变填充，效果如图11-113所示。

图11-112　渐变填充选区

图11-113　填充选区

18　设置前景色为黑色，使用画笔工具对刚刚填充的选区下部做适当的涂抹，让图像有厚度感，效果如图11-114所示。

19　选择文字图层，按Ctrl+J组合键复制得到文字图层副本，选择"编辑→变换→垂直变换"命令，将变换后的文字放到下方，如图11-115所示。

图11-114　涂抹图像

图11-115　翻转文字

20　为复制的文字图层添加图层蒙版，然后使用渐变工具对其从上到下应用线性渐变填充，得到投影效果，如图11-116所示。

21　新建一个图层，放到背景图层上方，使用画笔工具为圆形做黑色投影效果，并在属性栏中设置不透明度为66%，效果如图11-117所示。

图11-116　投影效果

图11-117　绘制投影

22 打开光盘中的"素材\第11章\房子.psd、花边.psd"文件，使用移动工具分别将这两个素材拖动到当前编辑的图像文件中，放到如图11-118所示的位置。

23 选择横排文字工具，在画面下方输入一行文字，在属性栏中设置字体为方正大标宋体，颜色为黑色，并适当将文字"12"放大，如图11-119所示。

图11-118 添加素材图像   图11-119 输入文字

24 选择"图层→图层样式→投影"命令，打开"图层样式"对话框，设置投影颜色为黑色，其余参数如图11-120所示。

25 选中对话框左侧的"渐变叠加"选项，设置渐变颜色从土黄色(R122,G45,B10)到黄色(R249,G201,B86)，其余参数如图11-121所示。

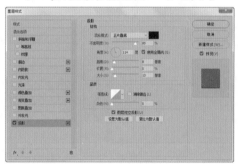 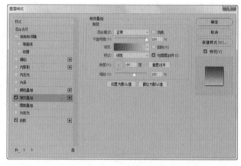

图11-120 设置投影参数   图11-121 设置渐变叠加参数

26 选中对话框左侧的"描边"选项，设置描边颜色为白色、大小为5，其余参数如图11-122所示。

27 单击"确定"按钮，得到添加图层样式后的文字效果，如图11-123所示。

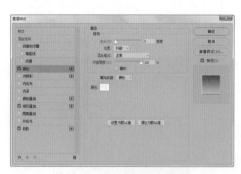 

图11-122 设置描边参数   图11-123 文字效果

28 输入一行文字"临水而居 别样生活"，在属性栏中设置字体为方正黄草简体，颜色为白色，然后打开"图层样式"对话框，选择"外发光"样式，设置外发光颜色为黑色，大小为4，如图11-124所示。

29　单击"确定"按钮，得到添加图层样式后的文字效果，如图11-125所示。

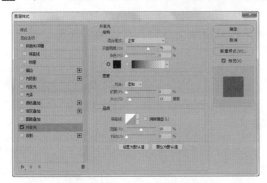

图11-124　设置外发光参数

图11-125　文字效果

30　设置前景色为黑色，输入一行英文和一行中文文字，设置中文字体为幼圆，英文字体为Palace Script MT，适当调整文字大小，如图11-126所示，完成本实例的制作。

图11-126　完成效果

11.4　管理图层样式

当用户为图像添加了图层样式后，可以对图层样式进行查看，并且对已经添加的图层样式进行编辑，也可以清除不需要的图层样式。

11.4.1　展开和折叠图层样式

为图层添加图层样式效果后，在"图层"面板中图层名的右侧将会出现一个 fx 图标，通过这个图标可以将图层样式进行展开和折叠，以方便用户对图层样式的管理。

当用户为图像应用图层样式后，单击其右侧的 按钮可以展开图层样式，如图11-127所示，在其中能查看当前图层应用了哪些图层样式；再次单击 按钮即可折叠图层样式，如图11-128所示。

图11-127　展开图层样式　　图11-128　折叠图层样式

11.4.2 复制图层样式

在绘制图像时，有时需要对不同的图像应用相同的图层样式，这时，我们可以选择复制一个已经设置好的图层样式，将其复制到其他图层中。

复制图层样式的具体操作方法如下。

01 选择"文件→打开"命令，打开光盘中的"素材第11章\沙滩.psd"文件，如图11-129所示。

02 在"图层"面板中选择"浪漫沙滩"文字图层，使用鼠标右击图层，在弹出的菜单中选择"拷贝图层样式"命令式，如图11-130所示，即可复制图层样。

图11-129　素材图像　　　　图11-130　复制图层样式

03 选择"离岛"文字图层，再单击鼠标右键，在弹出的菜单中选择"粘贴图层样式"命令，即可将复制的图层粘贴到"离岛"文字图层中，如图11-131所示。

04 按Ctrl＋Z组合键后退一步操作。将鼠标放到"浪漫沙滩"文字图层下方的"效果"中，按Alt键的同时按住鼠标左键将其直接拖动到"离岛"文字图层中，如图11-132所示，也可以得到复制的图层样式，如图11-133所示。

图11-131　复制后的图层样式　　　图11-132　拖动图层样式　　　　图11-133　图像效果

11.4.3 删除图层样式

绘制图像通常需要经过反复的修改，当用户添加图层样式后，对于一些多余的样式，可以将其删除。删除图层样式的具体操作方法如下。

01 选择需要删除的图层样式，如选择"浪漫沙滩"文字图层中的"斜面和浮雕"样式，按住鼠标左键将其拖动到"图层"面板底部的"删除图层"按钮血上，如图11-134所示，可以直接删除图层样式，如图11-135所示。

图11-134　拖动图层样式　　　图11-135　删除图层样式

02　选择"图层→图层样式→清除图层样式"命令，可以将所选图层的图层样式全部清除，如图11-136所示，得到的图像效果如图11-137所示。

图11-136　清除图层样式　　　　　　图11-137　图像效果

专家提示

在"图层"面板中选择需要删除图层样式的图层，按住"效果"向下拖动，放到"删除图层"按钮 🗑 中，可以将该图层中的所有图层样式删除。

11.4.4　设置全局光

用户在设置图层样式时，通常可以在"图层样式"对话框中看到"全局光"选项，通过设置全局光可以调整图像呈现出一致的光源照明外观。

设置全局光的具体操作如下。

01　选择"离岛"文字图层，双击"离岛"文字图层中的"斜面和浮雕"样式，打开"图层样式"对话框，如图11-138所示，确认对话框中已经选中了"使用全局光"复选框，这时文字的光照效果会有一些变化，如图11-139所示。

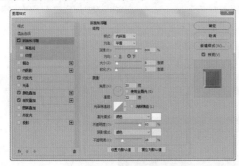

图11-138　使用全局光　　　　　　图11-139　图像效果

02　用户可以在"图层样式"对话框中直接调整全局光角度，也可以选择"图层→图层样式→全局光"命令，打开"全局光"对话框调整全局光参数，如图11-140所示，得到的图像效果如图11-141所示。

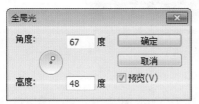

图11-140　设置全局光　　　　　　图11-141　调整后的图像效果

11.4.5 缩放图层样式

在一个图层中应用图层样式时，如果同时添加多个图层样式时，可以使用"缩放效果"命令对图层的效果进行整体的缩放调整，使它满足要求。

缩放图层样式的操作方法如下。

01 确认当前可编辑图层为"离岛"文字图层，选择"图层→图层样式→缩放效果"命令，打开"缩放图层效果"对话框，设置缩放参数，如图11-142所示。

02 单击"确定"按钮完成缩放设置，可以看到图像与前面的效果有了很大的变化，如图11-143所示。

图11-142 设置缩放效果

图11-143 调整后的图像效果

11.5 上机实训

下面练习制作流金字图像，主要练习图层样式的应用，本实例应用的图层样式包括"斜面和浮雕"与"投影"两种样式，实例的效果如图11-144所示。

实例文件：	实例文件\第11章\福字.psd
素材文件：	素材文件\第11章\流金字.psd

图11-144 实例效果

创作指导：

01 打开"流金字.psd"素材文件，如图11-145所示。

02 在"图层"面板中选中"图层1"图层，然后按3次Ctrl+J组合键，对"图层1"复制3次，如图11-146所示。

图11-145　打开素材

图11-146　复制图层

03 选中"图层1"图层，选择"图层→图层样式→斜面和浮雕"命令，打开"图层样式"对话框，设置样式为"内斜面"，深度为1000，大小为14，其他选项如图11-147所示。

04 在"图层样式"对话框左侧列表中选中"投影"复选框，设置投影距离为5，大小为29，如图11-148所示。

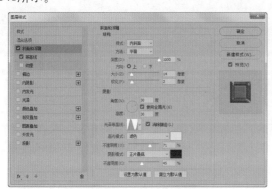

图11-147　设置浮雕样式

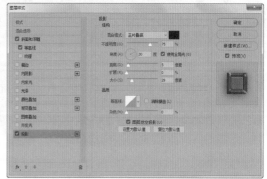

图11-148　设置投影样式

05 在"图层样式"对话框中设置好浮雕和投影样式后，单击"确定"按钮，得到如图11-149所示的效果。

06 选中"图层1 拷贝"图层，选择"图层→图层样式→斜面和浮雕"命令，打开"图层样式"对话框，设置样式为"内斜面"，深度为940，大小为14，其他选项如图11-150所示。

图11-149　浮雕和投影效果

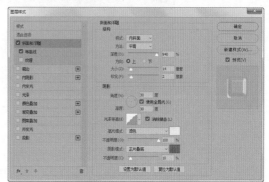

图11-150　设置浮雕样式

07 选中"图层1 拷贝2"图层，选择"图层→图层样式→斜面和浮雕"命令，打开"图层样式"对话框，设置样式为"内斜面"，深度为640，大小为14，其他选项如图11-151所示。

08 选中"图层1 拷贝3"图层，选择"图层→图层样式→斜面和浮雕"命令，打开"图层样式"对话框，设置样式为"内斜面"，深度为340，大小为36，其他选项如图11-152所示。

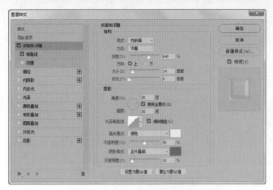

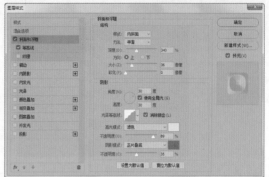

图11-151　设置浮雕样式　　　　　　　　　　　　　　图11-152　设置浮雕样式

11.6　知识拓展

在"图层"面板中还可以对图层样式进行隐藏，它与普通图层一样，可以通过图层样式前面的"眼睛"图标进行操作。

隐藏图层样式有以下两种方法：

◎　在图像中添加图层样式后，单击该样式前面的"眼睛"图标，如图11-153所示，即可隐藏该图层样式，隐藏样式后，样式前面的"眼睛"图标将消失，如图11-154所示的"斜面和浮雕"图层样式。

◎　选择"图层→图层样式→隐藏所有效果"命令，将隐藏图像文件中的所有图层样式效果；选择"图层→图层样式→显示所有效果"命令，将恢复显示图像文件中的图层样式效果，但如果之前有单独关闭"眼睛"的图层样式，该图层样式将不会显示出来。

图11-153　单击"眼睛"图标　　　　　　　　　　　图11-154　隐藏图层样式

第12章 通道与蒙版

本章展现

本章将学习Photoshop中通道与蒙版的使用方法，在Photoshop中，通道和蒙版是非常重要的功能，使用通道不但可以保存图像的颜色信息，还可以存储选区，以方便用户选择更复杂的图像选区；而蒙版则可以在不同图像中做出多种效果，还可以制作出高品质的影像合成。

本章主要内容如下。

● "通道"面板的使用

● 通道的基本操作

● 蒙版的基本操作

12.1　认识通道

通道主要通过"通道"面板存储图像的颜色信息和选区信息。用户可以利用通道快捷地创建部分图像的选区，还可以利用通道制作一些特殊效果的图像。

12.1.1　通道分类

通道的功能根据其所属类型不同而不同。在Photoshop中，通道包括颜色通道、Alpha通道和专色通道3种类型。下面将分别进行介绍。

1．颜色通道

颜色通道主要用于描述图像色彩信息，如RGB颜色模式的图像有3个默认的通道，分别为红(R)、绿(G)、蓝(B)，而不同的颜色模式将有不同的颜色通道。当用户打开一个图像文件后，将自动在"通道"面板中创建一个颜色通道，如图12-1所示为RGB图像的颜色通道。图12-2所示为CMYK图像的颜色通道。

图12-1　RGB通道

图12-2　CMYK通道

选择不同的颜色通道，则显示的图像效果也不一样，如图12-3所示。

(a)　红色通道

(b)　绿色通道

(c)　蓝色通道

图12-3　RGB通道

2．Alpha通道

Alpha通道用于存储图像选区的蒙版，它将选区存储为8位灰度图像放入"通道"面板中，用来处理隔离和保护图像的特定部分，所以它不能存储图像的颜色信息。

3．专色通道

专色就是除了CMYK以外的颜色。专色通道主要用于记录专色信息，指定用于专色(如银色、金色及特种色等)油墨印刷的附加印版。

12.1.2 "通道"面板

在Photoshop中，打开的图像都会在"通道"面板中自动创建颜色信息通道。如果图像文件中有多个图层，则每个图层都会有一个自己的颜色通道。在"通道"面板中，除了基本的原色通道外，还将显示用户创建的其他通道，如图12-4所示。

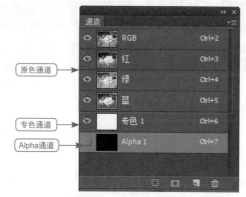

图12-4 "通道"面板

- ◉ "将通道作为选区载入"按钮 ■：单击该按钮可以将当前通道中的图像转换为选区。
- ◉ "将选区存储为通道"按钮 ■：单击该按钮将自动创建一个Alpha通道，图像中的选区将存储为一个遮罩。
- ◉ "创建新通道"按钮 ■：单击该按钮可以创建一个新的Alpha通道。
- ◉ "删除通道"按钮 ■：用于删除选择的通道。

专家提示

只有以支持图像颜色模式的格式(如PSD、PDF、PICT、TIFF或Raw等格式)存储文件时才能保留Alpha通道，以其他格式存储文件可能会导致通道信息丢失。

在Photoshop 的默认情况下，原色通道以灰度显示图像。如果要使原色通道以彩色显示，可以选择"编辑→首选项→界面"命令，打开"首选项"对话框，选中"用彩色显示通道"复选框，如图12-5所示，各原色通道就会以彩色显示，如图12-6所示。

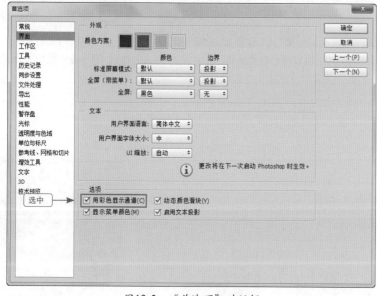

图12-5 "首选项"对话框

图12-6 彩色显示通道

12.2 通道的基本操作

用户通常需要在"通道"面板中对通道进行一些必要的操作，才能创建出更具有立体感、更加丰富的图像效果。

12.2.1 创建Alpha通道

Alpha通道用于存储选择范围，可再次编辑。用户可以载入图像选区，然后新建Alpha通道对图像进行操作。

新建通道的操作方法如下。

01 选择"窗口→通道"命令，打开"通道"面板，单击"通道"面板底部的"创建新通道"按钮，即可创建一个Alpha通道，如图12-7所示。

02 单击"通道"面板右上角的三角形按钮，即可弹出一个快捷菜单，选择"新建通道"命令，打开如图12-8所示的对话框，设置好所需选项后单击"确定"按钮，即可在"通道"面板中创建一个Alpha通道。

03 在图像窗口中创建一个选区，如图12-9所示，单击"通道"面板底部的"将选区存储为通道"按钮，即可将选区存储为Alpha通道，如图12-10所示。

图12-7　新建Alpha通道

图12-8　"新建通道"对话框

图12-9　创建选区

图12-10　存储选区为通道

12.2.2 创建专色通道

新建专色通道可以在"通道"面板中操作。单击"通道"面板右上角的按钮，在弹出的快捷菜单中选择"新建专色通道"命令，即可打开"新建专色通道"对话框，如图12-11所示。在对话框中输入新通道名称后，单击"确定"按钮，即可得到新建的专色通道，如图12-12所示。

图12-11　"新建专色通道"对话框

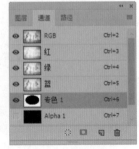

图12-12　专色通道

12.2.3 选择多个通道

创建通道后，用户还需要学习选择单个和多个通道，以方便绘图操作。在"通道"面板中单击某一通道即可选择该通道；按住Shift键的同时在"通道"面板中单击某一通道，即可同时选择多个通道。

打开一幅图像文件，切换到"通道"面板中，单击"红"通道，如图12-13所示，然后按住Shift键的同时单击"绿"通道，将"红"通道和"绿"通道同时选中，如图12-14所示。

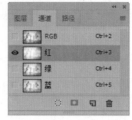

图12-13 选择通道　　　　　图12-14 选择多个通道

12.2.4 复制通道

通道与图层一样，都可以在面板中进行复制，不但可以在同一个文档中复制，还可以在不同文档中相互复制。

复制通道的具体操作如下。

01 选择需要复制的通道，单击"通道"面板右上方的三角形按钮，在弹出的快捷菜单中选择"复制通道"命令，如图12-15所示。

02 选择"复制通道"命令后，即可弹出"复制通道"对话框，如图12-16所示。

图12-15 弹出快捷菜单　　　　　图12-16 "复制通道"对话框

03 在对话框中设置各选项后，单击"确定"按钮，即可在"通道"面板中得到复制的通道，如图12-17所示。

图12-17 复制红色通道

新手疑问

Q：复制通道还有其他方法吗？

A：当然有了。选择需要复制的通道，在通道上单击鼠标右键，选择"复制通道"命令即可；或者按住鼠标左键将其拖动到面板底部的"创建新通道"按钮上，当光标变成形状时释放鼠标即可。

12.2.5 删除通道

在完成图像的处理后，可以删除多余的通道，因为多余的通道会改变图像的文件大小，并且还影响计算机的运行速度。

删除通道有以下3种方法：

- 选择需要删除的通道，在通道上单击鼠标右键，在弹出的菜单中选择"删除通道"命令。
- 选择需要删除的通道，单击面板右上方的 按钮，在弹出的菜单中选择"删除通道"命令。
- 选择需要删除的通道，按住鼠标左键将其拖动到面板底部的"删除当前通道"按钮 上即可。

12.2.6 通道的分离与合并

在Photoshop中，用户可以将一个图像文件的各个通道分开，各自成为一个拥有独立图像窗口和"通道"面板的独立文件，可以对各个通道文件进行独立编辑。当编辑完成后，再将各个独立的通道文件合成到一个图像文件中，这就是通道的分离与合并。

分离与合并通道的操作方法如下。

01 打开一幅素材图像，可在"通道"面板中查看图像通道信息，如图12-18所示。

图12-18 打开图像及对应的通道

02 单击"通道"面板中的快捷菜单按钮 ，在弹出的快捷菜单中选择"分离通道"命令，系统会自动将图像按原图像中的分色通道数目分解为3个独立的灰度图像，如图12-19所示。

图12-19 分离通道后生成的图像

03 选择分离出来的绿色通道图像，选择"滤镜→风格化→凸出"命令，在打开的对话框中直接单击"确定"按钮，如图12-20所示，这时当前图像显示效果如图12-21所示。

图12-20 "凸出"对话框　　　　　　图12-21 应用滤镜后的效果

[04] 单击"通道"面板中的快捷菜单按钮▼≡，在弹出的快捷菜单中选择"合并通道"命令，在打开的"合并通道"对话框中设置合并后图像的颜色模式为RGB颜色，如图12-22所示，单击"确定"按钮，再在打开的"合并RGB通道"对话框中直接单击"确定"按钮，这样就为原图像添加了背景纹理，如图12-23所示。

图12-22 "合并通道"对话框　　　　　　图12-23 合并后的效果

12.2.7 通道的运算

通道的分离与合并都是在一个图像通道中进行操作的，Photoshop也允许用户对两个不同图像中的通道进行同时运算，以得到更精彩的图像效果。

通道运算的操作方法如下。

[01] 分别打开两幅不同的素材图像，并对其分别进行命名，如图12-24和图12-25所示。

图12-24 风景1　　　　　　图12-25 风景2

[02] 选择"图像→应用图像"命令，打开"应用图像"对话框，设置源图像为"风景1"图像，目标图像为"风景2"图像，混合模式为"滤色"，如图12-26所示。

[03] 单击"确定"按钮，这样"风景1"图像中的部分图像混合到"风景2"中，如图12-27所示。

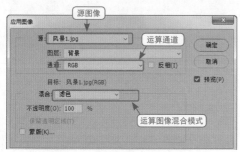

图12-26 "应用图像"对话框　　　　　　图12-27 更改背景后的"风景2"图像

专家提示

在使用"应用图像"命令运算图像时，两个图像的长度和宽度的像素应相同，否则无法更改源对象和目标对象。如果源图像具有多个图层，则可以在"应用图像"对话框中的"图层"下拉列表中选择要运算的图层。

12.2.8 融会贯通——制作个性边框

本实例将制作为一个个性边框图像效果，主要练习Photoshop中的通道使用技巧，实例效果如图12-28所示。

实例文件：	实例文件\第12章\制作个性边框.psd
素材文件：	素材文件\第12章\美女.jpg
视频教程：	视频教程\第12章\制作个性边框.mp4

创作思路：

本实例将介绍通道的新建和在通道中进行操作等，在实例制作中还将介绍图层样式的使用方法。

图12-28　实例效果

其具体操作方法如下。

01 打开"美女.jpg"素材图像，如图12-29所示。切换到"通道"面板中，单击面板下方的"创建新通道"按钮，新建"Alpha 1"通道。

02 选择套索工具，在图像四周手动绘制选区，并填充为白色，如图12-30所示。

03 取消选区，选择"滤镜→滤镜库"命令，在打开的对话框中选择"画笔描边→喷溅"命令，设置参数如图12-31所示。

图12-29　素材图像

图12-30　填充通道选区

图12-31　设置喷溅滤镜参数

04 单击"确定"按钮，按住Ctrl键单击"Alpha 1"通道，载入选区。选择RGB通道，切换到"图层"面板，按Shift+Ctrl+I组合键反选选区，如图12-32所示。

05 将选区填充为白色，双击该图层，在打开的对话框中保持默认设置，单击"确定"按钮，将背景图层转换为普通图层，如图12-33所示。

06 新建一个图层，将其放到图层0的下方，并填充为白色。选择"图层→图层样式→外发光"命令，在打开的"图层样式"对话框中设置外发光颜色为黑色，其余参数如图12-34所示。

07 单击"确定"按钮，得到图像外发光效果。按Ctrl+T组合键适当缩小图像，如图12-35所示。

08 选择横排文字工具在画面右下方输入文字，在属性栏中设置字体为Palace Script MT，文字大小为55点，效果如图12-36所示。

图12-32　获取选区

图12-33　转换图层

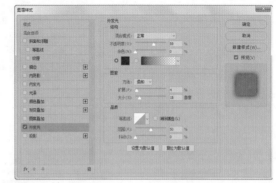
图12-34　设置外发光参数

图12-35　缩小图像

图12-36　完成效果

12.3　蒙版的概述

蒙版是另一种专用的选区处理技术，用户通过蒙版可以选择也可隔离图像，在图像处理时可屏蔽和保护一些重要的图像区域不受编辑和加工的影响，而当对图像的其余区域进行颜色变化、滤镜效果和其他效果处理时，被蒙版蒙住的区域不会发生改变。

蒙版是一种256色的灰度图像，它作为8位灰度通道存放在图层或通道中，用户可以使用绘图编辑工具对它进行修改，此外，蒙版还可以将选区存储为Alpha通道。

12.4　蒙版的基本操作

蒙版实际上是一种屏蔽，使用它可以将一部分图像区域保护起来。在Photoshop CC 2017中有3种蒙版形式，分别是快速蒙版、图层蒙版和矢量蒙版。下面分别介绍这3种蒙版的基本操作方法。

12.4.1 添加快速蒙版

快速蒙版是一种临时蒙版，使用快速蒙版只建立图像的选区，不会对图像进行修改，但是快速蒙版需要通过其他工具来绘制选区，然后再进行编辑。

使用快速蒙版的具体操作方法如下。

01 打开一幅图像文件，如图12-37所示，单击工具箱底部的"以快速蒙版模式编辑"按钮，进入快速蒙版编辑模式，可以在"通道"面板中查看到新建的快速蒙版，如图12-38所示。

图12-37　素材图像　　　　图12-38　创建快速蒙版

02 选择工具箱中的画笔工具，涂抹画面中右下角的桃心图像，这时涂抹出来的颜色为透明的红色状态，如图12-39所示，并且在"通道"面板中会显示出涂抹的状态，如图12-40所示。

图12-39　涂抹图像　　　　图12-40　快速蒙版状态

03 单击工具箱中的"以标准模式编辑"按钮，或者按Q键，将回到标准模式中，得到图像选区，如图12-41所示。

04 选择"选择→反向"命令，将选区反向，得到桃心图像的选区，然后选择"图像→调整→色彩平衡"命令，打开"色彩平衡"对话框调整图像颜色，如图12-42所示。

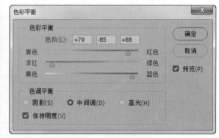

图12-41　获取选区　　　　图12-42　调整颜色

05 单击"确定"按钮回到画面中，得到桃心图像的颜色调整效果，如图12-43所示，调整的图像周围具有羽化效果，能与周围的图像进行自然的过渡。

图12-43　调整的颜色

12.4.2 添加图层蒙版

使用图层蒙版可以隐藏或显示图层中的部分图像。用户可以通过图层蒙版显示下一层图像中原来已经遮罩的部分。

添加图层蒙版的具体操作方法如下。

01 按Ctrl＋O组合键打开本书光盘中的"素材\第12章\组合图.psd"素材文件，如图12-44所示。可以在"图层"面板中看到分别有背景图层和人物图层，如图12-45所示。

图12-44 素材图像

图12-45 "图层"面板

02 选择图层1，单击"图层"面板底部的"添加图层蒙版"按钮 ，即可添加一个图层蒙版，如图12-46所示。

03 确认前景色为黑色，背景色为白色，然后选择画笔工具，在属性栏中选择柔角样式，接着涂抹人物背景图像，涂抹之处将被隐藏，如图12-47所示。

图12-46 添加图层蒙版

图12-47 图像效果

04 在图层蒙版中涂抹图像后，涂抹后的状态会在"图层"面板中显示出来，如图12-48所示。

05 添加图层蒙版后，可以在"图层"面板中对图层蒙版进行编辑。将鼠标放到"图层"面板中的蒙版图标中，单击鼠标右键，在弹出的菜单中可以选择所需的编辑命令，如图12-49所示。

图12-48 蒙版状态

图12-49 弹出菜单

◉ "停用图层蒙版"：选择该命令可以暂时不显示图像中添加的蒙版效果。

◉ "删除图层蒙版"：选择该命令可以彻底删除应用的图层蒙版效果，使图像回到原始状态。

◉ "应用图层蒙版"：选择该命令可以将蒙版图层变成普通图层，将不能对蒙版状态进行编辑。

专家提示

通过工具箱中的横排文字蒙版工具和直排文字蒙版工具，可以创建文字蒙版，即文字选区。

12.4.3 添加矢量蒙版

用户可以通过钢笔或形状工具创建蒙版，称为矢量蒙版。矢量蒙版可在图层上创建锐边形状，无论何时需要添加边缘清晰分明的设计元素，都可以使用矢量蒙版。

使用矢量蒙版的具体操作方式如下。

01 选择自定形状工具，在属性栏中单击"形状"右侧的三角形按钮，即可弹出一个面板，选择其中的"边框2"图形，如图12-50所示。

02 在属性栏左侧选择"形状"命令，在图像窗口中绘制一个边框图形，如图12-51所示。

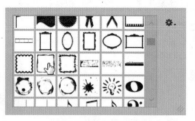

图12-50 选择图形　　　图12-51 绘制边框图形

03 绘制图形后，可以在"图层"面板中看到添加的矢量蒙版，如图12-52所示。使用直接选择工具 ▶ 可以编辑画面中的矢量图形，如图12-53所示。

图12-52 矢量蒙版　　　图12-53 编辑图形

04 选择"图层→栅格化→形状"命令，如图12-54所示，这时形状图层转换为普通图层，不能再对图形进行形状属性的编辑，如图12-55所示。

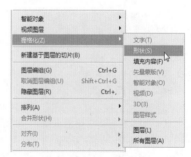

图12-54 栅格化菜单　　　图12-55 转换蒙版

高手技巧

将矢量蒙版转换为图层蒙版还可以通过菜单命令来操作，选择"图层→栅格化→矢量蒙版"命令即可。

12.4.4 融会贯通——改变人物头发颜色

本实例将改变图像中人物头发的颜色，主要练习Photoshop中的色彩填充技巧，实例效果如图12-56所示。

实例文件：	实例文件\第12章\改变人物头发颜色.psd
素材文件：	素材文件\第12章\美女2.jpg
视频教程：	视频教程\第12章\改变人物头发颜色.mp4

创作思路：

本实例将介绍使用快速蒙版功能以及渐变工具的方法和技巧，在实例制作中还将介绍图层混合模式的操作。

图12-56 实例效果

其具体操作如下。

01 打开"美女2.jpg"素材图像，如图12-57所示，单击工具箱底部的"以快速蒙版模式编辑"按钮，进入快速蒙版编辑状态。

02 在工具箱中选择画笔工具，在人物的头发图像中拖动鼠标进行涂抹，将头发图像完全选择，如图12-58所示。

图12-57 素材图像

图12-58 涂抹头发

03 再次单击按钮退出快速编辑状态，选择"选择→反选"命令，得到人物头发的选区，如图12-59所示。

04 新建图层1，选择渐变工具，在属性栏中单击渐变色条，打开"渐变编辑器"对话框，选择"橙,黄,橙渐变"，如图12-60所示，然后再单击线性渐变按钮，在人物头发中斜拉鼠标，效果如图12-61所示。

图12-59　获取选区　　　图12-60　设置渐变颜色　　　图12-61　填充选区

　　05　按Ctrl＋D组合键取消选区，设置图层1的图层混合模式为"叠加"，如图12-62所示，这时得到的图像效果如图12-63所示。

　　06　选择橡皮擦工具在头发周围擦除溢出来的颜色，然后设置图层1的图层不透明度为70%，得到最终图像效果，如图12-64所示。

图12-62　设置图层混合模式　　　图12-63　叠加效果　　　图12-64　最终效果

12.5　上机实训

　　本实例将制作森林精灵图像效果，主要练习为图像添加图层蒙版隐藏背景图像，然后在人物周围绘制一条曲线，并为其设置各种效果，实例效果如图12-65所示。

实例文件：	实例文件\第12章\森林精灵.psd
素材文件：	素材文件\第12章\森林.jpg、背影.jpg

图12-65　实例效果

创作指导：

[01] 选择"文件→打开"命令，打开"森林.jpg"素材文件，如图12-66所示。

[02] 按Ctrl+U组合键，打开"色相/饱和度"对话框，调整森林图像的颜色，如图12-67所示。

图12-66 素材图像

图12-67 调整色相

[03] 打开"背影.jpg"文件，使用移动工具将该图像直接拖动到当前文件中，如图12-68所示。

[04] 这时"图层"面板中将自动得到图层1，单击"添加图层蒙版"按钮 ⬤，然后设置前景色为黑色，背景色为白色，使用画笔工具对背影图像中的背景进行涂抹，将其隐藏，如图12-69所示。

图12-68 添加素材图像

图12-69 添加图层蒙版

[05] 新建一个"图层2"，选择钢笔工具再绘制一条曲线路径，将其围绕人物旋转，然后使用白色描边路径，如图12-70所示。

[06] 为"图层2"添加图层蒙版，使用画笔工具将部分图像隐藏，使线条图像产生围绕人物旋转的状态，如图12-71所示。

图12-70 绘制并描边路径

图12-71 添加图层蒙版

[07] 选择"图层→图层样式→内发光"命令，打开"图层样式"对话框，设置内发光颜色为蓝色（R23,G50,248），大小为6，如图12-72所示。

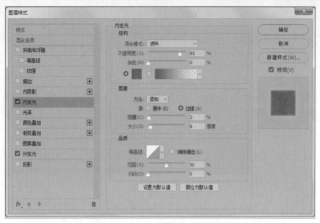

图12-72　设置图层样式

08　在"图层样式"对话框左侧列表中选中"外发光"复选框，设置外发光颜色为蓝色（R23,G50,248），大小为16，然后进行确定，得到的图像效果如图12-73所示。

09　在"图层"面板中将"图层2"拖动到"创建新图层"按钮上，复制图像，如图12-74所示。

10　双击"图层2 拷贝"图层中的"内发光"选项，然后在打开的"图层样式"对话框中设置内发光颜色为紫色（R118,G4,236），然后进行确定，得到的图像效果如图12-75所示。

11　新建一个"图层3"，选择画笔工具，在属性栏中设置画笔样式为柔角，然后在图像中单击鼠标，绘制出白色和淡黄色的星点效果，完成本实例的制作。

图12-73　图层样式效果　　　　图12-74　复制图层　　　　图12-75　修改图层样式

12.6　知识拓展

当用户在图像中绘制一个选区后，单击"通道"面板中的"将选区存储为通道"按钮，可以直接将区域存储到一个新建的Alpha通道中，单击"将通道作为选区载入"按钮，则可载入通道中的选区。但是在处理图像时，过多的通道会占用大量的内存资源，造成计算机处理速度变慢，这时应适当删除那些不再需要的通道。

而在编辑蒙版通道的过程中，如果涂抹选区时使用白色，则会增大蒙版中选区的区域，如果使用黑色，则减少蒙版中选区的区域。

第13章　滤镜基础

本章展现

　　本章将主要介绍滤镜的初级应用，包括滤镜菜单的介绍、滤镜的一般使用方法，以及几个常用滤镜的功能及操作。其中重点介绍了"液化"和"消失点"滤镜，特别是"消失点"滤镜，它在平衡图像间的透视关系时非常有用。

　　本章主要内容如下。

- 滤镜的相关知识
- 常用滤镜的设置
- 滤镜库的应用
- 智能滤镜的应用

13.1 滤镜的相关知识

Photoshop中的滤镜功能十分强大，可以创建出各种各样的图像特效。Photoshop CC 2017提供了近100种滤镜，可以完成纹理、杂色、扭曲和模糊等多种操作。

13.1.1 滤镜概述

Photoshop的滤镜主要分为两部分，一部分是Photoshop程序内部自带的内置滤镜；另一部分是第三方厂商为 Photoshop所生产的滤镜，外挂滤镜数量较多，有各种种类，功能不同，而且版本和种类都不断地升级和更新，用户可以使用不同的滤镜，轻松地达到创作的意图。

用户可以通过Photoshop中的滤镜菜单命令为图像制作出各种特殊效果，在"滤镜"菜单中可以找到所有Photoshop内置滤镜。单击"滤镜"命令，在弹出的"滤镜"菜单中包括了多种滤镜组，在滤镜组中还包含了多种不同的滤镜效果，如图13-1所示。

Photoshop的滤镜中，大部分滤镜都拥有对话框，选择"滤镜"菜单下相应的滤镜命令，可以在弹出的对话框中设置各项参数设置，然后单击"确定"按钮即可，如选择"滤镜→模糊→动感模糊"命令，即可打开"动感模糊"对话框进行各项设置，如图13-2所示。

图13-1 "滤镜"菜单　　　　图13-2 "动感模糊"对话框

13.1.2 滤镜的使用方法

在Photoshop中，系统默认为每个滤镜都设置了效果，当应用该滤镜时，自带的滤镜效果就会应用到图像中，用户可通过滤镜提供的参数对图像效果进行调整。

1. 预览滤镜

当用户在"滤镜"菜单下选择一种滤镜时，系统将打开对应的参数设置对话框，在其中用户可预览到图像应用滤镜的效果，如图13-3和图13-4所示。

 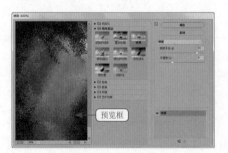

图13-3 普通滤镜预览框　　　　图13-4 滤镜库预览框

单击预览框底部的➖或➕按钮，可缩小或放大预览图，如图13-5所示，当预览图放大到超过窗口比例时，可在预览图中拖动显示图像特定区域，如图13-6所示。

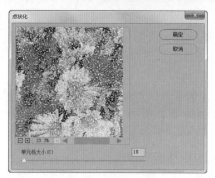 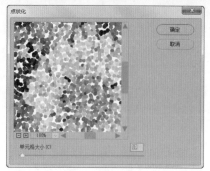

图13-5 缩小预览图　　　　　　　　　　　图13-6 移动预览图

2.应用滤镜

设置不同的滤镜参数可以得到不同变化的图像效果，应用滤镜的具体操作如下。

01 选择要应用滤镜的图层，如果要将滤镜应用到图像中某个区域，使用选区工具选取该区域。

02 从"滤镜"菜单的子菜单中选取一个滤镜。

03 选取滤镜后，如果不出现任何对话框，则说明已应用该滤镜效果，如果出现对话框，则可在对话框中调整参数，然后单击"确定"按钮即可。

> **专家提示**
>
> 对图像应用滤镜后，如果发现效果不明显，可按Ctrl+F组合键再次应用该滤镜。

13.2 常用滤镜的设置与应用

在Photoshop CC 2017中，液化滤镜和消失点滤镜对用户修图的帮助很大，下面分别介绍这两种滤镜的具体使用方法。

13.2.1 液化滤镜

液化滤镜可以使图像产生扭曲效果，用户可以通过"液化"对话框自定义图像扭曲的范围和强度，还可以将调整好的变形效果存储起来，以便以后使用。

使用液化滤镜的具体操作如下。

01 选择"滤镜→液化"命令，打开"液化"对话框，如图13-7所示，对话框左侧为工具箱，中间为预览图像窗口，右侧为参数设置区。

图13-7 "液化"对话框

对话框中各工具功能解释如下。

- ◉ "向前变形工具" ：在预览框中单击并拖动鼠标可以使图像中的颜色产生流动效果。在对话框右侧的"画笔大小"、"画笔密度"和"画笔压力"下拉列表中可以设置笔头样式。
- ◉ "重建工具" ：可以对图像中的变形效果进行还原操作。
- ◉ "顺时针旋转扭曲工具" ：在图像中按住鼠标左键不放，可以使图像产生顺时针旋转效果。
- ◉ "褶皱工具" ：拖动鼠标，图像将产生向内压缩变形的效果。
- ◉ "膨胀工具" ：拖动鼠标，图像将产生向外膨胀放大的效果。
- ◉ "左推工具" ：拖动鼠标，图像中的像素将发生位移变形效果。
- ◉ "冻结蒙版工具" ：用于将图像中不需要变形的部分保护起来，被冻结区域将不会受到变形的处理。
- ◉ "解冻蒙版工具" ：用于解除图像中的冻结部分。

02 选择向前变形工具，然后将鼠标放到绳索图像中，按住鼠标进行拖动，将得到变形效果，如图13-8所示。

03 使用重建工具在扭曲的图像上涂抹，可以将其恢复原状，如图13-9所示。

图13-8 变形图像

图13-9 恢复图像

04 使用不同的液化工具可以应用不同的变形效果，这里就不逐一介绍。选择冻结蒙版工具 在图像中涂抹，将部分图像进行保护，受保护的图像将以透明红色显示，如图13-10所示。

05 使用左推工具在图像中按住鼠标拖动，可以看到使用了冻结蒙版的图像效果并不能被改变，如图13-11所示。

图13-10 使用冻结蒙版

图13-11 左推图像效果

高手技巧 -

当用户在"液化"对话框中使用工具应用变形效果后，单击右侧的"恢复全部"按钮，可以将图像恢复到原始状态。

13.2.2 消失点滤镜

使用消失点滤镜可以在图像中自动应用透视原理，按照透视的角度和比例来自动适应图像的修改，从而大大节约精确设计和修饰照片所需的时间。

选择"滤镜→消失点"命令，打开"消失点"对话框，如图13-12所示。

图13-12 "消失点"对话框

对话框中部分工具功能解释如下。

◎ "创建平面工具" ⊞：打开"消失点"对话框时，该工具为默认选择工具，在预览框中不同的位置单击4次，可创建一个透视平面，如图13-13所示。在对话框顶部的"网格大小"下拉列表框中可设置显示的密度。

◎ "编辑平面工具" ▶：选择该工具可以调整绘制的透视平面，调整时拖动平面边缘的控制点即可，如图13-14所示。

图13-13 创建透视平面

图13-14 调整透视平面

◎ "图章工具" ▲：该工具与工具箱中的仿制图章工具一样，在透视平面内按住Alt键并单击图像可以对图像取样，然后在透视平面其他地方单击，可以将取样图像进行复制，复制后的图像与透视平面保持一样的透视关系，如图13-15所示。

图13-15 单击复制

13.2.3　镜头校正滤镜

使用镜头校正滤镜可以修复常见的镜头瑕疵，如桶形和枕形失真、晕影和色差，该滤镜在RGB或灰度模式下只能用于8位/通道和16位/通道的图像。

使用镜头校正滤镜的具体操作如下。

01　打开素材图像"礼物.jpg"，如图13-16所示，下面将使用"镜头校正"命令为图像制作膨胀的特殊图像效果。

图13-16　打开素材图像

02　选择"滤镜→镜头校正"命令，打开"镜头校正"对话框，如图13-17所示。

03　选择"自动校正"选项卡，用户可以设置校正选项，在"边缘"下拉列表中可以选择相应的选项，如图13-18所示。

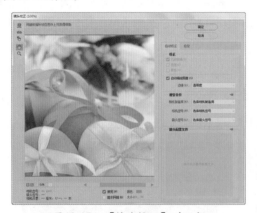

图13-17　【镜头校正】对话框

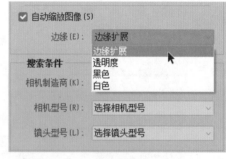

图13-18　设置选项

04　在"搜索条件"下拉列表中可以设置相机的品牌、型号和镜头等，如图13-19所示。

05　打开"自定"选项卡，如图13-20所示，可以精确地设置各项参数来得到校正图像或制作特殊图像效果。这里设置"移去扭曲"为-26、"修复蓝/黄边"为-74.6、"数量"为71、"中点"为65、"垂直透视"为-35、"水平透视"为-76、"比例"为100。

图13-19　选择相机型号

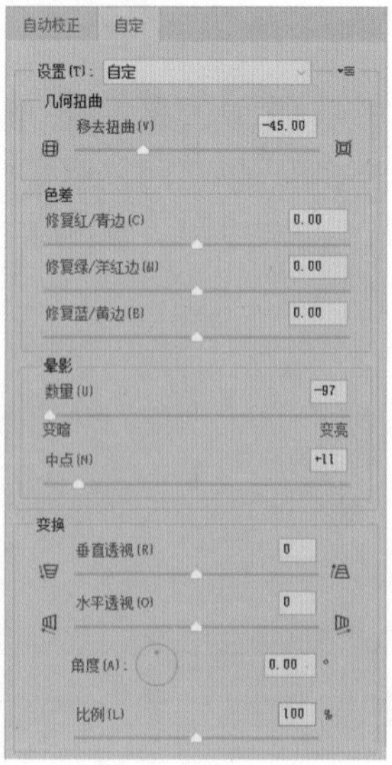

图13-20　设置各选项参数

06 单击"确定"按钮，得到特殊的图像效果，如图13-21所示。

图13-21 图像效果

13.2.4 融会贯通——人物瘦身

本实例将对如图13-22(a)所示的人物图像进行液化处理，为人物瘦身，得到如图13-22(b)所示的效果，在操作过程中主要练习液化滤镜的使用。

实例文件：	实例文件\第13章\人物瘦身.psd
素材文件：	素材文件\第13章\人物.jpg
视频教程：	视频教程\第13章\人物瘦身.mp4

创作思路：

本实例将制作人物瘦身效果，首先打开"液化"对话框，然后分别使用向前变形工具、膨胀工具等对人物图像做涂抹，最终达到瘦身的目的。

(a) 素材图像　　　　　　(b) 瘦身后的效果

图13-22 实例效果

01 打开"人物.jpg"素材图像，如图13-23所示，可以看到人物的腰部和腿部都很粗，需要对其做修改。

02 选择"滤镜→液化"命令，打开"液化"对话框，单击膨胀工具 🔷，在左腰部按住鼠标从上向下拖动，收缩腰部图像，如图13-24所示。

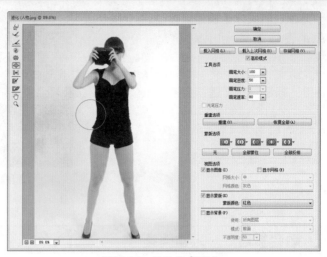

图13-23　素材图像　　　　　　　　　　　　图13-24　收缩腰部图像

03　使用同样的方法，收缩人物右侧腰部图像，制作出人物腰部曲线，如图13-25所示。

04　选择向前变形工具，在人物左侧大腿两边向内拖动鼠标，使大腿得到收缩效果，如图13-26所示。

05　使用向前变形工具对右侧大腿两边进行操作，单击"确定"按钮，完成人物瘦身操作，如图13-27所示。

图13-25　拖动鼠标　　　　　　图13-26　收缩大腿　　　　　　图13-27　完成效果

13.3　使用滤镜库

　　用户通过"滤镜库"可以查看到各滤镜的应用效果，滤镜库整合了"扭曲""画笔描边""素描""纹理""艺术效果"和"风格化"6组滤镜功能，通过该滤镜库，可预览同一图像应用多种滤镜的效果。

　　滤镜库的使用方法如下。

01 打开一幅素材图像，选择"滤镜→滤镜库"命令，打开"滤镜库"对话框，如图13-28所示。

图13-28 "滤镜库"对话框

02 在滤镜库中有6组滤镜，单击其中一组滤镜，即可打开该组中的其他滤镜，然后选择其中一种滤镜，可以为图像添加滤镜效果，在左侧的预览窗口中可以查看到图像滤镜效果，如图13-29所示。

图13-29 添加滤镜

03 单击对话框右下角的"新建效果图层"按钮，可以将该滤镜效果保存，然后单击其他滤镜效果，可以得到两种滤镜叠加的效果，如图13-30所示。

图13-30 叠加滤镜效果

13.4 使用智能滤镜

从Photoshop CS3开始，滤镜菜单中增加了一个智能滤镜，应用于智能对象的任何滤镜都是智能滤镜，使用智能滤镜可以将已经设置好的滤镜效果重新编辑。

首先需要选择"滤镜→转换为智能滤镜"命令，将图层中的图像转换为智能对象，如图13-31所示，然后对该图层应用滤镜，此时"图层"面板如图13-32所示。单击"图层"面板中添加的滤镜效果，可以开启对应的滤镜对话框，对其进行重新编辑。

图13-31 转换为智能滤镜

图13-32 应用滤镜

13.5 上机实训

下面练习制作一个朦胧夜色效果，主要为了练习使用滤镜库为画面添加各种特效滤镜，本实例的效果如图13-33所示。

实例文件：	实例文件\第13章\朦胧夜色.psd
素材文件：	素材文件\第13章\夜色.jpg

图13-33 实例效果

创作指导：

01 打开"夜色.jpg"素材图像，选择"滤镜→滤镜库"命令，打开"滤镜库"对话框，单击"扭曲"滤镜组下的"玻璃"滤镜，并适当调整其参数。

02 单击对话框右下角的"新建效果图层"按钮，保持该滤镜效果，再选择"画笔描边"下方的"阴影线"滤镜，并适当调整其参数。

13.6 知识拓展

滤镜是使用Photoshop进行图像处理时最为常用的一种手段，它被称为Photoshop图像处理的"灵魂"，通过滤镜可以对图像进行各种特效处理，包括图像扭曲变形、背景纹理制作、涂抹模糊处理，以及艺术绘画等多种特效，从而使平淡无奇的图片产生奇妙的效果，这些滤镜都可以在滤镜菜单中找到。

除了Photoshop自带的一些滤镜外，用户还可以安装外挂滤镜来丰富图像效果。外挂滤镜是指由第三方软件生产商开发的，不能独立运行，必须依附在Photoshop中运行的滤镜。外挂滤镜在很大程度上弥补了Photoshop自身滤镜的部分缺陷，并且功能强大，可以轻而易举地制作出非常漂亮的图像效果。

第14章　滤镜的高级应用

本章展现

　　本章将学习Photoshop滤镜菜单中各种命令的使用方法，在Photoshop中使用滤镜可以制作出许多不同的效果，而且还可以制作出各种效果的图片设计。在使用滤镜时，参数的设置是非常重要的，用户在学习过程中可以大胆尝试，从而了解各种滤镜的效果特点。

　　本章主要内容如下。
　　● 应用滤镜库滤镜
　　● 应用其他滤镜

Photoshop CC 2017

14.1 应用滤镜库滤镜

在前面章节中学习了滤镜库的使用方法，其中包括风格化、画笔描边、扭曲、素描、纹理和艺术效果6个滤镜组，下面将分别介绍这6组滤镜的操作效果。

14.1.1 风格化滤镜

风格化滤镜组主要通过置换像素和增加图像的对比度，使图像产生印象派及其他风格化效果。除了可以在滤镜库中找到照亮边缘滤镜外，还可以在滤镜菜单中找到查找边缘、等高线、风等其他8种风格化滤镜效果，下面介绍这些滤镜的具体作用。

1．照亮边缘

该滤镜是通过查找并标识颜色的边缘，为其增加类似霓虹灯的亮光效果。选择"滤镜→滤镜库"命令，在打开的滤镜库对话框中展开"风格化"文件夹，选择"照亮边缘"滤镜，如图14-1所示，在其中可以预览到图像效果。

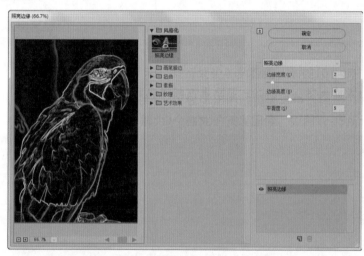

图14-1 "照亮边缘"滤镜设置

- ⊙ "边缘宽度"：调整数值可以增加或减少被照亮边缘的宽度。
- ⊙ "边缘亮度"：调整数值可以设置被照亮边缘的亮度。
- ⊙ "平滑度"：调整数值可以设置被照亮边缘的平滑度。

2．查找边缘

"查找边缘"滤镜可以找出图像主要色彩的变化区域，使之产生用铅笔勾画过的轮廓效果。打开素材图像，如图14-2所示，选择"滤镜→风格化→查找边缘"命令，得到如图14-3所示的效果。

图14-2 原图

图14-3 查找边缘滤镜效果

3. 等高线

使用"等高线"滤镜可以查找图像的亮区和暗区边界，并对边缘绘制出线条比较细、颜色比较浅的线条效果。选择"滤镜→风格化→等高线"命令，打开其参数设置对话框，如图14-4所示，设置好参数后单击"确定"按钮，可以得到如图14-5所示的图像效果。

图14-4　"等高线"对话框

图14-5　图像效果

4. 风效果

使用"风"滤镜可以模拟风吹效果，为图像添加一些短而细的水平线。选择"滤镜→风格化→风"命令，打开其参数设置对话框，如图14-6所示，效果如图14-7所示。

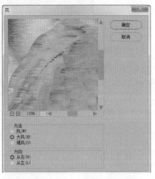

图14-6　"风"对话框

图14-7　风吹效果

5. 浮雕效果

使用"浮雕"滤镜可以描边图像，使图像显现出凸起或凹陷效果，并且能将图像的填充色转换为灰色。选择"滤镜→风格化→浮雕"命令，打开其对话框，如图14-8所示，浮雕效果如图14-9所示。

图14-8　"浮雕"对话框

图14-9　浮雕效果

6. 扩散效果

使用"扩散"滤镜可以产生透过磨砂玻璃观察图片一样的分离模糊效果。选择"滤镜→风格化→扩散"命令，打开其参数设置对话框，如图14-10所示，效果如图14-11所示。

图14-10　"扩散"对话框

图14-11　扩散效果

7. 拼贴效果

使用"拼贴"滤镜可以将图像分解为指定数目的方块，并且将这些方块从原来的位置移动一定的距离。选择"滤镜→风格化→拼贴"命令，打开其参数设置对话框，如图14-12所示，效果如图14-13所示。

图14-12 "拼贴"对话框　　　　　　图14-13 拼贴效果

8. 曝光过度

使用"曝光过度"滤镜可以使图像产生正片和负片混合的效果，类似于摄影中增加光线强度产生的曝光过度效果。选择"滤镜→风格化→曝光过度"命令，效果如图14-14所示。

图14-14 曝光过度效果

9. 凸出效果

"凸出"滤镜可使选择区域或图层产生一系列块状或金字塔状的三维纹理。选择"滤镜→风格化→凸出"命令，打开"凸出"对话框，如图14-15所示，凸出效果如图14-16所示。

图14-15 "凸出"对话框　　　　　图14-16 凸出效果

- ⊙ "类型"：设置三维块的形状。
- ⊙ "大小"：输入数值可设置三维块大小。
- ⊙ "深度"：输入数值可设置凸出深度。
- ⊙ "立方体正面"：选中此项则对立方体的表面而不是对整个图案填充物体的平均色。此项必须在"类型"选项中选取"块"类型才有效。
- ⊙ "蒙版不完整块"：选中此项，则生成的图像中将不完全显示三维块。

14.1.2 画笔描边滤镜

画笔描边滤镜组中的滤镜全部位于滤镜库中，在滤镜库对话框中展开"画笔描边"文件夹，可以选择和设置其中的各个滤镜。画笔描边滤镜组中的命令，主要用于模拟不同的画笔或油墨笔刷来勾画图像，产生绘画效果。

1. 成角的线条

使用"成角的线条"滤镜可以使图像中的颜色产生倾斜划痕效果，图像中较亮的区域用一个方向的线条，较暗的区域用相反方向的线条绘制。打开素材图像，如图14-17所示，选择"滤镜→滤镜库"命令，在打开的滤镜库对话框中选择"画笔描边→成角的线条"，设置各项参数得到如图14-18所示的效果。

图14-17　原图

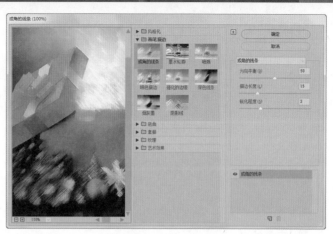

图14-18　设置参数效果

2．墨水轮廓

"墨水轮廓"滤镜可以产生类似钢笔绘图的风格，用细线条在原图细节上重绘图像。其参数控制区如图14-19所示，对应的滤镜效果如图14-20所示。

图14-19　设置参数

图14-20　图像效果

3．喷溅

使用"喷溅"滤镜可以模拟喷枪绘图的工作原理使图像产生喷溅效果。其参数控制区如图14-21所示，对应的滤镜效果如图14-22所示。

图14-21　设置参数

图14-22　喷溅图像效果

4．喷色描边

使用"喷色描边"滤镜采用图像的主导色，用成角的、喷溅的颜色增加斜纹飞溅效果。其参数控制区如图14-23所示，对应的滤镜效果如图14-24所示。

图14-23　设置参数

图14-24　喷色描边图像效果

5. 强化的边缘

"强化的边缘"滤镜的作用是强化勾勒图像的边缘。其参数控制区如图14-25所示,对应的滤镜效果如图14-26所示。

图14-25　设置参数

图14-26　强化的边缘图像效果

6. 深色线条

"深色线条"滤镜是用粗短、绷紧的线条来绘制图像中接近深色的颜色区域,再用细长的白色线条绘制图像中较浅的区域。其参数控制区如图14-27所示,对应的滤镜效果如图14-28所示。

图14-27　设置参数

图14-28　深色线条图像效果

7. 烟灰墨

使用"烟灰墨"滤镜可以模拟饱含墨汁的湿画笔在宣纸上进行绘制的效果。其参数控制区如图14-29所示,对应的滤镜效果如图14-30所示。

图14-29　设置参数

图14-30　烟灰墨图像效果

8. 阴影线

"阴影线"滤镜将保留原图像的细节和特征,但会使用模拟铅笔阴影线添加纹理,并且色彩区域的边缘会变粗糙。其参数控制区如图14-31所示,对应的滤镜效果如图14-32所示。

图14-31　设置参数

图14-32　阴影线图像效果

14.1.3 扭曲滤镜

"扭曲"滤镜主要用于对当前图层或选区内的图像进行各种各样的扭曲变形处理,图像可以产生三维或其他变形效果。除了可以在滤镜库中找到玻璃、海洋波纹和扩散光亮滤镜外,还可以在滤镜菜单中找到波浪、极坐标、挤压等其他9种扭曲滤镜效果。

1. 玻璃

使用"玻璃"滤镜可以为图像添加一种玻璃效果,在对话框中可以设置玻璃的种类,使图像看起来像是透过不同类型的玻璃来观看。打开素材图像,如图14-33所示,选择"滤镜→滤镜库"命令,在打开的对话框中选择"扭曲→玻璃",在对话框中可以设置各项参数,如图14-34所示。

图14-33 原图

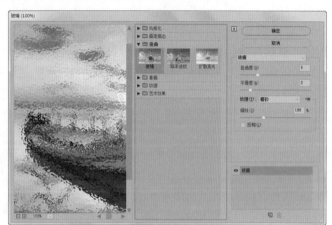

图14-34 设置玻璃效果

- ◉ "扭曲度":用于调节图像扭曲变形的程度,值越大,扭曲越严重。
- ◉ "平滑度":用于调整玻璃的平滑程度。
- ◉ "纹理":用于设置玻璃的纹理类型,有"块状"、"画布"、"磨砂"和"小镜头"4个选项。

2. 海洋波纹

"海洋波纹"滤镜可以随机分隔波纹,将其添加到图像表面。其参数控制区如图14-35所示,对应的滤镜效果如图14-36所示。

图14-35 设置参数

图14-36 海洋波纹效果

3. 扩散亮光

"扩散亮光"滤镜是将背景色的光晕加到图像中较亮的部分,让图像产生一种弥漫的光漫射效果。其参数控制区如图14-37所示,对应的滤镜效果如图14-38所示。

图14-37 设置参数

图14-38 扩散亮光效果

4. 波浪

"波浪"滤镜能模拟图像波动的效果，是一种较复杂、精确的扭曲滤镜，常用于制作一些不规则的扭曲效果。选择"滤镜→扭曲→波浪"命令，其参数设置对话框如图14-39所示，波浪效果如图14-40所示。

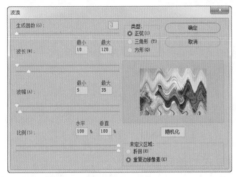
图14-39 设置参数

图14-40 波浪效果

5. 波纹

"波纹"滤镜可以模拟水波皱纹效果，常用来制作一些水面倒影图像。选择"滤镜→扭曲→波纹"命令，其参数设置对话框如图14-41所示，波纹效果如图14-42所示。

图14-41 设置参数

图14-42 波纹效果

6. 极坐标

使用"极坐标"滤镜可以使图像产生一种极度变形的效果。选择"滤镜→扭曲→极坐标"命令，打开如图14-43所示的对话框，其中有两种设置，选择"平面坐标到极坐标"选项后，图像效果如图14-44所示，选择"极坐标到平面坐标"选项后，图像效果如图14-45所示。

图14-43　设置参数　　　　图14-44　平面坐标到极坐标效果　　　图14-45　极坐标到平面坐标效果

7. 挤压

使用"挤压"滤镜可以选择全部图像或部分图像，使选择的图像产生一个向外或向内挤压的变形效果。选择"滤镜→扭曲→挤压"命令，其参数设置对话框如图14-46所示，图像效果如图14-47所示。

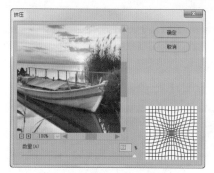

图14-46　设置参数　　　　　　　　图14-47　挤压效果

8. 切变

"切变"滤镜可以通过调节变形曲线，来控制图像的弯曲程度。选择"滤镜→扭曲→切变"命令后，在弹出的"切变"对话框中可调整切变曲线，如图14-48所示，单击"确定"按钮，效果如图14-49所示。

图14-48　设置参数　　　　　　　　图14-49　切变效果

9．球面化

"球面化"滤镜可以通过立体化球形的镜头形态来扭曲图像，得到与挤压滤镜相似的图像效果。它可以在垂直、水平方向上进行变形。选择"滤镜→扭曲→球面化"命令，其参数设置对话框如图14-50所示，图像效果如图14-51所示。

图14-50　设置参数

图14-51　球面化效果

10．水波

"水波"滤镜可以模拟水面上产生的漩涡波纹效果。选择"滤镜→扭曲→水波"命令，其参数设置对话框如图14-52所示，图像效果如图14-53所示。

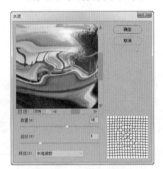

图14-52　设置参数

图14-53　水波效果

11．旋转扭曲

"旋转扭曲"滤镜可以使图像产生顺时针或逆时针旋转效果。图像中心的旋转程度比边缘的旋转程度大，参数设置对话框如图14-54所示，图像效果如图14-55所示。

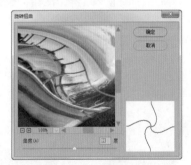

图14-54　设置参数

图14-55　旋转扭曲效果

12．置换

"置换"滤镜是根据另一个PSD格式文件的明暗度将当前图像的像素进行移动，使图像产生扭曲的效果。

14.1.4 素描滤镜

素描滤镜组中的滤镜全部位于滤镜库中，用于在图像中添加各种纹理，使图像产生素描、三维及速写的艺术效果。

1. 半调图案

使用"半调图案"滤镜可以使用前景色显示凸显中的阴影部分，使用背景色显示高光部分，让图像产生一种网板图案效果。打开素材图像，如图14-56所示，选择"滤镜→滤镜库"命令，在打开的对话框中选择"素描→半调图案"，设置各项参数，如图14-57所示，其图像效果可在左侧的预览框中查看。

图14-56 原图

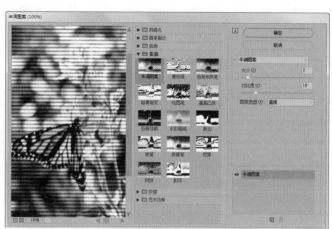

图14-57 设置参数

2. 便条纸

"便条纸"滤镜可以模拟出凹陷压印图案，使图像产生草纸画效果。其参数控制区如图14-58所示，对应的滤镜效果如图14-59所示。

图14-58 设置参数

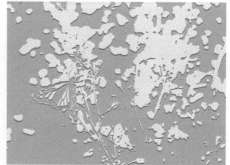

图14-59 便条纸效果

3. 粉笔和炭笔

"粉笔和炭笔"滤镜主要是使用前景色和背景色来重绘图像，使图像产生被粉笔和炭笔涂抹的草图效果。在处理过程中，使用粗糙的粉笔绘制中间调背景色，处理图像较亮的区域，而炭笔将使用前景色来处理图像较暗的区域。该滤镜的参数控制区如图14-60所示，对应的滤镜效果如图14-61所示。

图14-60 设置参数

图14-61 粉笔和炭笔效果

4．铬黄渐变

使用"铬黄渐变"滤镜可以使图像产生液态金属效果，原图像的颜色会完全丢失。该滤镜的参数控制区如图14-62所示，对应的滤镜效果如图14-63所示。

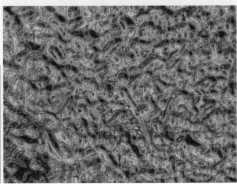

图14-62　设置参数　　　　图14-63　铬黄效果

5．绘图笔

"绘图笔"滤镜使用精细的、具有一定方向的油墨线条重绘图像效果。该滤镜对油墨使用前景色，较亮的区域使用背景色。该滤镜的参数控制区如图14-64所示，对应的滤镜效果如图14-65所示。

图14-64　设置参数　　　　图14-65　绘图笔效果

6．基底凸现

"基底凸现"滤镜可以使图像产生一种粗糙的浮雕效果。该滤镜的参数控制区如图14-66所示，对应的滤镜效果如图14-67所示。

图14-66　设置参数　　　　图14-67　基底凸现效果

7．石膏效果

使用"石膏效果"滤镜可以在图像上产生黑白浮雕图像效果，该滤镜效果黑白对比较明显。该滤镜的参数控制区如图14-68所示，在对话框中可以设置纸张湿润的程度及笔触的长度、亮度和对比度，其对应的滤镜效果如图14-69所示。

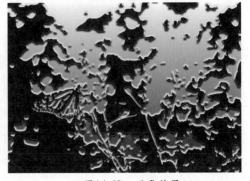

图14-68　设置参数　　　　图14-69　石膏效果

8. 水彩画纸

使用"水彩画纸"滤镜可以在图像上产生水彩效果，就好像是绘制在潮湿的纤维纸上，产生颜色溢出、混合的渗透效果。该滤镜的参数控制区如图14-70所示，在对话框中可以设置纸张湿润的程度及笔触的长度、亮度和对比度，其对应的滤镜效果如图14-71所示。

图14-70 设置参数

图14-71 水彩画纸效果

9. 撕边

"撕边"滤镜适用于高对比度图像，它可以模拟出撕破的纸片效果。该滤镜的参数控制区如图14-72所示，其对应的滤镜效果如图14-73所示。

图14-72 设置参数

图14-73 撕边效果

10. 炭精笔

"炭精笔"滤镜可以模拟使用炭精笔绘制图像的效果，在暗区使用前景色绘制，在亮区使用背景色绘制。该滤镜的参数控制区如图14-74所示，其对应的滤镜效果如图14-75所示。

图14-74 设置参数

图14-75 炭精笔效果

11. 炭笔

"炭笔"滤镜在图像中创建海报化、涂抹的效果。图像中主要的边缘用粗线绘制，中间色调用对角线素描，其中碳笔使用前景色，纸张使用背景色。该滤镜的参数控制区如图14-76所示，其对应的滤镜效果如图14-77所示。

图14-76 设置参数

图14-77 炭笔效果

12.图章

"图章"滤镜可以使图像简化、突出主体，看起来好像用橡皮和木制图章盖上去一样。该滤镜最好用于黑白图像。该滤镜的参数控制区如图14-78所示，其对应的滤镜效果如图14-79所示。

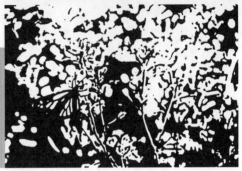

图14-78　设置参数　　　　　图14-79　图章效果

13.网状

"网状"滤镜可以模拟胶片感光乳剂的受控收缩和扭曲的效果，使图像的暗色调区域好像被结块，高光区域好像被颗粒化。该滤镜的参数控制区如图14-80所示，其对应的滤镜效果如图14-81所示。

图14-80　设置参数　　　　　图14-81　网状效果

14."影印"滤镜

"影印"滤镜用于模拟图像影印的效果。该滤镜的参数控制区如图14-82所示，其对应的滤镜效果如图14-83所示。

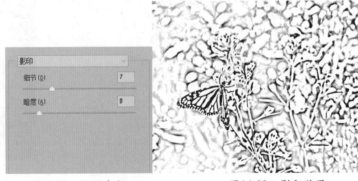

图14-82　设置参数　　　　　图14-83　影印效果

14.1.5　纹理滤镜

纹理滤镜组中的滤镜全部位于滤镜库中，使用该组滤镜可以为图像添加各种纹理效果，造成图像的深度感和材质感。

1.龟裂缝

"龟裂缝"滤镜可以在图像中随机绘制出一个高凸现的龟裂纹理，并且产生浮雕效果。打开素材图像，如图14-84所示，选择"龟裂缝"命令，在打开的对话框中可以设置各项参数，如图14-85所示，其图像效果可在左侧的预览框中查看。

图14-84 原图

图14-85 设置龟裂缝效果

2. 颗粒

"颗粒"滤镜可以模拟不同种类的颗粒纹理，并将其添加到图像中。选择"颗粒"命令，该滤镜的参数控制区如图14-86所示，在"颗粒类型"下拉列表框中可以选择各种颗粒类型，如选择"强反差"命令，其对应的滤镜效果如图14-87所示。

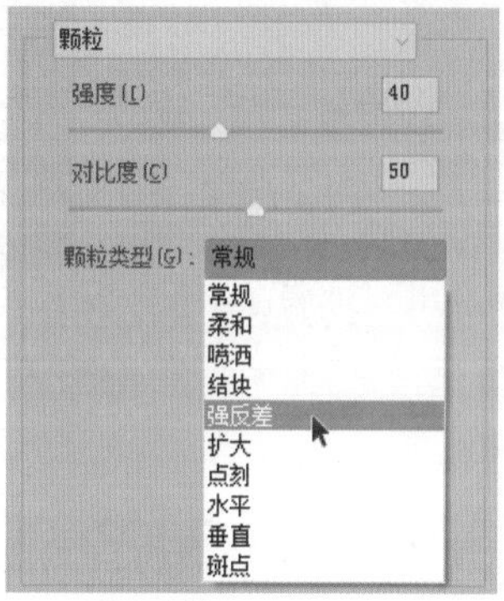

图14-86 设置参数

图14-87 颗粒效果

3. 马赛克拼贴

使用"马赛克拼贴"滤镜可以在图像表面产生不规则、类似马赛克的拼贴效果。该滤镜的参数控制区如图14-88所示，其对应的滤镜效果如图14-89所示。

图14-88 设置参数

图14-89 马赛克效果

4. 拼缀图

使用"拼缀图"滤镜可以自动将图像分割成多个规则的矩形块，并且每个矩形块内填充单一的颜色，模拟出瓷砖拼贴的图像效果。该滤镜的参数控制区如图14-90所示，其对应的滤镜效果如图14-91所示。

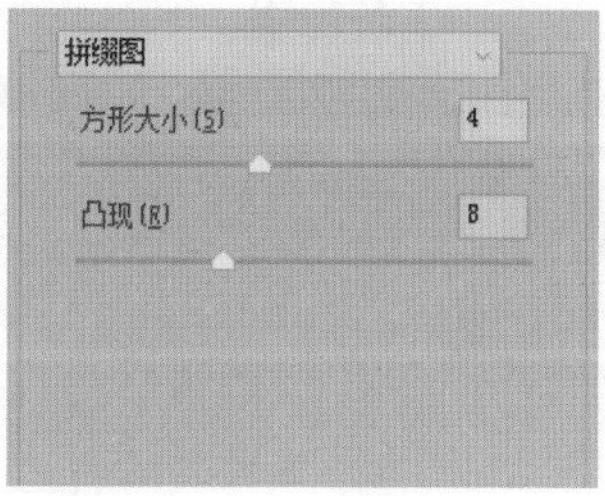

图14-90 设置参数

图14-91 拼缀图效果

5. 染色玻璃

"染色玻璃"滤镜可以模拟出透过花玻璃看图像的效果，并且使用前景色勾画单色的相邻单元格。该滤镜的参数控制区如图14-92所示，其对应的滤镜效果如图14-93所示。

图14-92　设置参数

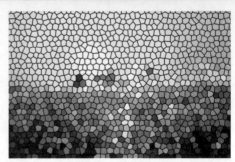

图14-93　染色玻璃效果

6. 纹理化

使用"纹理化"滤镜可以为图像添加预设的纹理或者自己创建的纹理效果。该滤镜的参数控制区如图14-94所示，在"光照"下拉列表框中可以选择光照的方向，其对应的滤镜效果如图14-95所示。

图14-94　设置参数

图14-95　纹理化效果

14.1.6　艺术效果滤镜

艺术效果滤镜组中的滤镜全部位于滤镜库中，用于模仿自然或传统绘画手法的途径，将图像制作成天然或传统的艺术图像效果。

1. 壁画

"壁画"滤镜主要通过短、圆和潦草的斑点来模拟粗糙的绘画风格。打开素材图像，如图14-96所示，选择"壁画"命令，打开其对话框，设置各项参数后，图像效果将显示在左侧预览框中，如图14-97所示。

图14-96　原图

图14-97　设置滤镜参数

2．彩色铅笔

使用"彩色铅笔"滤镜可以在图像上模拟彩色铅笔在图纸上绘图的效果。其参数控制区如图14-98所示，对应的滤镜效果如图14-99所示。

图14-98　设置参数

图14-99　彩色铅笔效果

3．粗糙蜡笔

使用"粗糙蜡笔"滤镜可以模拟蜡笔在纹理背景上绘图时的效果，从而生成一种纹理浮雕效果。其参数控制区如图14-100所示，对应的滤镜效果如图14-101所示。

图14-100　设置参数

图14-101　粗糙蜡笔效果

4．底纹效果

使用"底纹效果"滤镜可以模拟在带纹理的底图上绘画的效果，从而让整个图像产生一层底纹效果。其参数控制区如图14-102所示，对应的滤镜效果如图14-103所示。

图14-102　设置参数

图14-103　底纹效果

5．干画笔

使用"干画笔"滤镜可以模拟使用干画笔绘制图像边缘的效果，该滤镜通过将图像的颜色范围减少为常用颜色区来简化图像。其参数控制区如图14-104所示，对应的滤镜效果如图14-105所示。

图14-104　设置参数

图14-105　干画笔效果

6. 海报边缘

使用"海报边缘"滤镜将减少图像中的颜色复杂度，在颜色变化大的区域边界填上黑色，使图像产生海报画的效果。其参数控制区如图14-106所示，对应的滤镜效果如图14-107所示。

图14-106　设置参数

图14-107　海报边缘效果

7. 海绵

使用"海绵"滤镜可以模拟海绵在图像上画过的效果，使图像带有强烈对比色纹理。其参数控制区如图14-108所示，对应的滤镜效果如图14-109所示。

图14-108　设置参数

图14-109　海绵效果

8. 绘画涂抹

使用"绘画涂抹"滤镜可以选取各种大小和各种类型的画笔来创建画笔涂抹效果。其参数控制区如图14-110所示，在"画笔类型"下拉列表框中有多种画笔类型，选择"简单"选项后的效果如图14-111所示。

图14-110　设置参数

图14-111　绘画涂抹效果

9. 胶片颗粒

使用"胶片颗粒"滤镜在图像表面产生胶片颗粒状纹理效果。其参数控制区如图14-112所示，对应的滤镜效果如图14-113所示。

图14-112　设置参数

图14-113　胶片颗粒效果

10．木刻

使用"木刻"滤镜可以使图像产生木雕画效果。对比度较强的图像运用该滤镜将呈剪影状，而一般彩色图像使用该滤镜则呈现彩色剪纸状。例如，选择"木刻"选项，然后设置其参数，如图14-114所示，得到的图像效果如图14-115所示。

图14-114　设置参数

图14-115　木刻效果

11．霓虹灯光

使用"霓虹灯光"滤镜将在图像中颜色对比反差较大的边缘处产生类似霓虹灯发光效果，单击"发光颜色"后面的色块，可以在打开的对话框中设置霓虹灯颜色。其参数控制区如图14-116所示，对应的滤镜效果如图14-117所示。

图14-116　设置参数

图14-117　霓虹灯光效果

12．水彩

使用"水彩"滤镜将简化图像细节，并模拟使用水彩笔在图纸上绘画的效果。其参数控制区如图14-118所示，对应的滤镜效果如图14-119所示。

图14-118　设置参数

图14-119　水彩效果

13．塑料包装

"塑料包装"滤镜可以使图像表面产生类似透明塑料袋包裹物体时的效果，表面细节很突出。其参数控制区如图14-120所示，对应的滤镜效果如图14-121所示。

图14-120　设置参数

图14-121　塑料包装效果

14.调色刀

使用"调色刀"滤镜可以使图像中的细节减少，图像产生薄薄的画布效果，露出下面的纹理。其参数控制区如图14-122所示，对应的滤镜效果如图14-123所示。

图14-122　设置参数

图14-123　调色刀效果

15.涂抹棒

"涂抹棒"滤镜使用短的对角线涂抹图像的较暗区域来柔和图像，可增大图像的对比度。其参数控制区如图14-124所示，对应的滤镜效果如图14-125所示。

图14-124　设置参数

图14-125　涂抹棒效果

14.1.7　融会贯通——制作水晶纹理

本实例将制作一个水晶纹理效果，主要练习Photoshop中"扭曲"滤镜组中各滤镜的使用，实例效果如图14-126所示。

实例文件：	实例文件\第14章\水晶纹理.psd
视频教程：	视频教程\第14章\制作水晶纹理.mp4

创作思路：

本实例将绘制一个水晶纹理，首先利用通道得到水晶凸出效果，然后再填充颜色，调整图像色调，得到水晶纹理效果。

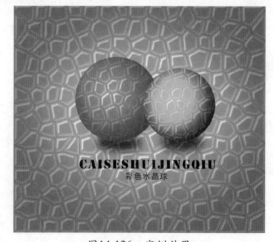

图14-126　实例效果

其具体操作如下。

01 新建一个图像文件，进入"通道"面板，创建Alpha 1通道，并设置通道名称为"线"，如图14-127所示。

02 设置前景色为白色，选择"滤镜→滤镜库"命令，在打开的对话框中展开"纹理"文件夹，选择"染色玻璃"滤镜，设置参数分别为37、11、0，如图14-128所示，完成后单击"确定"按钮。

图14-127 新建通道

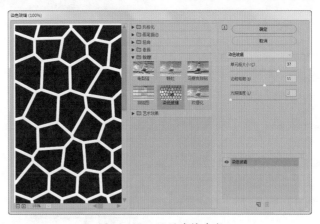

图14-128 设置滤镜参数

03 复制一次该通道，命名为"渐变"，然后选择"滤镜→滤镜库"命令，在打开的对话框中展开"艺术效果"文件夹，选择"霓虹灯光"滤镜，设置参数分别为-15和27，颜色为灰色(R84,G84,B84)，这时图像将出现灰度渐变效果，如图14-129所示，单击"确定"按钮。

04 复制一次"渐变"通道，命名为"暗"，选择"滤镜→风格化→浮雕效果"命令，参数设置如图14-130所示。

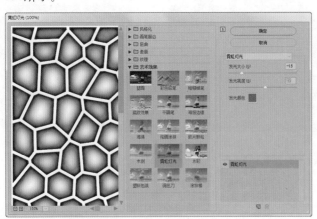

图14-129 设置霓虹灯光滤镜参数

图14-130 设置浮雕效果滤镜参数

05 单击"确定"按钮，得到如图14-131所示的图像效果。

06 复制"暗"通道，按Ctrl+I组合键将图像做反向操作，得到如图14-132所示的图像效果，并设置复制的通道名称为"亮"。

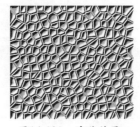

图14-131 浮雕效果

图14-132 反向效果

07 选择"暗"通道,按Ctrl+L组合键,打开"色阶"对话框,参照如图14-133所示的方式拖动滑块增强图像对比度,用于表现透明感,效果如图14-134所示。

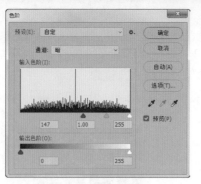

图14-133 调整色阶

图14-134 图像效果

08 选择"亮"通道,再打开"色阶"对话框,将滑块向相同的方向拖动,增强图像高光效果,如图14-135所示,效果如图14-136所示。

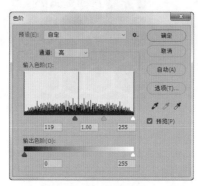

图14-135 调整色阶

图14-136 图像效果

09 回到"图层"面板,将背景填充为灰色(R84,G84,B84),如图14-137所示。

10 在"通道"面板中载入"暗"通道选区,再按住Ctrl+Alt组合键并单击"线"通道,减去线选区,返回"图层"面板,填充选区为浅灰色(R220,G220,B220),图像效果如图14-138所示。

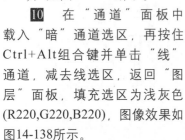

图14-137 填充灰色

图14-138 图像效果

11 载入"亮"通道选区,选择"选择→修改→收缩"命令,在打开的对话框中设置参数为2,回到"图层"面板填充白色,效果如图14-139所示。

12 选择"图像→调整→色相/饱和度"命令,打开"色相/饱和度"对话框,选中"着色"选项,然后设置参数分别为182、58、12,如图14-140所示。

图14-139 图像效果

图14-140 设置颜色参数

[13] 单击"确定"按钮，得到调整颜色后的图像，如图14-141所示。

[14] 新建一个图层，选择椭圆选框工具 ⬭，在属性栏中设置羽化值为100，然后绘制一个椭圆形选区，按Shift+Ctrl+I组合键反选选区，填充为黑色，如图14-142所示。

图14-141　图像效果

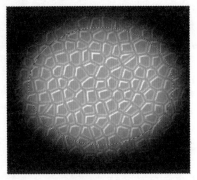
图14-142　填充选区

[15] 设置该图层的"填充"参数为50%，得到的图像效果如图14-143所示。

[16] 选择背景图层，使用椭圆选框工具，按住Shift键绘制一个正圆形，然后按Ctrl+J组合键复制选区中的图像到新的图层，并放到最顶层，"图层"面板如图14-144所示。

[17] 载入该图层选区，使用渐变工具为选区做径向渐变填充，设置颜色从黑色到透明，效果如图14-145所示。

图14-143　设置填充参数

图14-144　创建图层

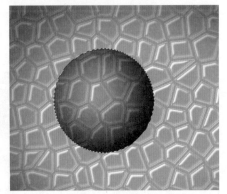
图14-145　渐变填充效果

[18] 选择"图像→调整→色相/饱和度"命令，打开"色相/饱和度"对话框，选中"着色"选项，然后设置参数分别为311、66、17，如图14-146所示，单击"确定"按钮，得到的图像效果如图14-147所示。

图14-146　设置参数

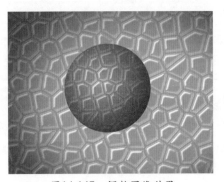
图14-147　调整图像效果

19 新建一个图层，在紫色圆球下方绘制一个椭圆形选区，设置选区羽化值为50，填充选区为黑色，如图14-148所示。

20 设置该图层的不透明度为79%，得到的投影效果如图14-149所示。

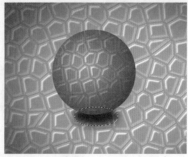 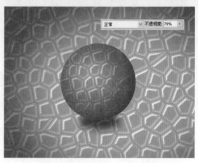

图14-148　填充选区　　　　　　图14-149　设置不透明度

21 参照步骤16至步骤20的操作方法，制作出另一个圆球，并调整该圆球颜色为绿色，如图14-150所示。

22 选择横排文字工具 T，在画面下方输入文字，如图14-151所示，完成本实例的制作。

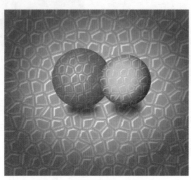 

图14-150　制作另一个圆球　　　　　图14-151　添加文字

14.2　应用其他滤镜

除了滤镜库中的滤镜外，在Photoshop CC 2017中还有很多使用单独对话框设置参数的滤镜，以及无对话框滤镜，下面分别进行介绍。

14.2.1　像素化滤镜

像素化滤镜组会将图像转换成平面色块组成的图案，使图像分块或平面化，通过不同的设置达到截然不同的效果。

1．彩块化

使用"彩块化"滤镜可以让图像中纯色或相似颜色的像素结成相近颜色的像素块，从而使图像产生类似宝石刻画的效果，该滤镜没有参数设置对话框，直接使用即可，使用凸显效果后比原图像更模糊。

2．彩色半调

"彩色半调"滤镜可以将图像分成矩形栅格，从而使图像产生彩色半色调的网点。对于图像中的每个通道，该滤镜用小矩形将图像分割，并用圆形图像替换矩形图像，圆形的大小与矩形的亮度成正比。打开素材图像，如图14-152所示，选择"彩色半调"命令打开其对话框，如图14-153所示，设置各项参数后得到的滤镜效果如图14-154所示。

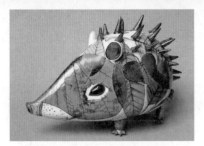

图14-152 原图

图14-153 设置参数

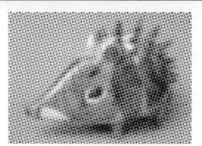

图14-154 彩色半调效果

3. 点状化

"点状化"滤镜将图像中的颜色分解为随机分布的网点，并使用背景色填充空白处。打开其参数对话框，如图14-155所示，设置各项参数后得到的滤镜效果如图14-156所示。

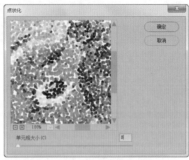

图14-155 设置参数

图14-156 点状化效果

4. 晶格化

"晶格化"滤镜可以将图像中的像素结块为纯色的多边形。选择"晶格化"命令打开其参数对话框，如图14-157所示，设置各项参数后得到的滤镜效果如图14-158所示。

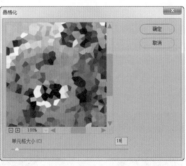

图14-157 设置参数

图14-158 晶格化效果

5. 马赛克

"马赛克"滤镜可以使图像中的像素形成方形块，并且使方形块中的颜色统一。选择"马赛克"命令打开其对话框，如图14-159所示，设置各项参数后得到的滤镜效果如图14-160所示。

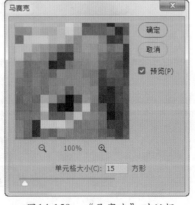

图14-159 "马赛克"对话框

图14-160 马赛克效果

6. 碎片

使用"碎片"滤镜可以使图像的像素复制4倍，然后将它们平均移位并降低不透明度，从而产生模糊效果，该滤镜无参数设置对话框。

7. 铜版雕刻

"铜版雕刻"滤镜可以在图像中随机分布各种不规则的线条和斑点，在图像中产生镂刻的版画效果，选择"铜版雕刻"命令打开其对话框，如图14-161所示，在"类型"下拉列表中选择"精细点"选项，得到的滤镜效果如图14-162所示。

图14-161　设置选项

图14-162　图像效果

14.2.2　模糊画廊

在Photoshop CC 2017中，增加了一个"模糊画廊"滤镜组，其中包含了5种特殊模糊滤镜："场景模糊"、"光圈模糊"、"倾斜偏移"、"路径模糊"和"旋转模糊"滤镜。

1. 光圈模糊

使用光圈模糊能够模拟相机浅景深效果，给照片添加背景虚化，用户可在画面中设置保持清晰的位置，以及虚化范围和程度等参数。

01　打开一幅素材图像，如图14-163所示，选择"滤镜→模糊画廊→光圈模糊"命令，打开"模糊工具"面板，在其中将展开"光圈模糊"选项，如图14-164所示。

图14-163　原图

图14-164　"模糊工具"面板

02　这时图像中即可显示光圈控制点和控制范围，如图14-165所示，选择光圈周围的圆点，按住鼠标左键拖动，可以调整光圈大小和形状，用来控制背景模糊的范围，如图14-166所示。

图14-165　显示控制点

图14-166　调整光圈大小和形状

03 在"模糊工具"面板中再设置模糊参数，如设置10像素，如图14-167所示，单击属性栏中的"确定"按钮，即可得到图像景深模糊效果，如图14-168所示。

图14-167 设置参数　　　图14-168 图像效果

2. 场景模糊

除了"光圈模糊"滤镜外，在"模糊工具"面板中还可以切换到场景模糊、倾斜偏移（移轴模糊）等其他滤镜中。

选择"场景模糊"滤镜后的图像如图14-169所示，用户可以在图像中添加图钉，添加图钉的位置可以让周围图像进入模糊编辑状态，其"模糊工具"面板如图14-170所示。

图14-169 场景模糊图像效果　　图14-170 设置场景模糊参数

3. 倾斜偏移

在"模糊工具"面板中选择"倾斜偏移"滤镜后的图像如图14-171所示，用户同样可以在图像中添加图钉，其中的几条直线用于控制模糊的范围，越在直线以内的图像越清晰，其"模糊工具"面板如图14-172所示。

图14-171 倾斜偏移图像效果　　图14-172 设置倾斜偏移参数

4. 路径模糊

在"模糊工具"面板中选择"路径模糊"滤镜后，用户可以在图像中添加图钉并编辑路径，再设置参数，得到适应路径形状的模糊效果，如图14-173所示，其"模糊工具"面板如图14-174所示。

图14-173 路径模糊图像效果　　图14-174 设置路径模糊参数

5. 旋转模糊

在"模糊工具"面板中选择"旋转模糊"滤镜后,用户可以在图像中添加图钉,调整图钉周围圆圈大小,再设置参数,得到圆形旋转的模糊效果,如图14-175所示,其"模糊工具"面板如图14-176所示。

图14-175　旋转模糊图像效果　　　图14-176　设置旋转模糊参数

14.2.3　模糊滤镜

对图像使用模糊滤镜,可以让图像相邻像素间过渡平滑,从而使图像变得更加柔和。模糊滤镜组都不在滤镜库中显示,大部分都有独立的对话框。

1. 模糊和进一步模糊

"模糊"滤镜可以对图像边缘进行模糊处理;"进一步模糊"滤镜的模糊效果比"模糊"滤镜的效果强3～4倍。这两个滤镜都没有参数对话框。打开如图14-177所示的素材图像,对其进行模糊操作后的效果如图14-178所示。

图14-177　原图　　　　　图14-178　图像模糊效果

2. 表面模糊

"表面模糊"滤镜在模糊图像的同时还会保留原图像边缘。选择"滤镜→模糊→表面模糊"命令,打开其参数对话框,如图14-179所示,设置各项参数后得到的滤镜效果如图14-180所示。

图14-179　设置参数　　　图14-180　表面模糊效果

3. 动感模糊

动感模糊滤镜可以让静态图像产生运动的模糊效果,其实就是通过对某一方向上的像素进行线性位移来产生运动的模糊效果。其参数设置对话框如图14-181所示,得到的滤镜效果如图14-182所示。

图14-181　设置参数　　　图14-182　动感模糊效果

4．方框模糊

使用方框模糊滤镜可在图像中使用邻近像素颜色的平均值来模糊图像。选择该命令后，其参数设置对话框如图14-183所示，得到的滤镜效果如图14-184所示。

图14-183　设置参数

图14-184　方框模糊效果

5．径向模糊

径向模糊滤镜可以模拟出前后移动图像或旋转图像产生的模糊效果，制作出的模糊效果很柔和。"径向模糊"对话框如图14-185所示，在对话框中可以设置模糊的"数量"、"模糊方法"和"品质"，设置其参数后得到的滤镜效果如图14-186所示。

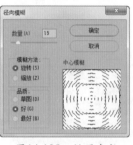

图14-185　设置参数

图14-186　径向模糊效果

6．镜头模糊

使用镜头模糊滤镜可以使图像模拟摄像时镜头抖动产生的模糊效果。选择"镜头模糊"命令后，其对话框如图14-187所示，对话框左侧为图像预览图，右侧为参数设置区。

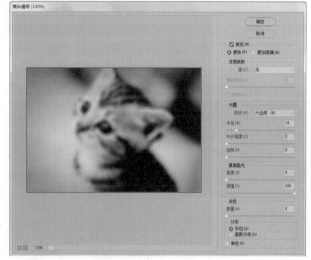

图14-187　"镜头模糊"对话框

- ⊙ "预览"：选中该选项后可以预览滤镜效果。其下方的单选按钮用于设置预览方式，选中"更快"可以快速预览调整参数后的效果，选中"更加准确"可以精确计算模糊的效果，但会增加预览的时间。
- ⊙ "深度映射"：通过设置"模糊焦距"数值可以改变模糊镜头的焦距。
- ⊙ "光圈"：用于对图像的模糊进行设置。
- ⊙ "镜面高光"：用于调整模糊镜面亮度的强弱程度。
- ⊙ "杂色"：在模糊过程中为图像添加杂色。

7．平均模糊

选择"平均模糊"命令后，系统自动查找图像或选区的平均颜色进行模糊处理。一般情况下将会得到一片单一的颜色。

8．高斯模糊

高斯模糊滤镜可以对图像整体进行模糊处理，根据高斯曲线调节图像像素色值。其参数设置对话框如图14-188所示，得到的滤镜效果如图14-189所示。

图14-188　设置参数

图14-189　高斯模糊效果

9．特殊模糊

特殊模糊主要用于对图像进行精确模糊，是唯一不模糊图像轮廓的模糊方式。其参数设置对话框如图14-190所示，在其"模式"下拉列表框中可以选择模糊的模式，得到的滤镜效果如图14-191所示。

图14-190　设置参数

图14-191　特殊模糊效果

10．形状模糊

"形状模糊"滤镜是根据对话框中预设的形状来创建模糊效果。其参数设置对话框如图14-192所示，在对话框中可以选择模糊的形状，模糊后的图像效果如图14-193所示。

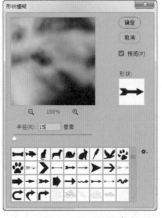

图14-192　设置参数

图14-193　形状模糊效果

14.2.4　杂色滤镜

杂色滤镜组可以在图像中添加彩色或单色杂点效果，或者将图像中的杂色移去。该组滤镜对图像有优化的作用，因此在输出图像时经常使用。

1．去斑

"去斑"滤镜可以检测图像边缘并模糊其他图像区域，从而达到掩饰图像中细小斑点、消除轻微折痕的效果。该滤镜无参数设置对话框，执行滤镜效果并不明显。

2. 蒙尘与划痕

"蒙尘与划痕"滤镜是通过将图像中有缺陷的像素融入周围的像素，使图像产生柔和的效果。打开素材图像，如图14-194所示，选择"蒙尘和划痕"命令，打开其对话框，如图14-195所示，设置各项参数后得到的滤镜效果如图14-196所示。

图14-194 原图

图14-195 设置参数

图14-196 图像效果

3. 减少杂色

"减少杂色"滤镜可以在保留图像边缘的同时减少图像中各个通道中的杂色，它具有比较智能化的减少杂色的功能。选择"减少杂色"命令，打开其对话框，如图14-197所示，设置参数后可以在预览框中查看图像效果。

图14-197 设置减少杂色选项

4. 添加杂色

"添加杂色"滤镜可以在图像上添加随机像素，在对话框中可以设置添加杂色为单色或彩色。选择"添加杂色"命令，打开其对话框，如图14-198所示，设置其参数后得到的滤镜效果如图14-199所示。

图14-198 设置参数

图14-199 添加杂色效果

5．中间值

"中间值"滤镜主要是混合图像中像素的亮度，以减少图像中的杂色。该滤镜对于消除或减少图像中的动感效果非常有用。选择"中间值"命令，打开其对话框，如图14-200所示，设置其参数后得到的滤镜效果如图14-201所示。

图14-200　设置参数

图14-201　中间值效果

14.2.5　渲染滤镜

渲染滤镜组提供了5种滤镜，主要用于模拟不同的光源照明效果，创建出云彩图案、折射图案等。

1．云彩和分层云彩

"云彩"滤镜使用前景色和背景色相融合，随机生成云彩状图案，并填充到当前图层或选区中。"分层云彩"滤镜和"云彩"滤镜类似，都是使用前景色和背景色随机产生云彩图案，不同的是"分层云彩"生成的云彩图案不会替换原图，而是按差值模式与原图混合。打开素材图像，如图14-202所示，设置前景色为黄色，背景色为白色，使用"分层云彩"命令后的效果如图14-203所示。

图14-202　原图

图14-203　分层云彩效果

2．光照效果

"光照效果"滤镜可以对平面图像产生类似三维光照的效果，选择该命令后，将直接进入"属性"面板，在其中可以设置各选项参数，如图14-204所示，图像效果如图14-205所示。

图14-204　设置参数

图14-205　光照效果

3. 镜头光晕

"镜头光晕"滤镜可以模拟出照相机镜头产生的折射光效果。选择"镜头光晕"命令,打开其对话框,如图14-206所示,选择"105毫米聚焦"选项,得到的滤镜效果如图14-207所示。

图14-206 设置镜头光晕选项　　　　　图14-207 图像效果

4. 纤维

"纤维"滤镜可以使用前景色和背景色创建出编辑纤维的图像效果。选择"纤维"命令打开其对话框,如图14-208所示,设置参数后得到的滤镜效果如图14-209所示。

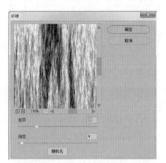

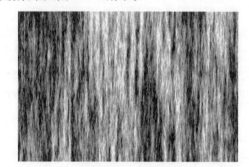

图14-208 设置参数　　　　　图14-209 图像效果

14.2.6 锐化滤镜

锐化滤镜组是通过增加相邻图像像素的对比度,让模糊的图像变得清晰,画面更加鲜明、细腻。

1. USM锐化

使用"USM锐化"滤镜将在图像中相邻像素之间增大对比度,使图像边缘清晰。打开素材图像,如图14-210所示,选择"USM锐化"命令,打开如图14-211所示的对话框,设置参数后得到的滤镜效果如图14-212所示。

图14-210 原图　　　　图14-211 设置参数　　　　图14-212 图像效果

2．智能锐化

"智能锐化"滤镜比"USM锐化"滤镜更加智能化。可以设置锐化算法或控制在阴影和高光区域中进行的锐化量，以获得更好的边缘检测并减少锐化晕圈。选择"智能锐化"命令，打开其对话框，如图14-213所示，设置参数后可以在其左侧的预览框中查看图像效果。展开"阴影/高光"选项卡，可以设置阴影和高光等参数，如图14-214所示。

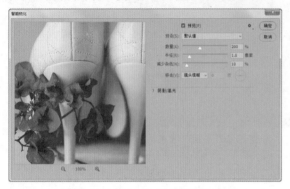

图14-213　智能锐化滤镜

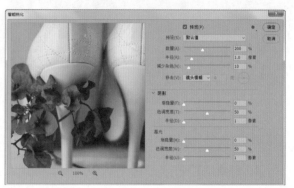

图14-214　高级选项

3．锐化边缘、锐化和进一步锐化

"锐化边缘"滤镜通过查找图像中颜色发生显著变化的区域进行锐化；"锐化"滤镜可增加图像像素间的对比度，使图像更清晰；"进一步锐化"滤镜和"锐化"滤镜功效相似，只是锐化效果更加强烈。这3种滤镜都没有对话框。

专家提示

锐化滤镜在效果图处理方面运用十分频繁，因为使用3ds max等三维软件渲染后的图像都具有模糊感，需要使用该类滤镜来消除这些问题。

14.2.7　融会贯通——制作荧光圈

本实例将制作一个特效荧光圈效果，主要练习Photoshop中高斯模糊滤镜的使用，实例效果如图14-215所示。

实例文件：	实例文件\第14章\制作荧光圈.psd
视频教程：	视频教程\第14章\制作荧光圈.mp4

创作思路：

本实例将绘制一个荧光圈，将使用模糊滤镜来制作朦胧效果，在实例制作中还将介绍图层样式的使用方法。

图14-215　实例效果

其具体操作如下。

01 选择"文件→新建"命令，打开"新建"对话框，设置文件名称为"制作荧光圈"，宽度和高度为10厘米×10厘米，分辨率为200，如图14-216所示。

02 设置前景色为黑色，按Alt+Delete组合键填充背景为黑色，如图14-217所示。

图14-216 新建文件

图14-217 填充背景颜色

03 新建图层1，选择自定形状工具 ，在属性栏中选择"窄边圆形边框"图形，如图14-218所示，按住Shift键在背景图像中拖动鼠标绘制圆环，如图14-219所示。

图14-218 选择图形

图14-219 绘制图形

04 按Ctrl+Enter组合键，将路径转换为选区，使用渐变工具为选区应用线性渐变填充，设置颜色从黄色(R255,G209,B53)到粉红色(R255,G55,B131)到粉紫色(R181,G27,B129)到蓝色(R13,G152,B247)，如图14-220所示。

05 按Ctrl+D组合键取消选区，使用钢笔工具在圆环右上方绘制一个缺口路径，如图14-221所示。

图14-220 应用线性渐变填充

图14-221 绘制路径

06 将路径转换为选区，删除选区内容，然后选择"滤镜→模糊→高斯模糊"命令，打开"高斯模糊"对话框，设置半径为3，如图14-222所示。

07 单击"确定"按钮得到模糊的圆环，如图14-223所示。

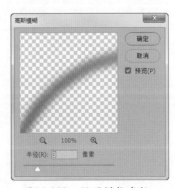

图14-222 设置模糊半径

图14-223 模糊效果

08 复制一次图层1，再次使用高斯模糊命令，设置半径参数为10，然后按两次Ctrl+J组合键复制两次模糊后的图像，使其得到重叠后的效果，如图14-224所示。

09 新建一个图层，选择椭圆选框工具，按住Shift键绘制一个正圆形选区，填充为白色，如图14-225所示。

图14-224 增加模糊效果　　　图14-225 绘制白色圆形

10 选择"选择→变换选区"命令，适当缩小选区，并向左下方略微移动，按Delete键删除图像，效果如图14-226所示。

11 选择"图层→图层样式→外发光"命令，打开"图层样式"对话框，设置外发光颜色为白色，大小为13，如图14-227所示。

12 单击"确定"按钮，得到圆圈的外发光效果，如图14-228所示。

 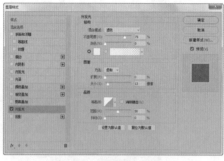 

图14-226 删除图像　　　图14-227 设置外发光参数　　　图14-228 外发光效果

13 新建一个图层，选择画笔工具，打开"画笔"面板，在其中选择"画笔笔尖形状"样式，然后设置大小为8、间距为363%，如图14-229所示。

14 选择"散布"选项，选中"两轴"选项，然后设置各项参数，如图14-230所示。

15 设置好画笔样式后，设置前景色为白色，在圆环周围绘制出圆点图像，如图14-231所示。

图14-229 设置画笔形状　　　图14-230 设置散布参数　　　图14-231 绘制圆点

16　设置该图层的图层混合模式为"叠加"，得到的图像效果如图14-232所示。

17　在"图层"面板中单击背景图层，选择"滤镜→渲染→镜头光晕"命令，打开"镜头光晕"对话框，设置镜头类型为"50-300毫米变焦"，然后再设置镜头在画面左上角，"亮度"为123%，如图14-233所示。

18　单击"确定"按钮，得到的图像效果如图14-234所示。

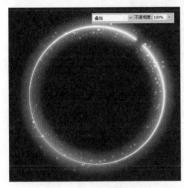

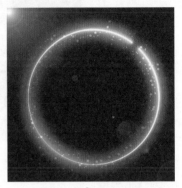

图14-232　图像效果　　　　图14-233　设置滤镜参数　　　　图14-234　图像效果

19　再次打开"镜头光晕"对话框，改变镜头的位置为图像右侧，再改变"亮度"参数为110%，如图14-235所示。

20　单击"确定"按钮，得到的图像效果如图14-236所示。

21　选择横排文字工具，在光环中输入一行文字Photoshop CC 2017，在属性栏中设置字体为CommercialScript BT，颜色为白色，如图14-237所示，完成本实例的制作。

图14-235　设置镜头光晕　　　　图14-236　图像效果　　　　图14-237　输入文字

14.3　上机实训

下面练习制作照片的艺术边框效果，主要练习智能滤镜和在同一个图像上使用多个滤镜的操作，本实例的效果如图14-238所示。

实例文件：	实例文件\第14章\艺术边框.psd
素材文件：	素材文件\第14章\夜景.jpg

图14-238　实例效果

创作指导：

01 打开"夜景.jpg"素材图像，在图像边缘绘制一个边框并将其复制为"图层1"。

02 将"图层1"转换为智能滤镜图层，然后对其添加"像素化/铜版雕刻"滤镜。

03 打开滤镜库，对"图层1"依次应用"纹理/拼缀图"和"风格化/照亮边缘"滤镜，如图14-239所示。

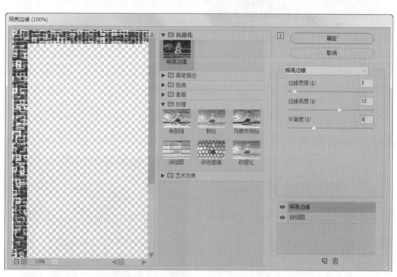

图14-239　应用滤镜

14.4　知识拓展

　　滤镜是制作特效最直接的功能之一，用户通过对图像应用多种滤镜可以得到许多意想不到的特殊效果。在Photoshop中还可以使用外挂滤镜，外挂滤镜是指由第三方软件生产商开发的，不能独立运行，必须依附在Photoshop中运行的滤镜。

　　外挂滤镜多种多样，其安装方法大同小异，只需按照软件提供的安装说明进行即可，安装完后启动Photoshop，外挂滤镜就会显示在"滤镜"菜单中。外挂滤镜的使用方法也和自带的滤镜使用方法一样，由于其是第三方软件，所以不同的外挂滤镜具有不同的工作界面，功能自然也不一样。

第15章 动作与批处理

本章展现

本章将学习动作及其相关知识与应用，以及批处理图像的操作方法。结合使用"动作"面板和批处理图像功能，可以提高工作效率。

本章主要内容如下。

- 建立动作
- 动作和动作组的创建
- 录制和播放动作
- 应用默认动作
- 批处理图像

15.1 建立动作

动作就是对单个文件或一批文件回放一系列命令的操作。大多数命令和工具操作都可以记录在动作中。

15.1.1 认识"动作"面板

在"动作"面板中可以快速地使用一些已经设定的动作，也可以设置一些自己的动作，存储起来以方便今后使用。通过"动作"功能的应用，可以对图像进行自动化操作，从而大大提高工作效率。

图15-1　　"动作"面板

选择"窗口→动作"命令，打开"动作"面板，如图15-1所示，可以看到"动作"面板中默认的动作设置。

⦿　单击 ● 按钮，开始录制动作。
⦿　单击 ■ 按钮，停止录制动作。
⦿　单击 ▶ 按钮，可以播放所选的动作。
⦿　单击 ◧ 按钮，可以创建新动作。
⦿　单击 🗑 按钮，将弹出一个提示对话框，单击"确定"按钮可删除所选的动作。
⦿　单击 ▬ 按钮，可以新建一个动作组。
⦿　☑ 按钮，用于切换项目开关。
⦿　▤ 图标，用于控制当前所执行的命令是否需要弹出对话框。

15.1.2 新建动作组

为了方便管理动作，用户可以创建一个动作组来对动作进行分类管理。新建动作组的具体操作方法如下。

01　打开一个需要处理的图像文件，如图15-2所示，选择"窗口→动作"命令，打开"动作"面板。

02　单击"动作"面板底部的"创建新组"按钮 ▬，弹出"新建组"对话框，如图15-3所示。

03　单击"确定"按钮即可在"动作"面板中创建一个新动作组，如图15-4所示。

图15-2　素材图像

图15-3　"新建组"对话框

图15-4　新建动作组

15.1.3 新建并录制动作

在"动作"面板中创建组后，可以在动作组中创建新动作，以便记录操作。新建并录制动作的具体方法如下。

01 单击"动作"面板右上方的■按钮，在弹出的菜单中选择"新建动作"命令，即可弹出"新建动作"对话框，如图15-5所示。

02 单击"记录"按钮，即可在组1中得到新建的动作，如图15-6所示，这时操作将被录制下来。

图15-5 "新建动作"对话框　　　　图15-6 创建新动作

03 选择"图像→调整→色相/饱和度"命令，打开"色相/饱和度"对话框，适当调整图像颜色，如图15-7所示。

04 单击"确定"按钮，得到的图像效果如图15-8所示，这时"动作"面板中将记录颜色调整，如图15-9所示。

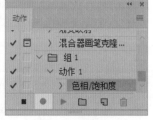

图15-7 调整颜色　　　　图15-8 图像效果　　　　图15-9 记录动作

05 如果对图像的处理已经完成，可以单击"停止播放/记录"按钮■，完成动作的录制。

15.1.4 播放动作

在Photoshop中，播放动作的方法很简单。播放动作的方法如下。

01 打开一个需要应用动作的图像文件，如图15-10所示。

图15-10 素材图像

02 在"动作"面板中选择需要应用到该图像上的动作，如选择"木质画框"动作，单击"播放选定的动作"按钮▶，如图15-11所示，即可将该动作应用到该图像上，如图15-12所示。

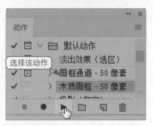

图15-11 选择动作播放

图15-12 图像效果

15.2 编辑记录的动作

用户对操作进行记录后，该记录都保存在"动作"面板中，用户可根据处理图像的需要，对这些动作进行一系列的编辑。

15.2.1 插入菜单项目

插入菜单项目就是在动作中插入菜单命令。下面以前面记录的动作为例，介绍插入菜单项目的操作方法。

01 在"动作1"的操作步骤中选择"色相/饱和度"命令，然后单击"动作"面板右上角的 ▤ 按钮，在弹出的菜单中选择"插入菜单项目"命令，将打开如图15-13所示的"插入菜单项目"对话框。

图15-13 "插入菜单项目"对话框

02 保持对话框的显示状态，选择"图像→调整→曲线"命令，此时"插入菜单项目"对话框中的"菜单项"中即可显示该菜单命令，如图15-14所示。

图15-14 对话框的显示

03 单击"确定"按钮，即可将该命令插入到当前动作中，如图15-15所示。

图15-15 插入命令

15.2.2 插入停止命令

在实际录制动作的过程中，有很多命令是无法被记录下来的，如使用画笔工具涂抹图像，为了使操作完整，用户可以暂停动作的录制。

使用插入停止命令的具体操作方法如下。

01 确认在录制操作的情况下，使用画笔工具涂抹图像，可以看到在"动作"面板中没有任何记录，如图15-16所示。

02 在"动作"面板右上方单击▤按钮，在弹出的菜单中选择"插入停止"命令，将打开"记录停止"对话框，在其中输入停止的提示和要求，如图15-17所示。

03 设置完成后单击"确定"按钮，可以将"停止"命令插入到"动作"面板中，如图15-18所示。

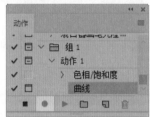
图15-16 "动作"面板

图15-17 输入文字

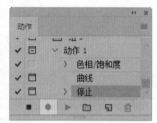
图15-18 插入"停止"命令

专家提示

在"记录停止"对话框中，用户还可以通过选中"允许继续"选项，设置是否允许动作的继续。

15.2.3 复制/删除动作

当用户录制完成操作过程后，还可以在"动作"面板中对动作进行复制和删除操作。其具体操作方法如下。

01 选择需要复制的动作，按住鼠标左键将该动作拖至"创建新动作"按钮 上，如图15-19所示。

02 松开鼠标，即可在"动作"面板中得到复制的动作，如图15-20所示。

03 选择需要删除的动作，如"色相/饱和度"命令，单击面板底部的"删除"按钮 ，将弹出一个提示对话框，如图15-21所示。

04 单击"确定"按钮即可删除该动作，如图15-22所示。

图15-19 拖动需要复制的动作

图15-20 复制的动作

图15-21 提示对话框

图15-22 删除动作

15.3 应用默认动作

在Photoshop CC 2017中，提供了很多默认的动作，选择这些动作可以制作出很多丰富的图像效果。其具体操作方法如下。

01 选择"文件→打开"命令，打开一幅图像文件，如图15-23所示。

02 单击"动作"面板右上方的 ▤ 按钮，在弹出的菜单中选择"图像效果"命令，将该组动作载入到面板中，如图15-24所示。

图15-23 素材图像

图15-24 载入动作

03 选择"油彩蜡笔"，然后单击"播放选定的动作"按钮 ▶，播放该动作，得到如图15-25所示的效果。

图15-25 图像效果

04 单击"动作"面板右上方的 ▤ 按钮，在弹出的菜单中选择"画框"命令，将"画框"动作组载入到面板中，如图15-26所示。

05 选择"波形画框"动作，然后单击"播放选定的动作"按钮 ▶ 播放动作，得到的图像效果如图15-27所示。

图15-26 载入"画框"动作组

图15-27 添加画框图像

15.4 批处理图像

在Photoshop中使用动作批处理文件，让电脑自动完成设置的步骤，省时又省力，给用户带来了极大的方便。

15.4.1 批处理

Photoshop提供的批处理命令允许用户对一个文件夹的所有文件和子文件夹按批次输入并自动执行动作，从而大幅度地提高我们处理图像的效率。

批处理图片的具体操作如下。

01 在电脑中创建一个文件夹，用于存储批处理的图片，如图15-28所示。

02 选择需要处理的图片文件夹，打开"动作"面板，将"图像效果"动作组载入到面板中，选择"细雨"动作，如图15-29所示。

图15-28 创建文件夹

图15-29 载入动作组

03 选择"文件→自动→批处理"命令，打开"批处理"对话框，如图15-30所示。

图15-30 "批处理"对话框

对话框中各选项含义如下。

⊙ "组"：在该下拉列表框中可以选择所要执行动作所在的组。

⊙ "动作"：选择所要应用的动作。

⊙ "源"：用于选择批处理图像文件的来源。

⊙ "目标"：用于选择处理文件的目标。选择"无"选项，表示不对处理后的文件做任何操作；选择"存储并关闭"选项，可将文件保存到原来的位置，并覆盖原文件；选择"文件夹"选项，并单击下面的"选择"按钮，可选择目标文件所保存的位置。

⊙ "文件命名"：在"文件命名"选项区域中的6个下拉列表框中，可以指定目标文件生成的命名规则。

⊙ "错误"：在该下拉列表框中可指定出现操作错误时的处理方式。

04 单击"源"右侧的三角形按钮，在其下拉列表框中选择"文件夹"，然后单击"选择"按钮，在弹出的对话框中选择需要处理的图片文件夹，如图15-31所示。

[05] 单击"目标"右侧的三角形按钮,在其下拉列表框中选择"文件夹",然后单击"选择"按钮,在弹出的对话框中选择存储批处理图片的文件夹,如图15-32所示。

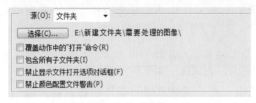

图15-31 设置"源"文件

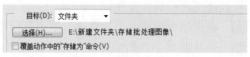

图15-32 设置"目标"文件

[06] 设置好选项后,单击"确定"按钮,逐一将处理的文件进行保存,打开用于存储目标文件的文件夹,即可查看批处理后的文件,如图15-33所示。

图15-33 批处理后的文件

15.4.2 创建快捷批处理方式

"创建快捷批处理"命令是一个小应用程序,其操作方法与"批处理"命令相似,只是在创建快捷批处理方式后,在相应的位置会创建一个快捷图标。

使用快捷批处理的具体操作如下。

[01] 选择"文件→自动→创建快捷批处理"命令,打开"创建快捷批处理"对话框,在该对话框中设置好快捷批处理,以及目标文件的存储位置和需要应用的动作,如图15-34所示。

图15-34 "创建快捷批处理"对话框

[02] 单击"确定"按钮。打开存储快捷批处理的文件夹,即可在其中看到一个快捷图标,如图15-35所示。然后将需要处理的文件拖至该图标上即可自动对图像进行处理。

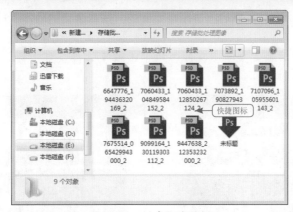

图15-35　创建快捷图标

15.4.3　融会贯通——制作家居广告

本实例将制作一个家居广告效果，练习动作的运用方法，实例效果如图15-36所示。

实例文件:	实例文件\第15章\家居广告.psd
素材文件:	素材文件\第15章\家居.jpg
视频教程:	视频教程\第15章\制作家居广告.mp4

创作思路:

本实例将介绍使用"动作"面板为图像制作特殊效果，并制作成商业广告。

图15-36　实例效果

其具体操作如下。

01 打开"家居.jpg"图像文件，如图15-37所示，选择"窗口→动作"命令，打开"动作"面板。

02 单击"动作"面板右侧的■按钮，在弹出的快捷菜单中选择"图像效果"序列，这时"动作"面板中将添加图像效果序列组，如图15-38所示。

图15-37　打开素材图像

图15-38　选择序列

03 选择"四分颜色"动作，然后单击面板底部的"播放选定的动作"按钮 ▶ ，得到如图15-39所示的效果。

04 选择横排文字工具输入文字，在属性栏中设置字体为汉真广标，颜色为白色，如图15-40所示。

图15-39　四分颜色效果

图15-40　输入文字

05 在"动作"面板中选择"文字效果"序列，然后再选择"粗轮廓线(文字)"动作，播放动作后，得到如图15-41所示的效果。

06 再输入"时尚家居 精致人生"，设置字体为方正粗圆简体，然后在"动作"面板中为其应用"木质镶板"动作，效果如图15-42所示，最后在画面底部输入地址文字信息，完成本实例的操作。

图15-41　文字效果

图15-42　完成效果

15.5　知识拓展

在Photoshop中，当用户在使用"动作"面板创建动作后，并不是所有的动作都能被录制，能被录制的有多边形套索、选框、裁切、直线、渐变、移动、魔棒、油漆桶和文字等工具以及路径、通道、图层、历史记录等面板中的操作。而在录制动作过程中发现进行了错误的录制操作，是不需要重新录制的，如果出现了错误，这时可先停止当前动作的录制，在已录制的动作下选择录制的出错动作内容，并单击"动作"控制面板底部的"删除"按钮 ，将该内容删除，然后重新单击"录制"按钮 进入录制状态，再继续进行录制即可。

第16章　照片处理案例应用

本章展现

随着人们生活水平的提高，外出游玩拍照成为一种时尚，但有些照片总会出现一些瑕疵，这就需要通过Photoshop来对图像进行调整，以达到令人满意的效果。本章将针对这些现象，介绍几种常见的照片调整技术和艺术处理效果。让读者在掌握软件技能的同时，还可以掌握处理照片的方法和技巧。

本章主要内容如下。
- 照片的调整技术
- 照片的艺术处理

16.1 照片后期处理注意事项

很多人拍完照片就以为万事大吉了，其实这只是一个开始，因为很多照片还需要进行后期制作，特别是个人艺术照、婚纱照等重要的照片，更是离不开照片的后期处理。例如，拍摄一套婚纱照，如果不经过很好的处理与制作，不仅会花不少的冤枉钱，还会浪费不少的时间和精力。那么照片后期制作需要注意哪些事项呢？下面就相关事项进行讲解。

1. 照片细节

在挑选照片时，不仅仅是单纯的选照片，更要看看细节上是否存在问题，例如头发、牙齿、肤色、鞋子等，如果拍摄出来的效果不满意，要及时进行修改。千万别看着照片漂亮，一时得意而忘记检查，等到稀里糊涂处理完后，才发现存在问题，前面所做的工作就白费了。

2. 照片文字

在如今的照片设计中，常常会出现一些外文词汇，如英文、韩文、法文等。这确实能让婚礼洋气不少，对于这些文字，很少有新人会进行仔细检查。可是要知道，如果不了解那些单词的意义，或是没有及时检查出文字的内容是否存在错误，是否有些语法上的歧义、甚至是否是商业广告，一不留神让它永远留在了相册上，被别人识别出来就避免不了出现尴尬的场面了。

3. 照片效果

在后期的修饰中，很多人在后期制作的时候要求会比较苛刻，导致最后修饰出来的照片基本就不是自己本人。这怎么行呢，特别是婚纱照，作为人们一辈子的纪念，当然要保留他们最自然的一面。所以，一些身材外貌上的不足，让一些光线或是头饰道具掩饰一下就可以了。

16.2 照片的调整技术

用户可以通过常见的照片调整技术，快速处理照片中的常见问题。下面将介绍调整照片色调、制作景深效果和更换照片背景等技巧。

16.2.1 调出亮丽色调

本实例将对如图16-1(a)所示的图像进行色调处理，得到如图16-1(b)所示的图像。

(a) 素材图像　　　　　　　　　　　(b) 调整后的效果

图16-1　实例效果

实例文件：	实例文件\第16章\亮丽色调.jpg
素材文件：	素材文件\第16章\食物.jpg
视频教程：	视频教程\第16章\调出亮丽色调.mp4

具体操作如下。

01 选择"文件→打开"命令，打开"食物.jpg"文件，可以看到图像显得很灰暗，下面调整图像亮度和色调。

02 选择"图像→调整→色阶"命令，打开"色阶"对话框，拖动"输入色阶"下面的三角形滑块，增加图像亮度和对比度，如图16-2所示。单击"确定"按钮，得到如图16-3所示的图像效果。

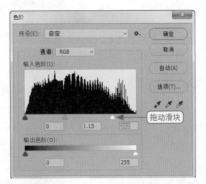

图16-2 调整色阶参数

图16-3 图像效果

03 选择"图像→调整→亮度/对比度"命令，打开"亮度/对比度"对话框，适当增强图像整体亮度，如图16-4所示。

04 单击"确定"按钮，得到如图16-5所示的图像效果。

图16-4 调整亮度参数

图16-5 图像效果

05 选择"图像→调整→自然饱和度"命令，打开"自然饱和度"对话框，设置"自然饱和度"参数为47、"饱和度"为24，如图16-6所示。

06 单击"确定"按钮，得到如图16-7所示的图像效果，完成本实例的操作。

图16-6 调整饱和度参数

图16-7 图像效果

16.2.2 校正偏色的图像

本实例对如图16-8(a)所示的图像颜色进行校正，得到如图16-8(b)所示的图像。

实例文件:	实例文件\第16章\调整偏色图像.jpg
素材文件:	素材文件\第16章\花朵.jpg ……
视频教程:	视频教程\第16章\校正偏色的图像.mp4

(a) 素材图像　　　　　　(b) 调整后的效果

图16-8　实例效果

具体操作如下。

01 选择"文件→打开"命令，打开"花朵.jpg"文件，可以看到照片整体颜色偏绿，花朵已经没有了红色，如图16-9所示。

02 选择"图像→调整→色相/饱和度"命令，打开"色相/饱和度"对话框。调整色相参数为-68、饱和度为19，如图16-10所示。

图16-9　打开素材图像　　　　图16-10　设置参数

03 单击"确定"按钮，调整后的图像效果如图16-11所示，选择"图像→调整→色彩平衡"命令，打开"色彩平衡"对话框，分别为图像调整红色和黄色，然后进行确定，如图16-12所示。

 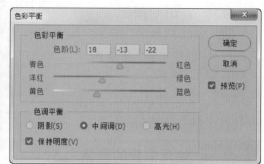

图16-11　调整色相后的效果　　　图16-12　增加黄色和红色

04 选择"滤镜→模糊→高斯模糊"命令,打开"高斯模糊"对话框,设置模糊参数为2,如图16-13所示。然后单击"确定"按钮回到画面中,图像效果如图16-14所示。

图16-13 设置模糊参数　　　　图16-14 完成效果

16.2.3 更换人物背景

本实例对如图16-15(a)所示的图像更换背景,得到如图16-15(b)所示的图像。

实例文件:	实例文件\第16章\更换人物背景.psd
素材文件:	素材文件\第16章\宝贝.jpg、背景.jpg
视频教程:	视频教程\第16章\更换人物背景.mp4

(a) 素材图像　　　　　　(b) 调整后的效果

图16-15 实例效果

其具体操作如下。

01 选择"文件→打开"命令,打开"宝贝.jpg"图像,使用钢笔工具绘制出人物轮廓,如图16-16所示。

02 按Ctrl+Enter组合键将路径转换为选区,选择任意一个选框工具,并在选区中单击鼠标右键,选择"羽化"命令,打开"羽化半径"对话框,设置参数为3,如图16-17所示,单击"确定"按钮。

图16-16 绘制路径　　　　　　图16-17 设置羽化值

高手技巧

在Photoshop中，需要先选择任意一个选框工具，然后在选区中单击鼠标右键，才能出现选区相关快捷菜单。

03 打开"背景.jpg"图像，使用移动工具将人物图像直接拖动到"背景.jpg"图像中，如图16-18所示。

04 在"图层"面板中设置人物图层的图层混合模式为"柔光"，如图16-19所示。

图16-18 添加人物图像

图16-19 设置图层混合模式

05 按Ctrl+J组合键复制人物图层，然后改变图层混合模式为"叠加"，得到的图像效果如图16-20所示。

06 再复制一次人物图层，改变图层混合模式为"正常"，设置图层不透明度为50%，如图16-21所示，完成本实例的制作。

图16-20 改变图层混合模式

图16-21 完成效果

16.2.4 亮度锐化技术

本实例将对如图16-22(a)所示的图像进行亮度锐化处理，得到如图16-22(b)所示的图像。

实例文件：	实例文件\第16章\亮度锐化技术.psd
素材文件：	素材文件\第16章\河边.jpg
视频教程：	视频教程\第16章\亮度锐化技术.mp4

(a) 素材图像

(b) 调整后的效果

图16-22 实例效果

其具体操作如下。

01 选择"文件→打开"命令,打开"河边.jpg"图像,如图16-23所示,接下来将对这张素材图像进行亮度锐化处理。

02 选择"滤镜→锐化→USM锐化"命令,在打开的对话框中将参数设置成如图16-24所示,然后单击"确定"按钮。

图16-23 打开素材图像

图16-24 设置锐化参数

03 选择"编辑→渐隐USM锐化"命令,在打开的对话框中设置参数如图16-25所示,然后单击"确定"按钮,完成效果如图16-26所示。

图16-25 设置渐隐参数

图16-26 完成效果

16.2.5 边界锐化技术

本实例将对如图16-27(a)所示的图像进行边界锐化处理,得到如图16-27(b)所示的图像。

实例文件:	实例文件\第16章\边界锐化技术.psd
素材文件:	素材文件\第16章\猫咪.jpg
视频教程:	视频教程\第16章\边界锐化技术.mp4

(a) 素材图像   (b) 调整后的效果

图16-27 实例效果

其具体操作如下。

[01] 选择"文件→打开"命令,打开"猫咪.jpg"图像,如图16-28所示,接下来将对这张素材图像做边界锐化处理。

[02] 按Ctrl+J组合键复制背景图层,得到图层1。选择"滤镜→风格化→浮雕效果"命令,在打开的对话框中将参数设置成如图16-29所示。

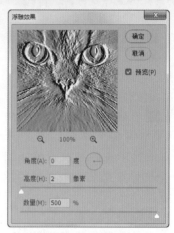

图16-28　打开素材图像　　　　图16-29　设置浮雕参数

[03] 单击"确定"按钮,图层1中的效果如图16-30所示,然后将其图层混合模式设置为"强光",图像效果如图16-31所示,完成本实例的制作。

图16-30　浮雕效果　　　　图16-31　锐化效果

16.3　照片的艺术处理

在Photoshop中可以为照片制作多种艺术效果,还可以将几张照片合并到一个画面中,让本来普通的照片变得丰富多彩。

16.3.1　制作唯美写真照片

本实例制作一个唯美写真艺术效果的图像,实例效果如图16-32所示。

实例文件:	实例文件\第16章\唯美写真.psd
素材文件:	素材文件\第16章\美女.jpg……
视频教程:	视频教程\第16章\制作唯美写真照片.mp4

图16-32 实例效果

其具体操作如下。

01 按Ctrl+O组合键，打开"柔和背景.jpg"文件，如图16-33所示，将对这张图片做背景图像效果。

02 选择"滤镜→滤镜库"命令，在打开的对话框中展开"艺术效果"文件夹，选择"调色刀"滤镜，参数设置如图16-34所示。

图16-33 打开背景图像

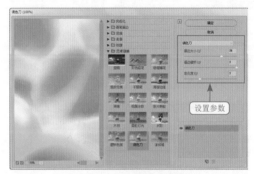

图16-34 设置滤镜参数

03 单击"确定"按钮，得到的图像效果如图16-35所示。选择"滤镜→模糊→动感模糊"命令，打开"动感模糊"对话框，设置"角度"为-34、"距离"为50，如图16-36所示。

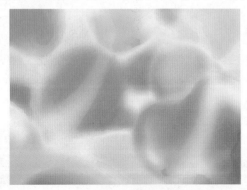

图16-35 图像效果

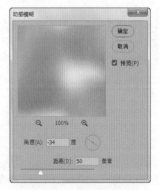

图16-36 设置模糊参数

04 单击"确定"按钮，得到图像模糊效果，如图16-37所示。

05 打开"美女.jpg"图像，使用移动工具将其拖动到模糊图像中，并适当调整大小，布满整个画面，设置图层混合模式为"正片叠底"，效果如图16-38所示。

图16-37 图像模糊效果

图16-38 图像效果

06 为人物图层添加图层蒙版，然后选择画笔工具，在属性栏中设置不透明度为30%，对红色背景做涂抹，隐藏部分图像，如图16-39所示。

07 按Ctrl+J组合键复制图层1，选择"滤镜→模糊→高斯模糊"命令，打开"高斯模糊"对话框，设置模糊参数为8.2，如图16-40所示，单击"确定"按钮。

图16-39 隐藏图像

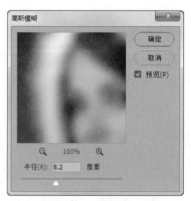

图16-40 设置模糊参数

08 设置复制图层的图层混合模式为"滤色"，得到柔和图像效果，如图16-41所示。

09 选择横排文字工具 T.，在画面左侧输入一段英文，得到如图16-42所示的效果，完成本实例的制作。

图16-41 设置图层混合模式

图16-42 输入文字

16.3.2 制作儿童艺术照

本实例制作一个儿童艺术照，实例效果如图16-43所示。

实例文件：	实例文件\第16章\儿童艺术照.psd
素材文件：	素材文件\第16章\梦幻背景.jpg、宝贝1.jpg、宝贝2.psd、宝贝3.psd、花纹.psd……
视频教程：	视频教程\第16章\制作儿童艺术照.mp4

图16-43　实例效果

其具体操作如下。

[01] 按Ctrl+O组合键，打开"梦幻背景.jpg"(如图16-44所示)和"宝贝1.jpg"文件，然后使用多边形套索工具选中宝贝头像，如图16-45所示。

图16-44　背景图像

图16-45　选中图像

[02] 选择移动工具，将宝贝图像拖动到背景图像中，放到如图16-46所示的位置，按Ctrl+T组合键适当调整图像大小和方向。

[03] 单击"图层"面板底部的"添加图层蒙版" 🔲 按钮，使用画笔工具对宝贝图像周围做涂抹，隐藏边缘的背景图像，如图16-47所示。

图16-46　移动图像

图16-47　隐藏图像

[04] 新建一个图层，选择矩形选框工具在画面右侧绘制一个矩形选区，并填充为白色，然后复制一个白色矩形，按如图16-48所示的方式进行排列。

[05] 打开"宝贝2.jpg"和"宝贝3.jpg"图像，使用移动工具将其拖动到当前编辑的图像中，适当调整大小，分别放到白色矩形中，如图16-49所示。

图16-48　绘制白色矩形

图16-49　添加素材图像

06　打开"花纹.psd"图像，将其拖动到当前编辑的图像中，按Ctrl+J组合键复制一次花纹图像，分别调整花纹图像大小，放到如图16-50所示的位置。

07　使用横排文字工具在画面右侧输入文字，设置字体为Rage Italic LET，颜色为白色；然后使用矩形选框工具在画面上下两侧分别绘制矩形选区，并填充为黑色，效果如图16-51所示，完成本实例的操作。

图16-50　添加花纹图像

图16-51　完成效果

16.3.3　制作美丽风景签名照

本实例制作一个美丽风景签名照，实例效果如图16-52所示。

实例文件：	实例文件\第16章\美丽风景签名照.psd
素材文件：	素材文件\第16章\风景.jpg
视频教程：	视频教程\第16章\制作美丽风景签名照.mp4

图16-52　实例效果

其具体操作如下。

01 按Ctrl+O组合键，打开"风景.jpg"素材图像，如图16-53所示，下面将对这张图像进行处理，并添加艺术签名效果。

02 选择椭圆选框工具，在属性栏中设置羽化值为50，在图像中绘制出一个椭圆选区，如图16-54所示。

图16-53 素材图像

图16-54 绘制选区

03 选择"选择→反选"命令，得到反选选区。选择"滤镜→模糊→高斯模糊"命令，打开"高斯模糊"对话框，设置"半径"为2.6，如图16-55所示，单击"确定"按钮，得到图像模糊效果，如图16-56所示。

图16-55 设置模糊参数

图16-56 模糊图像效果

04 按Ctrl+D组合键取消选区。

05 选择"图层→新建调整图层→曲线"命令，打开"属性"面板。分别在曲线中添加两个节点，然后对曲线进行调整，增加图像的对比度，如图16-57所示，得到的图像效果如图16-58所示。

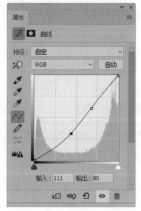

图16-57 调整曲线

图16-58 图像效果

06 选择"图层→新建调整图层→色相/饱和度"命令,在"属性"面板中调整"饱和度"为32,如图16-59所示。

07 选择"图层→新建调整图层→色彩平衡"命令,在"属性"面板中调整参数分别为-100、92、-93,如图16-60所示。

图16-59 调整全图颜色

图16-60 调整中间调颜色

08 完成参数的设置后,回到画面中,得到调整后的图像效果,如图16-61所示。

09 选择横排文字工具 **T**,在图像下方输入两行英文文字。在属性栏中设置字体为Bauhaus 93,再适当调整文字大小和间距,效果如图16-62所示。

图16-61 图像效果

图16-62 输入文字

10 选择"图层→图层样式→混合选项"命令,打开"图层样式"对话框,设置"填充不透明度"为0%,如图16-63所示,选择"内发光"选项,设置内发光颜色为白色、混合模式为"正常",再设置其他参数,如图16-64所示。

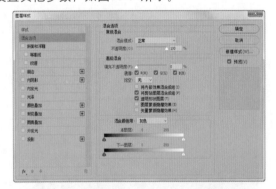

图16-63 图像效果

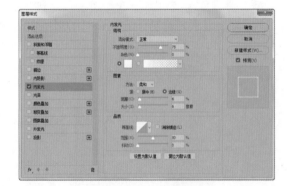

图16-64 输入文字

11 选择"投影"选项,设置投影颜色为黑色、混合模式为"正常",再设置其他参数,如图16-65所示。

12 单击"确定"按钮,得到添加图层样式的图像效果,如图16-66所示。

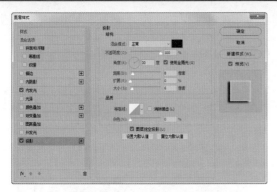

图16-65　设置投影样式

图16-66　文字效果

13　新建一个图层，选择钢笔工具，在文字右侧绘制一条曲线路径。下面将利用这条曲线制作连接的圆点图像，如图16-67所示。

14　选择画笔工具，单击属性栏左侧的 按钮，打开"画笔"面板，选择画笔样式为"尖角"，"大小"为12，"间距"为150%，如图16-68所示。然后选择"形状动态"选项，设置"大小抖动"参数为100%，如图16-69所示。

图16-67　绘制曲线图像

图16-68　设置画笔样式

图16-69　设置形状动态

15　设置好画笔参数后，将前景色设置为白色，然后单击"路径"面板底部的"用画笔描边路径"按钮 ，得到路径填充效果，如图16-70所示。

16　按Ctrl+J组合键复制一次对象。再按Ctrl+T组合键，然后适当缩小和旋转复制的图像。再次复制对象，并对其进行适当旋转和缩小，得到如图16-71所示的效果。

图16-70　描边路径

图16-71　复制图像

17　新建一个图层，选择工具箱中的圆角矩形工具，在属性栏中设置"半径"为20像素。在图像中按住鼠标左键拖动，绘制出一个圆角矩形，如图16-72所示。

18　按Ctrl+Enter组合键将路径转换为选区。按Shift+Ctrl+I组合键，反选选区，然后填充为白色，如图16-73所示。

图16-72　绘制圆角矩形

图16-73　填充图像

19　设置该图层的不透明度为50%，如图16-74所示，得到较为透明的圆角矩形边框，完成本实例的操作，如图16-75所示。

图16-74　设置图层不透明度

图16-75　实例完成效果

16.3.4　制作磨砂边框

本实例制作照片的磨砂边框，实例的对比效果如图16-76所示。

实例文件：	实例文件\第16章\磨砂边框.psd
素材文件：	素材文件\第16章\宝宝.jpg
视频教程：	视频教程\第16章\制作磨砂边框.mp4

其具体操作如下。

01　按Ctrl+O组合键，打开"宝宝.jpg"素材图像，下面将对这张照片添加艺术边框。

02　将背景图层拖动到"图层"面板下方的"创建新图层"按钮 中，复制背景图层为"背景拷贝"图层，然后选择背景图层，将该图层填充为白色，如图16-77所示。

03　选择"背景拷贝"图层，使用矩形选框工具 创建一个矩形选区，然后按Ctrl+Shift+I组合键进行反向选择，如图16-78所示。

04　在工具箱中单击"以快速蒙版模式编辑"按钮 ，进入快速蒙版模式，如图16-79所示。

(a) 素材图像　　　　　　　(b) 制作边框后的效果

图16-76　实例效果

图16-77　复制并填充图层　　　　图16-78　创建选区　　　　图16-79　快速蒙版模式

<u>05</u>　选择"滤镜→像素化→彩色半调"命令，在"彩色半调"对话框中设置最大半径为20像素，网角度数都设置为0，如图16-80所示。单击"确定"按钮，得到如图16-81所示的图像效果。

图16-80　设置彩色半调　　　　　　图16-81　彩色半调效果

<u>06</u>　选择"滤镜→滤镜库"命令，打开滤镜库对话框，然后选择"扭曲/玻璃"滤镜，在"纹理"

下拉列表中选择"磨砂"选项，然后设置其他参数如图16-82所示。单击"确定"按钮，得到如图16-83所示的图像效果。

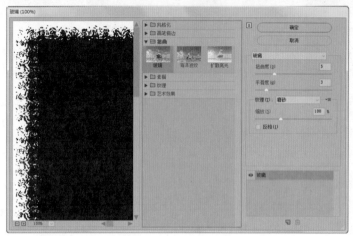

图16-82　设置滤镜参数

图16-83　玻璃图像效果

07　在工具箱中单击"以标准模式编辑"按钮 ▣ 进入标准模式，然后新建一个图层，并将选区填充为白色，再按Ctrl+D组合键取消选区，效果如图16-84所示。

08　选择"图层→图层样式→斜面和浮雕"命令，打开"图层样式"对话框，分别设置浮雕的样式、深度和大小，如图16-85所示。

09　在"图层样式"对话框中单击"确定"按钮，完成本实例的制作。

图16-84　删除选区内图像

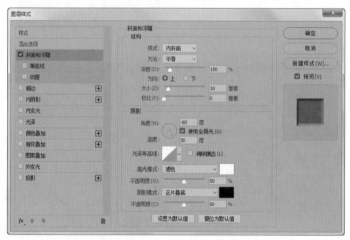

图16-85　设置浮雕参数

第17章　平面广告设计

本章展现

广告，顾名思义，在中文有"广而告之"、"普遍昭告"的意思。进行广告设计工作，首先要了解广告设计的相关知识，并将理论和实践相结合，才能制作出理想的广告作品。本章将学习制作珠宝广告、房地产和酒吧派对广告，让读者可以将软件技能熟练应用于实际的设计中。

本章主要内容如下。

- ● 平面广告设计概述
- ● 化妆品 DM 单
- ● 酒吧派对海报
- ● 水果网店广告

17.1　平面广告设计概述

　　广告的发展有着悠久的历史，而现在的广告设计日趋成熟，商业广告设计尤为突出。无论是什么设计，首先是它必须能够引起别人的注意，也意味着它必须有某种视觉冲击力，否则没有人会有耐心看下去。

　　一个好的平面商业广告设计主要有如下3种目的。

- ◎　引起别人的注意。
- ◎　给人留下深刻的视觉印象。
- ◎　进行信息沟通。

17.1.1　印刷类广告设计

　　印刷类广告是应用最为广泛的广告，包括海报广告、DM单设计、杂志广告、报纸广告等。下面分别介绍这几种广告类型的应用方式。

- ◎　海报广告：海报又名"招贴"或"宣传画"，分布在各街道、影剧院、展览会、商业闹区、车站、码头、公园等公共场所。海报是信息传播中十分常用的方式，应用的领域非常广泛，画面的表现方法也很丰富。在广告设计中，海报是一种快速传播信息的工具，如图17-1所示。
- ◎　报纸广告：报纸是受众最为广泛的大众媒体，常用于刊登消费群较大或时效性较高的广告，是商品广告策略中不可忽视的一个领域。报纸具有广泛性和快速性的特点，因此广告要针对具体的情况利用时间、不同类型的报纸和结合不同的报纸内容，将信息传递出去。对于专业性强的信息，也应选择有关专业性的报纸，减少不必要的浪费。
- ◎　杂志广告：杂志广告的行业针对性很强。企业通常会根据消费者对不同杂志的购买情况进行分类，再将广告投放到相应的杂志上，达到最有效的信息传播，如图17-2所示。
- ◎　DM单广告：DM单是区别于传统的广告刊载媒体：报纸、电视、广播、互联网等的新型广告发布载体。DM单能将广告信息直接传达给目标消费者，是信息传达最有效的广告形式。

图17-1　海报广告

图17-2　杂志广告

17.1.2　POP广告设计

　　凡是在商业空间、购买场所、零售商店的周围、内部以及在商品陈设的地方所设置的广告物，都属于POP广告，利用POP广告强烈的色彩、美丽的图案、突出的造型、幽默的动作、准确而生动的广告语言，可以创造强烈的销售气氛，吸引消费者的视线，促成其购买冲动。

POP广告具有以下几种功能。

1．新产品告知的功能

几乎大部分的POP广告，都属于新产品的告知广告。当新产品出售之时，配合其他大众宣传媒体，在销售场所使用POP广告进行促销活动，可以吸引消费者视线，刺激其购买欲望。

2．唤起消费者潜在购买意识的功能

尽管各厂商已经利用各种大众传播媒体，对于本企业或本产品进行了广泛的宣传，但是有时当消费者步入商店时，已经将其他的大众传播媒体的广告内容所遗忘，此刻利用POP广告在现场展示，可以唤起消费者的潜在意识，重新忆起商品，促成购买行动。

3．取代售货员的功能

POP广告经常使用的环境是超市，而超市中是自选购买方式，在超市中，当消费者面对诸多商品而无从下手时，摆放在商品周围的一则杰出的POP广告，忠实地、不断地向消费者提供商品信息，可以起到吸引消费者，促成其购买决心的作用。

4．创造销售气氛的功能

利用POP广告强烈的色彩、美丽的图案、突出的造型、幽默的动作、准确而生动的广告语言，可以创造强烈的销售气氛，吸引消费者的视线，促成其购买冲动。

5．提升企业形象的功能

现在，国内的一些企业，不仅注意提高产品的知名度，同时也很注重企业形象的宣传。POP广告同其他广告一样，在销售环境中可以起到树立和提升企业形象，进而保持与消费者的良好关系的作用。

17.1.3　户外广告设计

户外是一种开放式的信息载体。它作为与影视、平面、广播并列的媒体，有其鲜明的特性。相比其他媒体，它在"时间"上拥有绝对优势——发布持续、稳定，不像电视、广播一闪即逝；但它在"空间"上处于劣势——受区域视觉限制大，视觉范围窄，不过，候车亭、公交车等网络化分布的媒体已经将这种缺憾做了相当大的弥补。

户外广告最主要的功能是树立品牌形象，其次才是发布产品信息，它的用途总结如下。

- ⊙ 强化企业形象和在同类产品中的领导地位。
- ⊙ 提高企业极其旗下产品的公众认知度。
- ⊙ 加强企业品牌与旗下产品的联系。

17.2　化妆品DM单

由于DM广告直接将广告信息传递给真正的受众，具有强烈的选择性和针对性，因此，DM不同于其他传统广告媒体，它可以有针对性地选择目标对象，有的放矢，减少浪费。

17.2.1 实例说明

本实例将制作一个化妆品DM单，从画面的整体色调和排版就能看出，这是一款时尚高端产品，设计符合产品定位。本实例的效果如图17-3所示。

实例文件：	实例文件\第17章\化妆品DM单.psd
素材文件：	素材文件\第17章\光圈.psd、金粉1.psd、金粉2.psd、化妆品.psd、黄色底纹.jpg、光点.psd
视频教程：	视频教程\第17章\化妆品DM单.mp4

17.2.2 操作思路

本实例制作的是一款化妆品DM单，根据商品的需求，特意将画面背景制作成了深色调，营造一种神秘高贵的气质，并添加荧光圈，与产品色调形成统一。而在排版设计上，将产品放到荧光圈中，能够起到吸引人们眼球的作用，再配合下面的说明性文字，使得整个画面完整并具有美感。

图17-3 实例效果

17.2.3 操作步骤

下面详细介绍本例的制作方法，其操作步骤如下。

01 选择"文件→新建"命令，打开"新建文档"对话框，设置文件名称为"化妆品广告"，"宽度"为26厘米、"高度"为40厘米，分辨率为72，如图17-4所示，单击"创建"按钮，即可得到一个空白的图像文件。

02 按D键设置前景色为黑色，然后按Alt+Delete组合键将背景填充为黑色，如图17-5所示。

图17-4 新建文件

图17-5 填充背景颜色

03　打开"光圈.psd"素材图像，使用移动工具将其直接拖动到当前编辑的图像中，按Ctrl+T组合键适当调整光圈图像大小，放到画面中间，如图17-6所示。

04　打开"金粉1.psd"素材图像，使用移动工具将其直接拖动到当前编辑的图像中，放到画面左上方，如图17-7所示。

图17-6　添加光圈图像

图17-7　添加金粉图像

05　在"图层"面板中设置金粉图像所在图层的混合模式为"变亮"，得到与背景图像自然融合的效果，如图17-8所示。

06　打开"金粉2.psd"素材图像，使用移动工具将其直接拖动到当前编辑的图像中，放到画面上方，同样在"图层"面板中设置其图层混合模式为"变亮"，得到的效果如图17-9所示

图17-8　设置图层属性

图17-9　添加金粉图像

07　打开"化妆品.psd"素材图像，使用移动工具将其直接拖动到当前编辑的图像中，放到光圈图像中，如图17-10所示。

08　新建一个图层，选择矩形选框工具，在化妆品图像下方绘制一个矩形选区，填充为深棕色（R35,G22,B15），如图17-11所示。

09　再绘制一个相同长度的矩形，填充为粉红色（R252,G235,B241），放到深棕色矩形上方，如图17-12所示。

图17-10　添加化妆品图像

图17-11　制作矩形图像

图17-12　绘制粉红色矩形

10　选择横排文字工具，在深棕色矩形中输入一行文字，并在属性栏中设置字体为方正菱心简体，填充为白色，如图17-13所示。

11　打开"黄色底纹.jpg"素材图像，使用移动工具将其拖动到当前编辑的图像中，放到文字中，将文字覆盖，如图17-14所示，并确认底纹图层在文字图层的上方，如图17-15所示。

图17-13　输入文字

图17-14　添加黄色底纹

图17-15　图层顺序

12　选择"图层→创建剪贴蒙版"命令，这时"图层"面板将得到剪贴图层，如图17-16所示，而文字将得到黄色底纹效果，如图17-17所示。

13　选择横排文字工具，在底纹文字下方输入一行白色文字，并设置字体为宋体，如图17-18所示。

图17-16　图层剪贴蒙版

图17-17　文字效果

图17-18　输入文字

14 选择"图层→图层样式→外发光"命令，打开"图层样式"对话框，设置外发光颜色为土黄色（R159,G76,B7），再设置其他参数如图17-19所示。

15 单击"确定"按钮，得到文字的外发光效果，如图17-20所示。

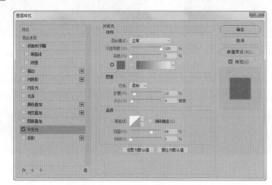

图17-19 设置图层样式

图17-20 外发光效果

16 使用横排文字工具在光圈图像底部输入两行英文文字，并在属性栏中设置字体为宋体，填充为白色，排列效果如图17-21所示。

17 打开"沙漏.psd"和"光点.psd"素材图像，使用移动工具分别将两个素材图像拖动到当前编辑的图像中，放到光圈图像右侧，排列效果如图17-22所示。

18 选择光点图像所在图层，设置该图层混合模式为"变亮"，得到的图像效果如图17-23所示。

图17-21 输入文字

图17-22 添加素材图像

图17-23 图像效果

19 选择横排文字工具，在图像中输入一大一小两段广告说明文字，在属性栏中设置字体为微软雅黑，填充为白色，排列成如图17-24所示的效果。

20 在"图层"面板中选择最下面一行较大的文字所在图层，然后选择"图层→图层样式→外发光"命令，打开"图层样式"对话框，设置外发光颜色为土黄色（R159,G76,B7），再单击"等高线"右侧的图标，在打开的面板中选择"锥形-反转"样式，其参数设置如图17-25所示。

图17-24 添加文字

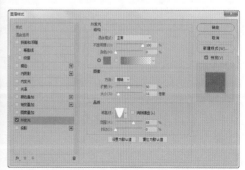

图17-25 设置图层样式

21 单击"确定"按钮，得到添加图层样式的文字效果，如图17-26所示。

22 选择横排文字工具，在画面底部输入英文说明文字，以及地址电话等文字信息，参照如图17-27所示的方式进行排列，完成本实例的制作。

图17-26 图层样式效果　　　　　图17-27 输入其他文字

17.3　酒吧派对海报

本实例将制作一个酒吧派对海报，由于是青春派对，所以图像背景都应用了较为清淡的颜色，符合年轻人率性纯真的感觉。

17.3.1　实例说明

本实例将制作一个酒吧派对海报，主要应用素材图像的组合，再对图像进行处理，得到最终图像效果，实例效果如图17-28所示。

实例文件：	实例文件\第17章\酒吧派对海报.psd
素材文件：	素材文件\第17章\条形云层.psd、色块.psd、旋转.psd、球形图像.psd、酒吧礼品.psd等
视频教程：	视频教程\第17章\酒吧派对海报.mp4

图17-28 实例效果

17.3.2　操作思路

　　本实例制作的是一款酒吧派对海报，该酒吧以年轻人为主，并且广告内容也是青春派对的形式，所以在素材的选择上应用了许多时尚元素，并设置主要文字为深紫色，既突出了文字内容，又起到了点缀整个画面的作用，让人对该广告有一眼难忘的感觉。

17.3.3　操作步骤

　　下面详细介绍本例的制作方法，其操作步骤如下。

　　01　选择"文件→新建"命令，打开"新建文档"对话框，设置文件名称为"酒吧派对"，宽度和高度为10厘米×16厘米，分辨率为300像素/英寸，其余设置如图17-29所示。

　　02　将背景填充为白色，然后再设置前景色为绿灰色（R168,G181,B183），使用画笔工具，在图像周围进行涂抹，得到边缘较深效果，如图17-30所示。

图17-29　新建文件　　　　　　　　　　　　图17-30　绘制边缘

　　03　打开素材图像"条形云层.psd"，使用移动工具将其拖动到当前编辑的图像中，放到画面中间，如图17-31所示。

　　04　打开素材图像"色块.psd"，使用移动工具将其拖动到当前编辑的图像中，放到画面中间，如图17-32所示。

　　05　再打开素材图像"旋转.psd"，使用移动工具将其拖动到当前编辑的图像中，放到画面中间，如图17-33所示。

图17-31　添加云层图像　　　　图17-32　添加色块图像　　　　图17-33　添加素材图像

　　06　在"图层"面板中设置该图层的混合模式为"叠加"，如图17-34所示，得到的图像效果如图17-35所示。

07 设置前景色为天蓝色（R154,G186,B214），使用画笔工具在画面中绘制波浪图像，再设置前景色为紫色（R149,G100,B169），绘制较细的波浪图像，效果如图17-36所示。

图17-34 设置图层混合模式　　图17-35 图像效果　　图17-36 绘制波浪图像

08 选择"滤镜→模糊→动感模糊"命令，打开"动感模糊"对话框，设置"角度"为55、距离为287，如图17-37所示，单击"确定"按钮，得到动感模糊图像效果，如图17-38所示。

09 打开素材图像"球形图像.psd"和"酒吧礼品.psd"，使用移动工具分别将其拖动到当前编辑的图像中，放到画面中间，如图17-39所示。

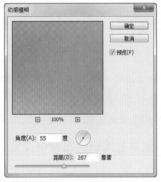

图17-37 设置"动感模糊"参数　　图17-38 图像效果　　图17-39 添加素材图像

10 新建一个图层，设置前景色为白色，使用画笔工具，在属性栏中设置画笔样式为"大涂抹炭笔"，然后在礼品图像下方绘制出带涂抹笔触的图像，如图17-40所示。

11 新建一个图层，使用椭圆选框工具在礼品图像右下方绘制一个圆形选区，填充为紫色（R136,G36,B123），如图17-41所示。

12 分别使用加深和减淡工具在紫色圆形图像周围做涂抹，得到圆球图像，效果如图17-42所示。

图17-40 绘制涂抹图像　　图17-41 绘制紫色圆形　　图17-42 加深和减淡图像

13 选择横排文字工具在圆球图像中输入文字，并适当调整文字大小，如图17-43所示。

⒁　打开素材图像"光点.psd"，选择移动工具将其拖动到当前编辑的图像中，放到紫色圆球下方，如图17-44所示。

图17-43　输入文字

图17-44　添加光点图像

⒂　新建一个图层，选择多边形套索工具，通过加选，在图像中绘制多个四边形选区，填充为白色，如图17-45所示。

⒃　在"图层"面板中设置该图层的混合模式为"柔光"，得到柔和的碎片图像效果，如图17-46所示。

图17-45　绘制碎片

图17-46　设置柔和效果

⒄　打开素材图像"鸽子.psd"，使用移动工具将其拖动到当前编辑的图像中，放到画面右上方，如图17-47所示。

⒅　选择横排文字工具在图像下方输入两行中文文字，然后在属性栏中设置字体为方正粗黑简体，填充为深紫色（R75,G23,B91），再适当调整文字大小，其效果如图17-48所示。

图17-47　添加鸽子图像

图17-48　输入文字

19 选择"文字→栅格化文字图层"命令，将文字图层转换为普通图层，按住Ctrl键单击文字图层，载入选区，如图17-49所示。

20 设置前景色为淡紫色(R184,G110,B171)，使用画笔工具对文字做适当的涂抹，填充部分文字，效果如图17-50所示。

图17-49　载入文字选区　　　　　　　　　　　　图17-50　填充部分文字

21 继续使用横排文字工具，在画面中输入其他文字，参照如图17-51所示的效果，将文字填充为深紫色(R75,G23,B91)和绿色(R79,G196,B201)。

22 打开素材图像"光线.psd"，使用移动工具将其拖动到当前编辑的图像中，放到画面中间，分别设置两个光线图像图层混合模式为"柔光"和"颜色减淡"，效果如图17-52所示。

图17-51　输入其他文字　　　　　　　　　　　　图17-52　添加光线图像

23 选择"图层→新建调整图层→色彩平衡"命令，在打开的对话框中保持默认设置，单击"确定"按钮，进入"属性"面板，设置参数，调整图像颜色，如图17-53所示。

24 再次新建一个调整图层，选择"色彩平衡"命令，再一次调整颜色，如图17-54所示。得到的图像效果如图17-55所示，完成本实例的制作。

图17-53　调整颜色

图17-54　调整颜色

图17-55　图像效果

17.4　水果网店广告

广告设计是平面设计的主要应用领域，用户可以通过广告设计，将产品主题准确而唯美地表现在大众面前。

17.4.1　实例说明

本实例将制作一个网店的宣传广告，制作过程很简单，主要通过几种素材图像的巧妙排列，使画面充满灵动的感觉。本实例的效果如图17-56所示。

实例文件：	实例文件\第17章\水果网店广告.psd
素材文件：	素材文件\第17章\云彩.psd、钻石图形.psd、石榴.psd、水果.psd、水面.psd
视频教程：	视频教程\第17章\水果网店广告.mp4

图17-56　实例效果

中文版 Photoshop CC 2017 图像处理入门到精通

17.4.2 操作思路

　　本实例制作的是一款买水果的网店广告，主要是起到宣传推广的作用。在本例的设计中，使用了多种水果结合排列的方式，形象地突出网店内容，再加上蓝天白云、水面等素材，给人一种清爽、干净的画面感。在文字的排列上，采用了分类的方式，通过具体的图像与文字结合的方式，让版式非常具有活跃性。

17.4.3 操作步骤

　　下面详细介绍本例的制作方法，其操作步骤如下。

　　01　新建一个文档，设置文件名称为"水果网店广告"，"宽度"为10厘米、"高度"为7厘米，分辨率为200，如图17-57所示，单击"创建"按钮，即可得到一个空白文档。

　　02　单击工具箱底部的前景色图标，在弹出的对话框中设置前景色为蓝色（R21,G105,B183），如图17-58所示，按Alt+Delete组合键填充背景。

　　　　图17-57　新建文件　　　　　　　　　　　　　图17-58　填充背景颜色

　　03　打开素材图像"云彩.psd"，使用移动工具将其拖动到当前编辑的图像中，放到画面上方，如图17-59所示。

　　04　打开素材图像"钻石图形.psd"，使用移动工具将其拖动到当前编辑的图像中，按Ctrl+T组合键适当调整图像大小，放到云彩图像中间，如图17-60所示。

　　　　图17-59　添加云彩图像　　　　　　　　　　　图17-60　添加钻石图像

328

05 打开素材图像"石榴.psd"，使用移动工具将其拖动到当前编辑的图像中，分别将图像放到钻石图像的左右两侧，如图17-61所示。

06 选择横排文字工具，在钻石图像中间输入文字，并在属性栏中设置字体为综艺简体，并填充为白色，如图17-62所示。

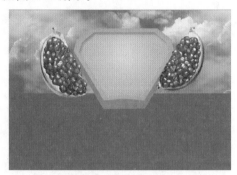

图17-61　添加石榴图像

图17-62　输入文字

07 选择"图层→图层样式→投影"命令，打开"图层样式"对话框，设置投影颜色为黑色，再设置其他参数如图17-63所示。

08 单击"确定"按钮，得到添加投影的图像效果，如图17-64所示。

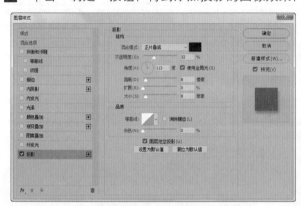

图17-63　输入文字

图17-64　设置投影效果

09 选择横排文字工具继续在钻石图像右侧输入文字，并在属性栏中设置与步骤6相同的文字属性，然后按Ctrl+T组合键适当旋转文字，效果如图17-65所示。

10 在"图层"面板中选择"疯狂的水果"文字图层，单击鼠标右键，在弹出的菜单中选择"拷贝图层样式"命令，如图17-66所示。

图17-65　输入文字

图17-66　拷贝图层样式

[11] 选择步骤9输入的文字图层，单击鼠标右键，在弹出的菜单中选择"粘贴图层样式"命令，得到文字投影效果，如图17-67所示。

[12] 打开素材图像"水果.psd"，使用移动工具将其拖动到当前编辑的图像中，放到钻石图像下方，如图17-68所示。

图17-67　投影效果

图17-68　添加水果图像

[13] 新建一个图层，选择画笔工具，在属性栏中设置画笔为柔角，大小为200，不透明度为20%，再设置前景色为天蓝色（R76,G182,B231），在图像中间进行涂抹，遮盖水果图像，如图17-69所示。

[14] 打开素材图像"水面.psd"，使用移动工具将其拖动到当前编辑的图像中，将较小的水花图像放到画面左侧单独的橘子图像上方，将水面图像放到天空与蓝色图像交接的位置，形成水面效果，如图17-70所示。

图17-69　绘制图像

图17-70　添加水面图像

[15] 新建一个图层，选择矩形选框工具在画面下方绘制一个矩形选区，填充为深蓝色（R15,G82,B145），如图17-71所示。

[16] 新建一个图层，将其放到深蓝色矩形图层的下方，选择椭圆选框工具，在属性栏中设置羽化值为30，在深蓝色矩形下方绘制椭圆形选区，如图17-72所示。

[17] 填充选区为灰色，然后在"图层"面板中设置该图层的混合模式为"正片叠底"，不透明度为80%，如图17-73所示，得到的图像效果如图17-74所示。

图17-71　绘制矩形

图17-72　绘制椭圆选区

图17-73　设置图层属性

图17-74　图像效果

18　新建一个宽度和高度分别为2×1厘米的图像文件，将其填充为黑色，如图17-75所示。

19　选择"编辑→定义画笔预设"命令，打开"画笔名称"对话框，保持默认设置，单击"确定"按钮，如图17-76所示。

图17-75　新建图像

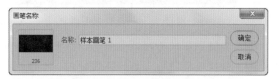

图17-76　定义画笔预设

20　回到水果网店广告中，新建一个图层，选择椭圆选框工具，在深蓝色矩形左侧绘制一个圆形选区，填充为黄色（R246,G205,B56），如图17-77所示。

21　选择"选择→变换选区"命令，按住Shift+Alt组合键以圆形中心缩小选区，如图17-78所示。

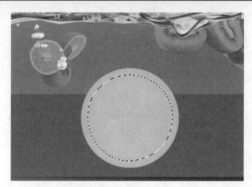

图17-77　绘制圆形图像　　　　　　　　　　图17-78　缩小选区

22　打开"路径"面板，单击面板底部的"从选区生成工作路径"按钮，将选区转换为路径，如图17-79所示。

23　选择画笔工具，按F5键，打开"画笔"面板，选择刚才所定义的黑色方块画笔，设置画笔的大小、角度、间距等参数，如图17-80所示。

图17-79　将路径转换为选区　　　　　　　　　　图17-80　"画笔"面板

24　设置前景色为白色，单击"路径"面板底部的"用画笔描边路径"按钮 ⭕，如图17-81所示。

25　选择椭圆选框工具，再次绘制一个圆形选区，并使用矩形选框工具做减选，如图17-82所示，得到一个半圆形选区，将其填充为白色，如图17-83所示。

26　选择横排文字工具，在白色半圆图像中输入文字，并填充为黄色（R246,G205,B56），然后在黄色圆形中输入文字，填充为白色，都设置字体为黑体，排列效果如图17-84所示。

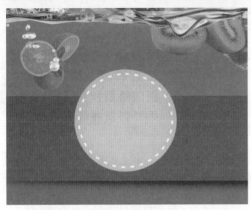

图17-81 描边路径

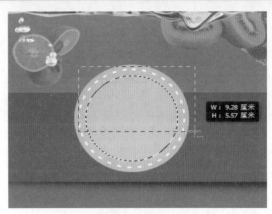

图17-82 减选选区

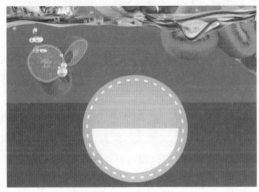

图17-83 半圆图

图17-84 输入文字

27 使用相同的方法绘制出其他几个圆形图像,并添加文字,排列效果如图17-85所示。

28 选择横排文字工具在图像下方输入店名,并在属性栏中设置字体为时尚中黑简体,填充为白色,如图17-86所示。

图17-85 绘制其他图像

图17-86 输入文字

29 选择"图层→图层样式→斜面和浮雕"命令,打开"图层样式"对话框,设置样式为浮雕效果,再设置各项参数如图17-87所示。

30 在"图层样式"对话框中选择"描边"命令,并设置描边颜色为淡黄色(R255,G244,B118),其他参数设置如图17-88所示。

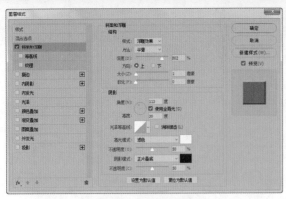 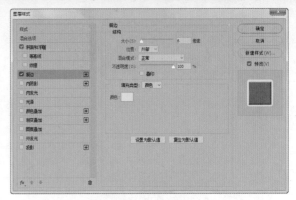

图17-87 设置斜面和浮雕　　　　　　　　　图17-88 设置描边样式

31 选择"渐变叠加"命令，单击渐变色条，在打开的对话框中设置渐变颜色从黄色（R246,G205,B56）到橘红色（R190,G28,B26），其他参数设置如图17-89所示。

32 选择"投影"命令，设置投影颜色为黑色，其他参数设置如图17-90所示。

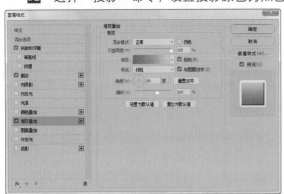 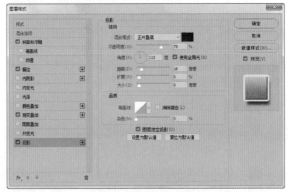

图17-89 设置渐变叠加样式　　　　　　　　图17-90 设置投影样式

33 单击"确定"按钮，得到添加图层样式后的文字效果，如图17-91所示，完成本实例的制作。

图17-91 完成效果

第18章　包装设计

本章展现

　　一个有经验的包装设计师在设计个案时，考虑的不只是视觉的掌握或结构的创新，而是对这个案所牵涉的产品营销规划是否有全盘的了解。本章将介绍包装设计的基础知识，并结合经典案例对产品包装的设计进行详细讲解。

　　本章主要内容如下。

- 包装设计基础
- 包装平面图设计
- 包装立体图设计

18.1 包装设计基础

包装作为实现商品价值和使用价值的手段，在生产、流通、销售和消费领域中，发挥着极其重要的作用。包装的功能是保护商品、传达商品信息、方便使用、方便运输、促进销售。包装作为一门综合性学科，具有商品和艺术相结合的双重性。

18.1.1 包装设计基本原则

包装设计应从商标、图案、色彩、造型、材料等构成要素入手，在考虑商品特性的基础上，遵循品牌设计的一些基本原则。

1. 包装图案的设计

包装图案中的商品图片、文字和背景的配置，必须以吸引顾客注意为中心，直接推销品牌。包装图案对顾客的刺激较之品牌名称更具体、更强烈、更有说服力，并往往伴有即效性的购买行为。它的设计要遵循的基本原则如下。

(1) 形式与内容要表里如一，具体鲜明，一看包装即可知晓商品本身。

(2) 要充分展示商品。这主要采取两种方式，一是用形象逼真的彩色照片表现，真实地再现商品。这在食品包装中最为流行，如巧克力、糖果、食品罐头等，逼真的彩色照片将色、味、形表现得令人馋涎欲滴；二是直接展示商品本身。全透明包装、开天窗包装在食品、纺织品、轻工产品中是非常流行的。

(3) 要有具体详尽的文字说明。在包装图案上还要有关于产品的原料、配制、功效、使用和养护等的具体说明，必要时还应配上简洁的示意图。

(4) 要强调商品形象色。不只是透明包装或用彩色照片充分表现商品本身的固有色，而是更多地使用体现大类商品的形象色调，使消费者产生类似信号反映一样的认知反映，快速地凭色彩确知包装物的内容。

(5) 要将其重点体现在包装的主要展销面。凡一家企业生产的或以同一品牌商标生产的商品，不管品种、规格、包装的大小、形状、包装的造型与图案设计，均采用同一格局，甚至同一个色调，给人以统一的印象，使顾客一望即知产品系何家品牌。

2. 包装色彩的设计

色彩在包装设计中占有特别重要的地位。在竞争激烈的商品市场上，要使商品具有明显区别于其他产品的视觉特征，更富有诱惑消费者的魅力，刺激和引导消费，以及增强人们对品牌的记忆，这都离不开色彩的设计与运用。

包装的色彩设计有以下8点要求。

◉ 包装色彩能否在竞争商品中有清楚的识别性。
◉ 是否很好地象征着商品内容。
◉ 色彩是否与其他设计因素和谐统一，有效地表示商品的品质与分量。
◉ 是否为商品购买阶层所接受。
◉ 是否是较高的明视度，并能对文字有很好的衬托作用。
◉ 单个包装的效果与多个包装的叠放效果如何。
◉ 色彩在不同市场，不同陈列环境是否都充满活力。

◉ 商品的色彩是否不受色彩管理与印刷的限制，效果如一。

这些要求，在商品包装的色彩设计的实践中无疑都是合乎实际的。随着消费需求的多样化、商品市场的细分化，对品牌包装设计的要求，也越来越严格和细致起来。如图18-1所示为咖啡包装。

18.1.2 包装设计要素

包装设计即指选用合适的包装材料，运用巧妙的工艺手段，为包装商品进行的容器结构造型和包装的美化装饰设计。从中可以看到包装设计的三大要素。

1. 外形要素

外形要素就是商品包装展示面的外形，包括展示面的大小、尺寸和形状。日常生活中我们所见到的形态有3种，即自然形态、人造形态和偶发形态。但我们在研究产品的形态构成时，必须找到一种适用于任何性质的形态，即把共同的规律性的东西抽出来，称之为抽象形态。

形态的构成就是外形要素，或称之为形态要素，就是以一定的方法、法则构成的各种千变万化的形态，形态是由点、线、面、体这几种要素构成的。包装的形态主要有：圆柱体类、长方体类、圆锥体类和各种形体，以及有关形体的组合及因不同切割构成的各种形态包装。形态构成的新颖性对消费者的视觉引导起着十分重要的作用，奇特的视觉形态能给消费者留下深刻的印象。包装设计者必须熟悉形态要素本身的特性及其表情，并以此作为表现形式美的素材。我们在考虑包装设计的外形要素时，还必须从形式美法则的角度去认识它。按照包装设计的形式美法则结合产品自身功能的特点，将各种因素有机、自然地结合起来，以求得统一的设计形象。如图18-2所示为饮料包装。

图18-1 咖啡包装　　图18-2 饮料包装

2. 构图要素

构图是将商品包装展示面的商标、图形、文字和组合排列在一起的一个完整的画面。这四方面的组合构成了包装装潢的整体效果。商品设计构图要素商标、图形、文字和色彩的运用得正确、适当、美观，就可称为优秀的设计作品。

3. 材料要素

材料要素是商品包装所用材料表面的纹理和质感。它往往影响到商品包装的视觉效果。利用不同材料的表面变化或表面形状可以达到商品包装的最佳效果。包装用材料，无论是纸类材料、塑料材料、玻璃材料、金属材料、陶瓷材料、竹木材料以及其他复合材料，都有不同的质地肌理效果。运用不同材料，并妥善地加以组合配置，可给消费者以新奇、冰凉或豪华等不同的感觉。材料要素是包装设计的重要环节，它直接关系到包装的整体功能和经济成本、生产加工方式及包装废弃物的回收处理等多方面的问题。如图18-3和图18-4所示为酒瓶包装和易拉罐包装。

图18-3 酒瓶包装　　图18-4 易拉罐包装

18.2　包装平面图设计

食物包装的保护功能关系到食物的品质，由于食品自身成分存在较大差异，所以针对不同类型的食品，包装材料的选择要求也不相同。外观华丽的印刷一向是食品包装的特点，另一方面，包装印刷层的耐磨性也值得注意，以免精美的包装经过运输后展示效果大打折扣。

18.2.1　实例说明

本实例制作的是汤圆包装平面图，实例效果如图18-5所示。

实例文件：	实例文件\第18章\汤圆包装平面图.psd
素材文件：	素材文件\第18章\底纹.psd、曲线.psd、汤圆.psd、果仁.psd
视频教程：	视频教程\第18章\汤圆包装平面图.mp4

图18-5　实例效果

18.2.2　操作思路

本实例制作的是一款食品包装平面图，由于产品是象征团圆的汤圆，所以特意将画面背景制作成了暖暖的黄色调，让画面充满温暖的感觉。在操作中，我们使用了文字与图形相结合的方式，并配以冒着热气的产品图，得到文字与图形互相呼应的效果，制作出一则完美的食品包装图。

18.2.3　操作步骤

下面详细介绍本例的制作方法，其操作步骤如下。

01　新建一个高度和宽度为24厘米×23厘米的图像文件，选择渐变工具，在属性栏中单击渐变色条，打开"渐变编辑器"对话框，设置颜色从土黄色（R210,G184,B151）到淡黄色（R205,G188,B173）。

02　单击属性栏中的"径向渐变"按钮，对图像应用径向渐变填充，效果如图18-6所示。

03　打开素材图像"底纹.psd"，使用移动工具将其拖动到当前编辑的图像中，放到画面中间，如图18-7所示。

图18-6　渐变填充图像

图18-7　添加底纹

04 "图层"面板中将自动生成图层1，设置该图层的不透明度为"17%"，得到较为透明的图像效果，如图18-8所示。

05 打开素材图像"曲线.psd"，使用移动工具将其拖动到当前编辑的图像中，分别放到图像左上方和右上方，如图18-9所示。

图18-8　图像效果

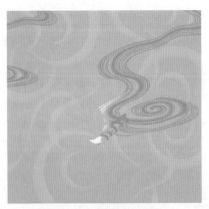

图18-9　添加曲线图像

06 在"图层"面板中设置该图层的混合模式为"正片叠底"，不透明度为30%，得到的图像效果如图18-10所示。

07 打开素材图像"汤圆.psd"，使用移动工具将其拖动到当前编辑的图像中，放到画面左下方，如图18-11所示。

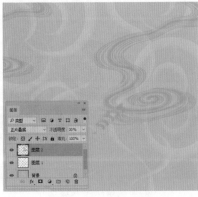

图18-10　图像效果

图18-11　添加汤圆图像

08 选择横排文字工具，在画面右上方输入文字"汤圆"，在属性栏中设置字体为书法字体，填充为黑色，参照如图18-12所示的方式进行排列。

09 选择"图层→图层样式→外发光"命令，打开"图层样式"对话框，设置混合模式为"滤色"、外发光颜色为白色，其他参数设置如图18-13所示。

图18-12 输入文字

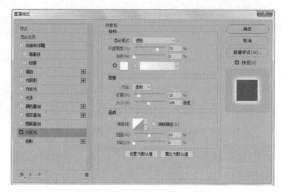
图18-13 设置图层样式

10 单击"确定"按钮，得到文字外发光效果，如图18-14所示。

11 选择横排文字工具在汤圆文字左下方输入产品说明文字，在属性栏中设置字体为黑体，填充为土黄色（R132,G86,B0），适当调整文字大小，排列成如图18-15所示的样式。

图18-14 外发光效果

图18-15 输入文字

12 新建一个图层，选择椭圆选框工具，在说明文字前绘制两个相同大小的圆形选区，填充为土黄色（R132,G86,B0），如图18-16所示。

13 新建一个图层，选择矩形选框工具，在"汤"字左侧绘制一个矩形选区，将其填充为深红色（R126,G28,B0），如图18-17所示。

图18-16 绘制圆形图像

图18-17 绘制矩形图像

14 保持选区状态，选择"选择→修改→扩展"命令，打开"扩展选区"对话框，设置扩展量为10像素，如图18-18所示。

15 单击"确定"按钮，得到扩展选区效果，如图18-19所示。

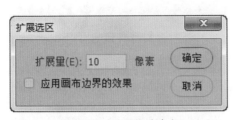

图18-18 设置扩展参数

图18-19 扩展选区

16 选择"编辑→描边"命令，打开"描边"对话框，设置宽度为5像素，颜色为深红色（R126,G28,B0），选择位置为"居外"，如图18-20所示。

17 单击"确定"按钮，得到描边效果，按Ctrl+D组合键取消选区，效果如图18-21所示。

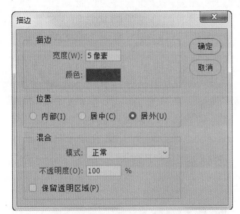

图18-20 设置描边属性

图18-21 描边选区效果

18 选择直排文字工具，在深红色矩形中输入文字"富余"，并在属性栏中设置字体为张海山锐线体简，填充为白色，适当调整文字大小，如图18-22所示。

19 打开素材图像"果仁.psd"，使用移动工具将其拖动到当前编辑的图像中，按Ctrl+T组合键适当调整图像大小，将果仁图像放到画面下方，如图18-23所示。

图18-22 输入文字

图18-23 添加果仁图像

20 打开素材图像"标签.psd"，使用移动工具将其拖动到当前编辑的图像中，放到果仁图像左上方，如图18-24所示。

21 按住Ctrl键单击标签图像所在图层，载入该图层选区，选择任意选框工具，将该选区略微向右下方移动，如图18-25所示。

图18-24 添加素材图像

图18-25 移动选区

22 新建一个图层，并将该图层置于图像图层下方，选择"选择→修改→羽化"命令，打开"羽化选区"对话框，设置羽化参数为10像素，如图18-26所示。

23 单击"确定"按钮，填充选区为暗红色（R127,G37,B9），如图18-27所示。

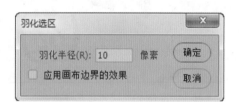

图18-26 设置羽化半径

图18-27 填充选区

24 在"图层"面板中设置该图层混合模式为"正片叠底"，不透明度为70%，效果如图18-28所示，得到标签的投影效果。

25 选择直排文字工具，在画面右下方输入重量文字，在属性栏中设置字体为黑体，填充为土黄色（R132,G86,B0），如图18-29所示，完成包装平面图的制作。

图18-28 正片叠底效果

图18-29 输入文字

18.3 包装立体图设计

包装立体图可以展现包装设计的最终效果。使用立体图可以帮助客户直观地认识产品包装的形状和特点，从而得知包装设计图是否是自己满意的效果。

18.3.1 实例说明

本实例将制作食品包装立体效果图，主要是通过绘制立面透视图形，得到视觉上的立体效果。实例效果如图18-30所示。

实例文件：	实例文件\第18章\汤圆包装立体图.psd
素材文件：	素材文件\第18章\竹叶.psd
视频教程：	视频教程\第18章\汤圆包装立体图.mp4

图18-30　实例效果

18.3.2 操作思路

本实例制作的是一款食品包装立体效果图，由于是汤圆包装图，是中国人特有的一种食品，所以在背景上也添加了竹子、祥云等中式元素，在背景颜色上，也是选用温暖的色调，才能配合包装盒的整体色调，显得更加协调。立面图的制作主要是通过透视变换图形，得到视觉上的立体效果图。

18.3.3 操作步骤

下面详细介绍本例的制作方法，其操作步骤如下。

01 新建一个高度和宽度为24厘米×24厘米的图像文件，设置前景色为淡黄色（R240,G233,B213），按Alt+Delete组合键填充背景，如图18-31所示。

02 打开素材图像"竹叶.psd"，使用移动工具将多个竹叶和底纹图像拖动到当前编辑的图像中，参照如图18-32所示的方式排列。

图18-31 填充背景

图18-32 添加素材图像

03 打开前面制作的"汤圆包装平面图.psd"文件，选择"图层→拼合图像"命令，合并所有图层，使用移动工具将合并后的图像拖动到当前编辑的图像中，按Ctrl+T组合键出现变换框，按住Alt+Shift组合键缩小图像，如图18-33所示。

04 选择"编辑→自由变换"命令，按住Ctrl键拖动4个角，得到透视效果，如图18-34所示，按Enter键确定变换。

图18-33 添加包装图

图18-34 透视效果

05 新建一个图层，选择多边形套索工具，在包装图下方连接着绘制一个四边形选区，填充为浅灰色（R188,G172,B160），如图18-35所示。

06 再新建一个图层，选择多边形套索工具，在属性栏中设置羽化值为10，再绘制一个较短的四边形选区，填充为黑色，作为四边形图像的投影图像，如图18-36所示。

图18-35 绘制四边形图像

图18-36 绘制投影

07 将黑色图层放到浅灰色图层下方，并设置其图层不透明度为52%，得到盒盖的投影效果，如图18-37所示。

08 新建一个图层，放到黑色图层下方，选择多边形套索工具绘制一个较小的四边形选区，填充为暗红色（R73,G35,B33），得到盒子的第二层立面图，如图18-38所示。

图18-37　投影效果

图18-38　绘制第二层图像

09 新建一个图层，将其放到暗红色图像下一层，使用多边形套索工具，在属性栏中设置羽化值为10，绘制一个较小的四边形选区，填充为黑色，并设置该图层不透明度为75%，效果如图18-39所示。

10 新建一个图层，选择矩形选框工具，在包装平面图和立面图像交界处绘制一个细长的矩形选区，将其填充为白色，如图18-40所示。

图18-39　制作投影

图18-40　绘制细长矩形

11 按Ctrl+D组合键取消选区，选择"滤镜→模糊→动感模糊"命令，打开"动感模糊"对话框，设置角度为90度，距离为10像素，如图18-41所示。

12 单击"确定"按钮，得到图像模糊效果，这时包装盒更有立体效果的感觉，如图18-42所示。

13 选择横排文字工具，在浅灰色四边形中输入公司名称，并在属性栏中设置字体为张海山锐线体简，填充为暗红色（R73,G35,B33），如图18-43所示。

14 选择"文字→栅格化文字图层"命令，将文字图层转换为普通图层，然后按Ctrl+T组合键，在文字的周围会出现变换框，按住Ctrl键调整文字4个边角，即可得到透视文字效果，如图18-44所示，完成本实例的制作。

图18-41　设置模糊参数

图18-42　图像效果

图18-43　输入文字

图18-44　制作透视文字